普通高等教育"十三五"规划教材

信号分析与处理

Signal Analysis and Processing

马立玲　沈　伟 ◎ 编著

北京理工大学出版社
BEIJING INSTITUTE OF TECHNOLOGY PRESS

版权专有　侵权必究

图书在版编目（CIP）数据

信号分析与处理 / 马立玲，沈伟编著. —北京：北京理工大学出版社，2019.4（2021.2重印）
ISBN 978-7-5682-6936-0

Ⅰ. ①信… Ⅱ. ①马… ②沈… Ⅲ. ①信号分析–教材 ②信号处理–教材 Ⅳ. ①TN911

中国版本图书馆 CIP 数据核字（2019）第 070454 号

出版发行 /	北京理工大学出版社有限责任公司
社　　址 /	北京市海淀区中关村南大街 5 号
邮　　编 /	100081
电　　话 /	（010）68914775（总编室）
	（010）82562903（教材售后服务热线）
	（010）68948351（其他图书服务热线）
网　　址 /	http://www.bitpress.com.cn
经　　销 /	全国各地新华书店
印　　刷 /	三河市华骏印务包装有限公司
开　　本 /	787 毫米×1092 毫米　1/16
印　　张 /	16.75
字　　数 /	393 千字
版　　次 /	2019 年 4 月第 1 版　2021 年 2 月第 2 次印刷
定　　价 /	56.00 元

责任编辑 / 杜春英
文案编辑 / 张海丽
责任校对 / 周瑞红
责任印制 / 李志强

图书出现印装质量问题，请拨打售后服务热线，本社负责调换

前言

在信息信号的探测和获取、传输、交换过程中,以及按照各种不同的需要,对包含在信号中的信息进行有效利用时,都离不开对信号进行各种各样的分析与处理。"信号分析与处理"课程是由自动化专业原有教学大纲中"信号与系统"课程调整而成,是必修专业基础课程。本书是由从事"信号与系统"课程教学多年的教师根据自动化专业的课程特点和工程教育专业认证培养需求,结合教学实践,有针对性地设立"信号分析与处理"的教学内容编写而成的。

任何信号处理任务都由某种功能和特性的系统来实现和完成,因此本书将信号分析与系统分析有机地融为一体,在获得有关信号分析、系统分析和综合的一整套概念、理论和方法的同时,也建立了有关信号处理的基本概念、理论和方法。本书与后续的系统类课程结合,构成关于信号、系统的分析、综合设计的完备知识结构。

本书具有以下特色:

(1)考虑自动化专业的特点,既精选内容,避免重复,又注意内容的衔接。加强"信号分析与处理"和先修课程("高等数学""复变函数""电路原理")以及后续课程("自动控制理论"等)之间内容的衔接性,弱化课程之间重复的知识点,根据知识点在各课程中的重要程度及课程讲授的先后顺序等,明晰"信号分析与处理"课程知识点的分担情况,与"自动控制理论"课程有明确的分工和很好的衔接。

(2)在教材内容编排和教材结构上,本书内容精炼,深入浅出,兼顾信号和系统之间的关系。课程体系上突出"信号、系统与处理"的结合;教材内容上突出"原理、方法与应用"的结合。本书以信号分析为基础,系统分析为桥梁,处理技术为手段,系统设计为目的,改变已有教材以系统分析为主或只涉及信号分析两种传统的状况,便于学生更容易学习和理解整个课程内容。

(3)重点突出,拓宽知识面,增加授课信息量。考虑到自动化专业的特色以及先修数学课程,本书增加讲授数字信号的处理方法,包括离散信号的时域和频域分析、离散傅里叶变换、快速傅里叶变换等。

(4)本书力求在不影响内容系统性和理论严谨性的前提下,尽量简化或避免过多的数学推导。这门课程中的数学概念大都有很强的物理背景和工程意义,本书注重物理概念,强调工程应用背景,结合物理意义帮助理论的理解和掌握。

(5)最后章节引入相应的MATLAB工具,便于读者实现计算机仿真学习,加深对前面章节知识点的理解和应用,用于一些例题的分析和解答,掌握信号分析、处理的重要工具,提高使用计算机进行信号分析处理的能力。

本书由北京理工大学马立玲主编,沈伟也参与了本书部分内容(第 5 章和第 8 章)的编写。本书还参阅了大量著作和文献资料,在此表示衷心的感谢!

由于编者水平有限,书中难免有错误和不当之处,欢迎使用本书的广大师生及其他读者给予指正。

编　者

目 录
CONTENTS

第1章 信号分析与处理的基本概念 ··· 001
1.1 信号的定义和描述 ··· 001
1.2 信号的分类 ··· 002
    1.2.1 确定性信号与随机信号 ··· 002
    1.2.2 连续信号与离散信号 ··· 002
    1.2.3 周期信号与非周期信号 ··· 003
    1.2.4 能量信号与功率信号 ··· 003
1.3 系统的定义与分类 ··· 004
    1.3.1 系统的定义与描述 ··· 004
    1.3.2 系统的特性与分类 ··· 005
1.4 信号分析与处理概述 ··· 008
习题 ··· 009

第2章 连续时间信号及系统的时域分析 ··· 011
2.1 引言 ··· 011
2.2 基本连续时间信号 ··· 011
    2.2.1 单位阶跃函数 ··· 011
    2.2.2 单位冲激函数 ··· 013
    2.2.3 复指数信号 ··· 017
2.3 连续信号的时域运算 ··· 020
    2.3.1 信号的基本运算 ··· 020
    2.3.2 信号的卷积积分 ··· 024
2.4 连续 LTI 系统的微分方程及其求解 ··· 029
    2.4.1 LTI 系统的微分方程模型 ··· 030
    2.4.2 微分方程的求解 ··· 030
    2.4.3 关于 0_- 与 0_+ 值 ··· 033
2.5 零输入响应与零状态响应 ··· 034
    2.5.1 零输入响应的求取 ··· 034
    2.5.2 零状态响应的求取 ··· 035

2.6 单位冲激响应…………………………………………………………………………037
2.7 由冲激响应求零状态响应……………………………………………………………039
　2.7.1 卷积法求解 $h(t)$……………………………………………………………039
　2.7.2 $h(t)$ 描述的系统性质……………………………………………………040
习题………………………………………………………………………………………042

第3章　离散时间信号及系统的时域分析…………………………………………………048
3.1 基本离散时间信号……………………………………………………………………048
　3.1.1 单位阶跃序列和单位抽样序列……………………………………………048
　3.1.2 复指数序列……………………………………………………………………050
　3.1.3 由连续时间信号抽样得到的离散时间序列………………………………053
3.2 离散信号的时域运算…………………………………………………………………054
3.3 离散 LTI 系统的差分方程及其求解…………………………………………………060
　3.3.1 离散时间系统的数学模型……………………………………………………060
　3.3.2 差分方程的解法………………………………………………………………062
3.4 零输入响应和零状态响应……………………………………………………………064
　3.4.1 零输入响应……………………………………………………………………064
　3.4.2 零状态响应……………………………………………………………………065
　3.4.3 全响应…………………………………………………………………………066
3.5 单位抽样响应…………………………………………………………………………067
　3.5.1 单位抽样响应的定义及求取…………………………………………………067
　3.5.2 复合系统的单位抽样响应……………………………………………………071
　3.5.3 用单位抽样响应表示系统的性质……………………………………………072
3.6 利用卷积和求取零状态响应…………………………………………………………074
习题………………………………………………………………………………………077

第4章　连续时间信号及系统的频域分析…………………………………………………080
4.1 引言……………………………………………………………………………………080
4.2 信号的正交分解………………………………………………………………………080
　4.2.1 信号的分解……………………………………………………………………080
　4.2.2 正交函数与正交函数集………………………………………………………081
　4.2.3 复指数函数是正交函数………………………………………………………083
4.3 周期信号的频谱分析——傅里叶级数………………………………………………084
　4.3.1 周期信号的傅里叶级数………………………………………………………084
　4.3.2 周期信号的频谱图……………………………………………………………090
4.4 非周期信号的频谱分析——傅里叶变换……………………………………………094
　4.4.1 非周期信号的傅里叶变换……………………………………………………094
　4.4.2 周期信号的傅里叶变换………………………………………………………100
4.5 傅里叶变换的性质……………………………………………………………………103

- 4.6 系统的频域分析及响应 … 124
  - 4.6.1 频域分析原理 … 124
  - 4.6.2 频域响应的求取 … 125
  - 4.6.3 利用频域分析求系统零状态响应 … 125
- 4.7 信号的传输与滤波 … 127
  - 4.7.1 无失真传输 … 127
  - 4.7.2 信号的滤波与理想滤波器 … 129
- 4.8 抽样定理 … 130
  - 4.8.1 有关定义 … 130
  - 4.8.2 抽样信号的频谱 … 131
  - 4.8.3 时域抽样定理 … 133
- 习题 … 134

第5章 离散时间信号及系统的频域分析 … 142
- 5.1 引言 … 142
- 5.2 周期信号的频谱分析——离散傅里叶级数 … 142
  - 5.2.1 用复指数序列表示周期的离散时间信号 … 142
  - 5.2.2 离散傅里叶系数的确定 … 143
- 5.3 非周期信号的频谱分析——离散时间傅里叶变换 … 145
  - 5.3.1 非周期序列的表示 … 145
  - 5.3.2 离散时间傅里叶变换的收敛 … 147
  - 5.3.3 离散时间和连续时间傅里叶变换的差别 … 147
  - 5.3.4 离散时间傅里叶变换计算举例 … 148
- 5.4 离散时间傅里叶变换的性质 … 151
- 5.5 利用频域分析求系统零状态响应 … 155
- 5.6 离散傅里叶变换 … 156
  - 5.6.1 从离散傅里叶级数到离散傅里叶变换 … 156
  - 5.6.2 DFT 与 DTFT 的关系 … 159
- 5.7 快速傅里叶变换 … 160
  - 5.7.1 快速傅里叶变换的基本思路 … 160
  - 5.7.2 基 2FFT 算法 … 162
- 习题 … 167

第6章 连续时间信号及系统的复频域分析 … 170
- 6.1 引言 … 170
- 6.2 拉普拉斯变换 … 170
  - 6.2.1 从傅里叶变换到拉普拉斯变换 … 170
  - 6.2.2 收敛域 … 171
  - 6.2.3 单边拉普拉斯变换 … 173

6.2.4 拉普拉斯变换和傅里叶变换的关系 174
6.3 拉普拉斯变换的性质 175
6.4 拉普拉斯反变换 182
　6.4.1 利用拉普拉斯变换性质求解 183
　6.4.2 部分分式展开法 183
6.5 连续时间系统的复频域分析 185
　6.5.1 微分方程的复频域求解 185
　6.5.2 电路系统的复频域求解 187
6.6 系统函数分析 189
　6.6.1 系统函数 189
　6.6.2 系统因果性和稳定性分析 192
习题 194

第7章 离散时间信号及系统的 z 域分析 198

7.1 引言 198
7.2 离散信号的 z 变换 198
　7.2.1 离散信号的 z 变换 198
　7.2.2 z 变换与离散时间傅里叶变换的关系 203
7.3 z 变换的性质 204
7.4 z 反变换 210
　7.4.1 幂级数展开法（长除法） 211
　7.4.2 部分分式展开法 212
7.5 利用 z 域分析求取系统完全响应 213
　7.5.1 零输入响应 214
　7.5.2 零状态响应 215
　7.5.3 系统全响应 216
7.6 系统函数分析 219
　7.6.1 系统函数的求取 219
　7.6.2 系统的稳定性和因果性 219
习题 220

第8章 MATLAB 中信号分析与处理的应用 224

8.1 引言 224
8.2 MATLAB 入门 224
　8.2.1 MATLAB 基本操作 224
　8.2.2 可视化 225
8.3 连续时间系统时域分析的 MATLAB 实现 227
　8.3.1 时域信号的运算 227
　8.3.2 系统响应的求解 231

- 8.4 连续时间系统频域分析的MATLAB实现 …………………………………………… 233
  - 8.4.1 傅里叶级数 ……………………………………………………………………… 233
  - 8.4.2 傅里叶变换与反变换 …………………………………………………………… 234
  - 8.4.3 系统响应 ………………………………………………………………………… 237
- 8.5 连续时间系统复频域分析的MATLAB实现 ………………………………………… 238
  - 8.5.1 拉普拉斯变换与反变换 ………………………………………………………… 238
  - 8.5.2 系统响应 ………………………………………………………………………… 240
- 8.6 离散时间系统时频域分析的MATLAB实现 ………………………………………… 242
  - 8.6.1 离散时间信号的产生 …………………………………………………………… 242
  - 8.6.2 离散时间信号的运算 …………………………………………………………… 243
  - 8.6.3 离散时间系统的响应求解 ……………………………………………………… 247
  - 8.6.4 离散信号的频域分析 …………………………………………………………… 249
- 8.7 离散时间系统 z 域分析的MATLAB实现 …………………………………………… 253
  - 8.7.1 z 变换和反变换 ………………………………………………………………… 253
  - 8.7.2 系统响应求解 …………………………………………………………………… 255

参考文献 ………………………………………………………………………………………… 257

第1章

信号分析与处理的基本概念

1.1 信号的定义和描述

什么是信号？人们在日常活动中无时无刻不在与信号打交道，例如时钟报时声、汽车喇叭声、交通红绿灯、信号弹等，都是人们熟悉的信号。但是，要给信号下一个确切的定义，必须先搞清它与信息、消息之间的联系。简言之，人们之间的信息交流首先要用约定的符号把信息表达出来，如用语言、文字、手语、图形和数据等。例如人们通电话，甲通过电话告诉乙一个消息，如果这是一件乙事先不知道的事情，可以说乙从中得到了信息，而电话传输线上传送的是包含甲语言的电物理量。这里，语言是甲传递给乙的消息，该消息中蕴含一定量的信息，电话传输线上变化的电物理量是运载消息、传送信息的信号。

可见，信息是指人类社会和自然界中需要传送、交换、存储和提取的内容。事物的一切变化和运动都伴随着信息的交换和传送。同时，信息具有抽象性，只有通过一定的形式才能把它表现出来。人们把能够表示信息的语言、文字、图像和数据等称为消息。可见，信息是消息所包含的内容，而且是预先不知道的内容。

一般情况下，消息不便于传送和交换，往往需要借助某种便于传送和交换的物理量作为运载手段，信号就是载有一定信息的一种变化着的物理量。比如，当利用光波作为载体传送符号时，就是光信号；当传送符号的运载工具是电压或电流时，就是电信号。不同物理形态的信号通过相关器件或装置可以相互转换。比如，传声器就是把声音信号转换为电信号；扬声器就是把电信号转换为声音信号；数码相机是把光信号转换为电信号。在各类不同物理形态的信号中，由于电信号容易产生、处理和控制，也容易实现与其他物理量的相互转换，所以应用最广泛。因此，我们通常所指的信号主要是电信号。

信号作为时间或空间的函数可以用数学解析式表达，也可以用图形表示。我们观测到的信号一般是一个或一个以上独立变量的实值函数，具体地说，是时间或空间坐标的纯量函数。例如由语音转换得到的电信号，信号发生器产生的正弦波、方波等信号都是时间t的函数，即$x(t)$；一幅静止的黑白平面图像，由位于平面上不同位置的灰度像点组成，是两个独立变量的函数，即$I(x,y)$；而黑白电视图像，像点的灰度还随时间t变化，是三个独立变量的函数，即$I(x,y,t)$。具有一个独立变量的信号函数称为一维信号，同样，还有二维信号、三维信号等多维信号。本书主要以一维信号$x(t)$为对象，其中独立变量t根据具体情况可以是时间，也可以是其他物理量。

1.2 信号的分类

根据信号所具有的时间函数特性,可以分为确定性信号与随机信号、连续信号与离散信号、周期信号与非周期信号、能量信号与功率信号,现分述如下。

1.2.1 确定性信号与随机信号

按确定性规律变化的信号称为确定性信号。确定性信号可以用数学解析式或确定性曲线准确地描述,在相同的条件下能够重现,因此,只要掌握了变化规律,就能准确地预测它的未来。例如正弦信号,它可以用正弦函数描述,对给定的任一时刻都对应有确定的函数值,包括未来时刻。

不遵循确定性规律变化的信号称为随机信号。随机信号的未来值不能用精确的时间函数描述,无法准确地预测,在相同的条件下,它也不能准确地重现。马路上的噪声、电网电压的波动量、生物电信号、地震波等都是随机信号。

1.2.2 连续信号与离散信号

按自变量 t 的取值特点可以把信号分为连续信号和离散信号。连续信号如图 1-1(a)所示,它描述的函数的定义域是连续的,即对于任意时间值其描述函数都有定义,所以也称为连续时间信号,用 $x(t)$ 表示。离散信号如图 1-1(b)所示,它描述的函数的定义域是某些离散点的集合,即其描述函数仅在规定的离散时刻才有定义,所以也称为离散时间信号,用 $x[t_n]$ 表示,其中 t_n 为特定时刻。图 1-1(b)表示的是离散点在时间轴上均匀分布的情况,但也可以不均匀分布。均匀分布的离散信号可以表示为 $x[nT_s]$ 或 $x[n]$,这时可称为时间序列。

离散信号可以是连续信号的抽样信号,但不一定都是从连续信号采样得到的,有些信号确实只是在特定的离散时刻才有意义,例如人口的年平均出生率、纽约股票市场每天的道琼斯指数等。

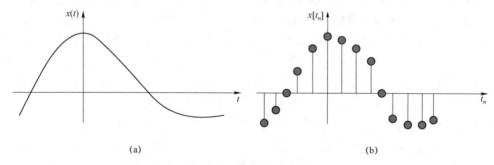

图 1-1 连续信号与离散信号

顺便指出,连续信号只强调时间坐标上的连续,并不强调函数幅度取值的连续,因此,一个时间坐标连续、幅度经过量化(幅度经过近似处理只取有限个离散值)的信号仍然是连续信号,对应地,把那些时间和幅度均为连续取值的信号称为模拟信号。显然,模拟信号是连续信号，而连续信号不一定是模拟信号。同理，时间和幅度均为离散取值的信号称为数字信号，数字信号是离散信号，而离散信号不一定是数字信号。

1.2.3 周期信号与非周期信号

周期信号是依据时间而周而复始的信号。

对于连续信号，若存在 $T_0 > 0$，使

$$x(t) = x(t + nT_0), \quad n \text{ 为整数} \tag{1-1}$$

对于离散信号，若存在大于零的整数 N，使

$$x[n] = x[n + kN], \quad k \text{ 为整数} \tag{1-2}$$

那么称 $x(t)$、$x[n]$ 为周期信号，T_0 和 N 分别为 $x(t)$ 与 $x[n]$ 的周期。显然，由周期信号一个周期内的变化过程就可以确定整个定义域的信号取值。

1.2.4 能量信号与功率信号

如果从能量的观点来研究信号，可以把信号 $x(t)$ 看作加在单位电阻上的电流，则在时间 $-T < t < T$ 内单位电阻所消耗的能量为 $\int_{-T}^{T} |x(t)|^2 \mathrm{d}t$，其平均功率为 $\frac{1}{2T} \int_{-T}^{T} |x(t)|^2 \mathrm{d}t$。

信号的能量定义为在时间区间 $(-\infty, \infty)$ 内单位电阻所消耗的信号能量，即

$$E = \lim_{T \to \infty} \int_{-T}^{T} |x(t)|^2 \mathrm{d}t \tag{1-3}$$

而信号的功率定义为在时间区间 $(-\infty, \infty)$ 内信号 $x(t)$ 的平均功率，即

$$P = \lim_{T \to \infty} \frac{1}{2T} \int_{-T}^{T} |x(t)|^2 \mathrm{d}t \tag{1-4}$$

若一个信号的能量 E 有界，则称其为能量有限信号，简称为能量信号。根据式（1-4），能量信号的平均功率为零。仅在有限时间区间内幅度不为零的信号是能量信号，如单个矩形脉冲信号等。客观存在的信号大多是持续时间有限的能量信号。

另一种情况，若一个信号的能量 E 无限，而平均功率 P 为不等于零的有限值，则称其为功率有限信号，简称为功率信号。幅度有限的周期信号、随机信号等属于功率信号。

一个信号可以既不是能量信号，也不是功率信号，但不可能既是能量信号又是功率信号。

对于离散信号，可以得出类似的定义和结论。

例 1-1 判断下列信号哪些属于能量信号，哪些属于功率信号。

$$x_1(t) = \begin{cases} A, & 0 < t < 1 \\ 0, & \text{其他} \end{cases}$$

$$x_2(t) = A\cos(\omega_0 t + \theta), \quad -\infty < t < \infty$$

$$x_3(t) = \begin{cases} t^{-1/4}, & t \geq 1 \\ 0, & \text{其他} \end{cases}$$

解 根据式（1-3）及式（1-4），上述三个信号的 E、P 分别可计算如下：

$$E_1 = \lim_{T \to \infty} \int_0^1 A^2 \mathrm{d}t = A^2; \quad P_1 = 0$$

$$E_2 = \lim_{T \to \infty} \int_{-T}^{T} A^2 \cos^2(\omega_0 t + \theta) \mathrm{d}t = \infty$$

$$P_2 = \lim_{T \to \infty} \frac{A^2}{2T} \int_{-T}^{T} \cos^2(\omega_0 t + \theta) \mathrm{d}t = \frac{A^2}{2}$$

$$E_3 = \lim_{T \to \infty} \int_1^T t^{-1/2} \mathrm{d}t = \infty; \quad P_3 = \lim_{T \to \infty} \frac{1}{2T} \int_1^T t^{-1/2} \mathrm{d}t = 0$$

因此，$x_1(t)$ 为能量信号；$x_2(t)$ 为功率信号；$x_3(t)$ 既非能量信号又非功率信号。

1.3 系统的定义与分类

1.3.1 系统的定义与描述

与信号一样，系统现在也是一个使用极其广泛的概念。什么是系统呢？系统是实现某种特定要求的装置的集合，说得更具体些，系统是由若干元件、部件或事物等基本单元相互联结而成的、具有特定功能的整体。从信号处理、通信到各种机动车和电机等方面来说，一个系统可以看作一个过程，在这个过程中，输入信号被系统所变换，或者说，系统以某种方式对信号做出响应。例如图 1-2 可以看作一个最简单的系统，其输入电压 $v_s(t)$ 经过阻容元件构成的电路的平滑处理，从而得出输出电压 $v_c(t)$。图 1-3 中的汽车也可看作一个系统，其输入是来自发动机的牵引力 $f(t)$，$\rho v(t)$ 是正比于汽车速度的摩擦力，汽车的速度 $v(t)$ 即响应。系统可以很简单，如图 1-2 中的 RC 电路对输入信号的平滑处理，也可以非常复杂和庞大，所以系统复杂程度的差别是非常大的。

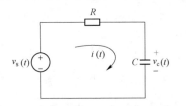

图 1-2 含有电压源和电容器的简单电路

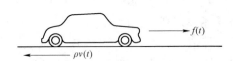

图 1-3 行驶中的汽车

上面举例的两个系统，其输入信号和输出信号都是连续时间信号，这样的系统称为连续时间系统，可用图 1-4（a）来表示，也常用下面的符号来表示其输入-输出关系：

$$x(t) \to y(t) \quad (1-5)$$

同样，一个离散时间系统是将离散时间输入信号变换为离散时间输出信号的过程，可用图 1-4（b）来表示，或用下面的符号代表输入-输出关系：

$$x[n] \to y[n] \quad (1-6)$$

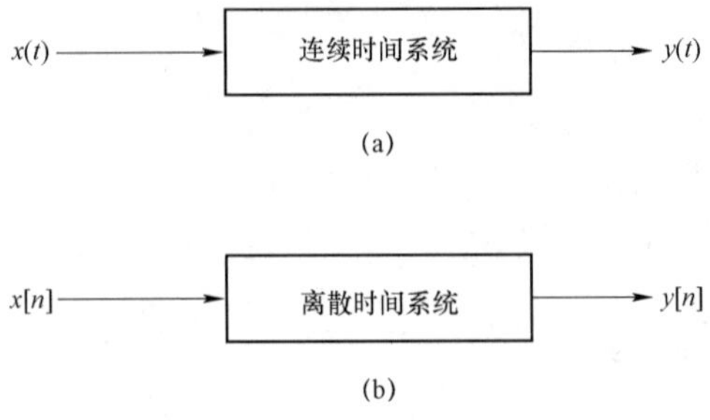

图 1-4 连续时间系统和离散时间系统

1.3.2 系统的特性与分类

这一节讨论连续时间系统和离散时间系统的特性,并根据其特性对系统进行分类。

1)线性,线性系统与非线性系统

线性也就是叠加性,它包含两方面含义:齐次性和可加性。如果系统输入增大 a 倍,输出也增大 a 倍,即若

$$x(t) \rightarrow y(t)$$

则
$$ax(t) \rightarrow ay(t) \qquad (1-7)$$

式中,a 为任意常数,称为齐次性。

设有几个输入同时作用于系统,如果系统总的输出等于各个输入独自引起输出的和,即若

$$x_1(t) \rightarrow y_1(t), x_2(t) \rightarrow y_2(t)$$

则
$$x_1(t) + x_2(t) \rightarrow y_1(t) + y_2(t) \qquad (1-8)$$

称为可加性。

把这两个性质结合在一起,称为线性或叠加性。对于离散时间系统,线性可以写为:若

$$x_1[n] \rightarrow y_1[n], x_2[n] \rightarrow y_2[n]$$

则
$$ax_1[n] + bx_2[n] \rightarrow ay_1[n] + by_2[n] \qquad (1-9)$$

式中,a 和 b 为任意实常数。具备线性性质的系统,称为线性系统;反之,称为非线性系统。

2)时不变性,时不变系统与时变系统

时不变性是指系统的零状态输出波形仅取决于输入波形与系统特性,而与输入信号接入系统的时间无关,即若

$$x(t) \rightarrow y(t)$$

则
$$x(t-t_0) \rightarrow y(t-t_0) \qquad (1-10)$$

式中,t_0 为输入信号延迟的时间。具有时不变性质的系统称为时不变系统,如图 1-5 所示。

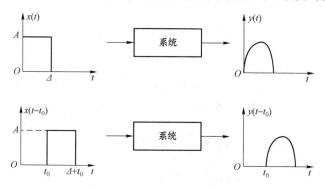

图 1-5 时不变系统示意图

在实际中,参数不随时间变化的系统,其微分方程或差分方程的系数全是常数,该系统就具有时不变的性质,所以,恒定参数系统(也称定常系统)是时不变系统。反之,参数随时间变化的系统不具备时不变的性质,是时变系统。但必须指出,上述结论是有条件的:用

微分方程或差分方程描述的定常系统，仅在起始松弛条件下才具有时不变性。

3）因果性，因果系统与非因果系统

系统的输出是由输入引起的，它的输出不能领先于输入，这种性质称为因果性。相应的系统，称为因果系统。因此，因果系统在任何时刻的输出仅取决于现在与过去的输入，而与将来的输入无关，它没有预知未来的能力。例如，由

$$y[n] = \sum_{k=-\infty}^{n} x[k]$$

描述的系统是因果系统，因为它的输出仅取决于现在和过去的输入。同样的理由，说明由 $y(t) = x(t-1)$ 描述的系统也是因果系统。

非因果系统的响应可以领先于输入，即这种系统的输出还与未来的输入有关。例如，由

$$y[n] = x[n] - x[n+1]$$

$$y(t) = x(t+1)$$

和

$$y[n] = \frac{1}{2M+1} \sum_{k=-M}^{M} x[n-k] \qquad (1-11)$$

描述的系统都是非因果系统。

对于由线性常系数微分方程和差分方程描述的系统，只有在起始状态为零（起始松弛）的条件下，它才是线性时不变的（这一点在前面已予以说明），而且是因果的。

4）稳定性，稳定系统与不稳定系统

系统的输入有界（最大幅度为有限值），输出也有界，这一性质称为稳定性。具有这一性质的系统，称为稳定系统。反之，系统的输入有界，输出无界（无限值），这种系统为不稳定系统。例如，式（1-11）代表的系统为稳定系统。这是因为设输入 $x[n]$ 是有界的，比如是 B，则从式（1-11）可以看出 $y[n]$ 的最大可能幅度也就是 B，因为 $y[n]$ 是有限个输入值的平均，所以 $y[n]$ 是有界的，系统是稳定的。再看看由式

$$y[n] = \sum_{k=-\infty}^{n} x[k] \qquad (1-12)$$

代表的系统，这时系统输出不像式（1-11）代表的系统那样是有限个输入值的平均，而是由全部过去的输入之和组成。在这种情况下，即使输入是有界的，输出也会继续增长，而不是有界的，所以系统是不稳定的。例如，设 $x[n] = u[n]$ 是一个单位阶跃序列，其最大值是 1，当然是有界的，根据式（1-12），系统的输出是

$$y[n] = \sum_{k=-\infty}^{n} u[k] = (n+1)u[n]$$

即 $y[0]=1, y[1]=2, y[2]=3, \cdots, y[n]$ 将无界地增长。

5）可逆性，可逆系统与不可逆系统

由系统的输出可以确定该系统的输入，这一性质称为可逆性。具有可逆性质的系统称为可逆系统。如果原系统是一个可逆系统，则可构造一个逆系统，使该逆系统与原系统级联以后，所产生的输出 $z[n]$ 就是原系统的输入 $x[n]$，因此整个系统（即由原系统与逆系统级联

后的系统）的输入-输出关系是一个恒等系统，即输出
$$z[n]=x[n] \tag{1-13}$$
的系统。其方框图如图1-6（a）所示。例如由式
$$y(t)=2x(t)$$
代表的系统是一个可逆连续时间系统，该可逆系统的输出是
$$z(t)=\frac{1}{2}y(t)=x(t)$$
整个系统的输出等于输入，是一个恒等系统，如图1-6（b）所示。

由式（1-12）代表的系统也是一个可逆系统。因为由
$$y[n]=\sum_{k=-\infty}^{n}x[k]$$
可知，该系统任意两个相邻的输出值之差就是该系统的输入值，即$y[n]-y[n-1]=x[n]$，因此其逆系统的方程是
$$z[n]=y[n]-y[n-1]$$
如图1-6（c）所示。

不具有可逆性质的系统称为不可逆系统，例如
$$y[n]=0$$
和
$$y(t)=x^2(t)$$
代表的系统都是不可逆系统。

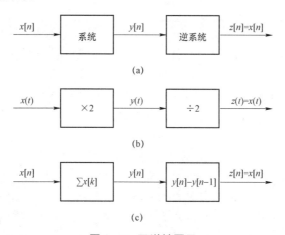

图1-6 可逆性图示

6）记忆性，记忆系统与无记忆系统

系统的输出不仅取决于该时刻的输入，而且与它过去的状态（历史）有关，称为记忆性。具有记忆性质的系统称为记忆系统或动态系统。含有记忆元件（电容器、电感、磁芯、寄存器和存储器）的系统都是记忆系统。例如

$$y[n] = \sum_{k=-\infty}^{n} x[k]$$

$$y(t) = y(t-1)$$

和

$$y(t) = \frac{1}{C} \int_{-\infty}^{t} x(\tau) d\tau$$

代表的系统都是记忆系统。

不具有记忆性质的系统称为无记忆系统。这种系统的输出仅仅取决于该时刻的输入,而与别的时刻输入值无关。一个电阻器可以看作一个无记忆系统,因为若把流过电阻器的电流作为输入 $x(t)$,把其上的电压作为输出,则其输入-输出关系为

$$y(t) = Rx(t)$$

式中,R 为电阻器的阻值。同样的,由式

$$y[n] = \left(2x[n] - x^2[n]\right)^2$$

代表的系统也是一个无记忆系统,因为在任何特定时刻 n_0 的输出 $y[n_0]$ 仅仅取决于该时刻 n_0 的输入 $x[n_0]$,而与别的时刻输入值无关。同样的理由,由式

$$y[n] = x[n]$$

或

$$y(t) = x(t)$$

代表的恒等系统也是无记忆系统。

1.4 信号分析与处理概述

计算机技术的快速发展大大促进了对信号分析与处理的研究,使得信号分析与处理原理及技术已经广泛应用于通信、自动化、航空航天、生物医学、遥感遥测、语言处理、图像处理、故障诊断、振动学、地震学、气象学等各个科学技术领域,成为各门学科发展的技术基础和有力工具。如月球探测器发回的图像信号可能被淹没在噪声中,可以利用信号分析与处理技术使有用的信号得到增强,以得到清晰的图像;资源勘探、地震测量以及核试验检测中所得到的数据分析需要利用信号分析与处理技术。

信号分析最直接的意义在于通过解析法或测试法找出不同信号的特征,从而了解其特性,掌握它的变化规律。简言之,就是从客观上认识信号。通常,我们可以通过信号分析,将一个复杂信号分解成若干简单信号的分量之和,或者用有限的一组参量去表示一个复杂波形的信号,从这些分量的组成情况或这组有限的参量去考察信号的特性;另外,信号分析是获取信号源特征信息的重要手段,人们往往可以通过对信号特征的详细了解得到信号源特性和运行状况等信息。

信号处理就是对信号进行某种加工或变换。其目的主要是削弱信号中多余的信号,滤除混杂的噪声和干扰信号;或者将信号变换为容易识别与分析的形式,便于估计或选择它的特征参量。任何信号处理任务都由具有某种功能和特性的系统来实现和完成的。

自动化类专业(也适用于电气工程等类专业)涉及的各类系统(电力系统、电机系统、

电力电子装置及系统、工业自动化系统等）中，信息流总是伴随着物质流、能量流而存在。系统与作为信息载体的信号息息相关、密不可分。从某种意义上说，系统是为了达到特定目的对信号进行处理、变换的器件、装置、设备及其组合，而信号是系统要处理、加工和变换的对象。实际上，电气系统、自动化系统等都广泛地涉及信号分析和处理技术。直接应用的例子如电机、电子系统的故障分析和诊断，电力系统的微机保护、谐波抑制等。在自动化领域，自动控制系统更是可以看作一个将输入信号加工为人们所期望输出信号的装置，自动控制系统的运行过程就是对信号的加工、变换过程。系统控制器按一定控制规则把输入信号（或偏差信号）变为施加于对象的控制信号，其加工、变换过程的正确与否直接影响系统的一系列重要特性。若控制对象所处环境恶劣、干扰源多，往往需要在系统中设置滤波环节，排除或削弱混杂在有用信号中的干扰噪声和测量噪声。对于随机干扰严重，系统无法获取精确的状态量，进而影响系统最佳运行的情况，可通过对系统输入、输出信号测量值的统计处理实现对系统状态的精确估计，即所谓的状态估计。此外，对未知系统的建模，以及自适应控制等，都需要通过对输入、输出信号的处理来建立系统数学模型，确定控制对象的模型参数等。这些都可以归结为信号处理问题。

习 题

1.1 判断下列各信号是否是周期信号。如果是周期信号，求出它的基波周期。

（1） $x(t) = 2\cos\left(3t + \dfrac{\pi}{4}\right)$；

（2） $x[n] = \cos\left(\dfrac{8n\pi}{7} + 2\right)$；

（3） $x(t) = \mathrm{e}^{\mathrm{j}(\pi t - 1)}$；

（4） $x[n] = \mathrm{e}^{\mathrm{j}\left(\frac{n}{8} - \pi\right)}$。

1.2 下列各式是描述系统的数学模型，式中 $x(t)$ 为输入信号，$y(t)$ 为输出信号。试判断哪些系统是线性定常或时变系统，哪些是非线性系统。

（1） $2\dfrac{\mathrm{d}y(t)}{\mathrm{d}t} + 3y(t) = 4\dfrac{\mathrm{d}x(t)}{\mathrm{d}t} + x(t)$；

（2） $y(t) + 6 = \dfrac{\mathrm{d}^2 x(t)}{\mathrm{d}t^2} + x^2(t)$；

（3） $\dfrac{\mathrm{d}^2 y(t)}{\mathrm{d}t^2} + y(t) = 2x(t)\dfrac{\mathrm{d}x(t)}{\mathrm{d}t}$；

（4） $y(t) = x(t)\sin(\omega t) + 1$。

1.3 已知系统的输入–输出关系为

$$y(t) = \left| x(t) - x(t-1) \right|$$

试判断该系统：

（1）是不是线性的？

（2）是不是时不变的？

（3）当输入 $x(t)$ 如图 1-7 所示时，画出响应 $y(t)$ 的波形。

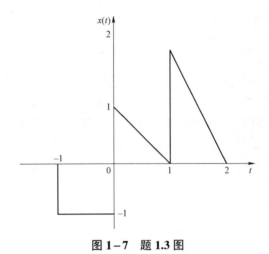

图 1-7　题 1.3 图

1.4　试判断下列每一个连续时间系统是不是线性系统和时不变系统。

（1）$y(t) = \dfrac{\mathrm{d}x(t)}{\mathrm{d}t}$；　　　　　　（2）$y(t) = \cos(3t)x(t)$。

1.5　已知下列各式中 $x(t)$ 为输入信号，$y(t)$ 为输出信号，试判断各系统分别是线性还是非线性的，是时变的还是非时变的，是因果的还是非因果的。

（1）$y(t) = |x(t)|$；　　　　　　（2）$y(t) = \sin[x(t)]$；

（3）$y(t) = x(2t)$；　　　　　　（4）$y(t) = x^2(t)$；

（5）$y(t) = \int_0^t x(t)\mathrm{d}t$；　　　　（6）$y(t) = \dfrac{\mathrm{d}x(t)}{\mathrm{d}t} + 1$；

（7）$y(t) = \mathrm{e}^{-2t}x(t)$；　　　　　（8）$y(t) = x(-t)$。

1.6　试判断下列每一个离散时间系统是不是线性系统和时不变系统。

（1）$y[n] = x[n] - 2x[n-1]$；　　（2）$y[n] = nx[n]$；

（3）$y[n] = x[n-2]x[n]$；　　　　（4）$y[n] = x[4n+1]$。

1.7　根据下列激励 $x[n]$ 与响应 $y[n]$ 的关系，判断系统是否是线性的，是否是时不变的。

（1）$y[n] = 2x[n] + 5$；　　　　（2）$y[n] = x[n]\sin\left(\dfrac{2n\pi}{7} + \dfrac{\pi}{6}\right)$；

（3）$y[n] = x^2[n]$；　　　　　　（4）$y[n] = \displaystyle\sum_{m=-\infty}^{n} x[m]$。

第 2 章

连续时间信号及系统的时域分析

2.1 引 言

连续的确定性信号（简称连续信号）是可用时域上连续的确定性函数描述的信号，是一类在描述、分析上最简单的信号，同时又是其他信号分析的基础。本章从什么是基本连续时间信号开始引入，接着介绍连续信号的时域基本运算以及在 LTI 系统中的微分方程求解，并分析了系统的零状态响应、零输入响应和全响应，最后介绍一个比较重要的响应——单位冲激响应，它在连续系统的分析中有着重要意义。

2.2 基本连续时间信号

2.2.1 单位阶跃函数

和复指数信号一样，单位阶跃函数 $u(t)$ 也是一种很有用的基本连续时间信号，它定义为

$$u(t) = \begin{cases} 0, & t<0 \\ 1, & t>0 \end{cases} \tag{2-1}$$

如图 2-1（a）所示，该函数在 $t=0$ 处是不连续的。这里，在跳变点 $t=0$ 处，函数值 $u(0)$ 未定义，或定义

$$u(0) = \frac{[u(0_-) + u(0_+)]}{2} = 1/2 \tag{2-2}$$

同理，延时 t_0 的单位阶跃函数定义为

$$u(t-t_0) = \begin{cases} 0, & t<t_0 \\ 1, & t>t_0 \end{cases} \tag{2-3}$$

简称为延时阶跃函数，如图 2-1（b）所示。与 $u(t)$ 不同，$u(t-t_0)$ 的跳变点不在 $t=0$ 而在 $t=t_0$ 处。

如果把式（2-3）的定义加以推广，写成复合函数的阶跃表示式 $u[f(t)]$，$f(t)$ 为一般普通函数，如 $f(t)=t^2-4$，$\cos(\pi t)$，等等。若使 $f(t)=0$，由此解出的

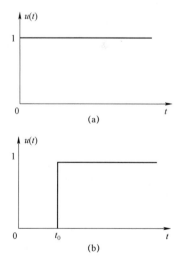

图 2-1 单位阶跃函数及其延时波形

$f(t)$ 的实根就是阶跃函数的跳变点，而使 $f(t)>0$ 的 t 的取值区间便是 $u[f(t)]=1$，$f(t)<0$ 的 t 的取值区间是 $u[f(t)]=0$。

例 2-1 化简 $u(t^2-4)$，并画出其函数波形。

解 $f(t)=t^2-4$，跳变点出现在 $t_1=-2$，$t_2=2$，并且 $t<-2$ 及 $t>2$ 区间函数值取 1，$-2<t<2$ 区间函数值取 0，即

$$u(t^2-4)=\begin{cases}1, & t<-2\\0, & -2<t<2\\1, & t>2\end{cases}$$

据此，很容易画出 $u(t^2-4)$ 的图形，或得到它的简化表示式

$$u(t^2-4)=u(-t-2)+u(t-2)$$

在实际中，常用 $u(t)$ 或 $u(t-t_0)$ 与某信号的乘积表示该信号的接入特性。例如，在 $t=0$ 时刻对某一系统的输入端口接入幅度为 A 的直流信号（直流电压源或直流电流源），可认为在输入端口作用一个 A 与 $u(t)$ 相乘的信号，即

$$x(t)=Au(t)$$

如图 2-2 所示。如果接入电源的时刻推迟到 $t=t_0$（$t_0>0$），则输入信号为

$$x(t-t_0)=Au(t-t_0)$$

即 A 与 $u(t-t_0)$ 的乘积，如图 2-3 所示。

其他信号常表示为一些延迟阶跃函数的加权和。例如，图 2-4 所示的矩形脉冲 $x(t)$ 可表示为

$$x(t)=u\left(t+\frac{\tau}{2}\right)-u\left(t-\frac{\tau}{2}\right)$$

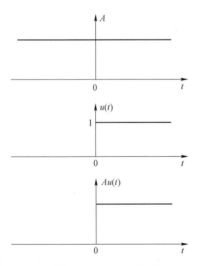

图 2-2 $Au(t)$ 波形

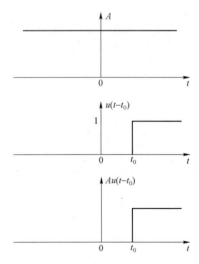

图 2-3 $Au(t-t_0)$ 波形

2.2.2 单位冲激函数

单位冲激函数不是一个普通的函数，为了对它有一直观的认识，不妨先把它看成一个普通的函数，例如图 2-5 所示的窄矩形脉冲的极限。

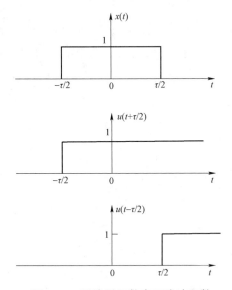

图 2-4 用阶跃函数表示脉冲函数

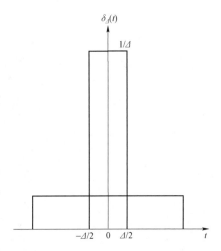

图 2-5 把 $\delta(t)$ 看成窄矩形脉冲的极限

图 2-5 所示的窄矩形脉冲可表示为

$$\delta_\Delta(t) = \left[u\left(t + \frac{\Delta}{2}\right) - u\left(t - \frac{\Delta}{2}\right) \right] / \Delta \tag{2-4}$$

这个脉冲的特点是，不论参数 Δ 取什么值，脉冲的面积总是 1，即

$$\int_{-\infty}^{\infty} \delta_\Delta(t) \mathrm{d}t = 1 \tag{2-5}$$

而且，脉冲的高度将随 Δ 变窄无限增长，在 $-\Delta/2 \leqslant t \leqslant \Delta/2$ 间隔以外，$\delta_\Delta(t) = 0$。随着 $\Delta \to 0$，$\delta_\Delta(t)$ 变得越来越窄，幅度越来越大，但面积仍然为 1，其极限即单位冲激函数，记为 $\delta_\Delta(t)$，即

$$\delta(t) = \lim_{\Delta \to 0} \delta_\Delta(t) \tag{2-6}$$

其波形如图 2-6 所示。图中用一个带箭头的高度线段来表示它的面积，称为冲激强度。可见，$\delta(t)$ 冲激强度为 1，除原点外处处为零，即

$$\begin{cases} \int_{-\infty}^{\infty} \delta(t) \mathrm{d}t = 1 \\ \delta(t) = 0, \quad t \neq 0 \end{cases} \tag{2-7}$$

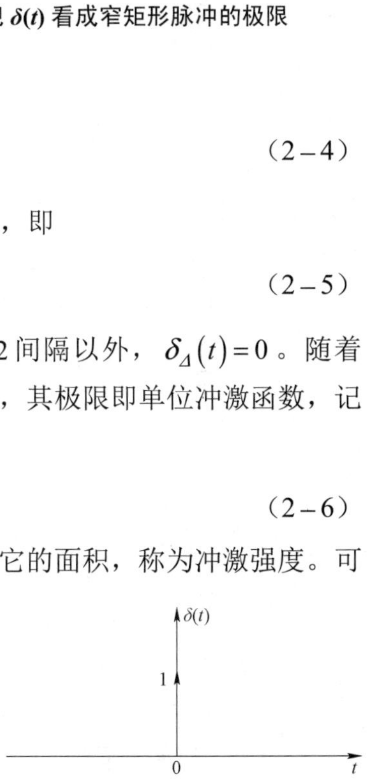

这就是 $\delta(t)$ 的定义。这个定义是由狄拉克（Dirac）首先提出的，所以又称为狄拉克 δ 函数，简称为 δ 函数（Delta function）。

图 2-6 δ 函数

同理，延时 t_0 的单位冲激函数 $\delta(t - t_0)$ 定义为

$$\begin{cases} \int_{-\infty}^{\infty} \delta(t-t_0)\mathrm{d}t = 1 \\ \delta(t-t_0) = 0, \quad t \neq t_0 \end{cases} \quad (2-8)$$

简称为延迟冲激函数，如图 2-7 所示。从图中可见，$\delta(t-t_0)$ 是在 $t=t_0$ 处出现的一个单位冲激。

δ 函数与阶跃函数一样，是从实际中抽象出来的一个理想化的信号模型，在信号与系统分析中非常有用。在实际中，δ 函数常用来描述某一瞬间出现的强度很大的物理量。例如，在图 2-8 所示的理想电压源对电容 C 充电的电路中，在开关接通的瞬间（$t=0$），充电电流 $i_C(t) \to \infty$，而 $i_C(t)$ 的积分值即单位电容 C 两端的电压：

$$\begin{aligned}\int_{-\infty}^{\infty} i_C(t)\mathrm{d}t &= \frac{1}{C}\int_{0_-}^{0_+} i_C(t)\mathrm{d}t \quad (C=1\,\mathrm{F}) \\ &= \int_{0_-}^{0_+} \frac{\mathrm{d}u_C(t)}{\mathrm{d}t}\mathrm{d}t \quad \left(i_C = C\frac{\mathrm{d}u_C(t)}{\mathrm{d}t}\right) \\ &= 1\,\mathrm{V}\end{aligned}$$

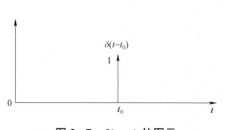

图 2-7 $\delta(t-t_0)$ 的图示

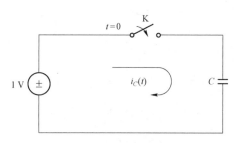

图 2-8 理想电压源对 C 充电

而在 $t \neq 0$ 期间，$i_C(t) = 0$，可见这个理想电压源对电容 C 充电的电流 $i_C(t)$ 就是一个集中在 $t=0$ 瞬间的单位冲激，即 δ 函数。下面讨论 δ 函数的性质。

（1）δ 函数对时间的积分等于阶跃函数，即

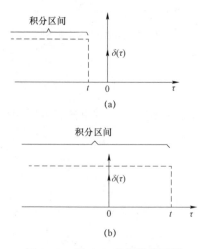

图 2-9 用 $\delta(t)$ 表示阶跃函数

$$\int_{-\infty}^{t} \delta(\tau)\mathrm{d}\tau = \begin{cases} 1, & t>0 \\ 0, & t<0 \end{cases} = u(t) \quad (2-9)$$

这是因为 $\delta(\tau)$ 的强度是集中在 $\tau=0$，所以式（2-9）积分从 $-\infty$ 到 $t<0$ 都是 0，$t>0$ 则为 1，如图 2-9（a）和（b）所示。必须注意，$\int_{-\infty}^{t} \delta(\tau)\mathrm{d}\tau$ 是 t 的函数，而 $\int_{-\infty}^{\infty} x(\tau)\mathrm{d}\tau$ 是函数 $x(\tau)$ 的面积值。

类似地，延迟冲激函数的积分等于延迟阶跃函数，即

$$\int_{-\infty}^{t} \delta(t-t_0)\mathrm{d}t = \begin{cases} 1, & t>t_0 \\ 0, & t<t_0 \end{cases} = u(t-t_0) \quad (2-10)$$

上面两式也说明不能把 $\delta(t)$ 看作普通函数，因为一个普通函数从 $-\infty$ 到 t 的积分应该是 t 的连续函数，而 $u(t)$ 或

$u(t-t_0)$ 在原点或 $t=t_0$ 点不连续。所以，我们把 $\delta(t)$ 或 $\delta(t-t_0)$ 称为奇异函数或广义函数。

（2）δ 函数等于单位阶跃函数的导数，即

$$\delta(t) = \frac{\mathrm{d}u(t)}{\mathrm{d}t}$$

这是因为阶跃函数除 $t=0$ 以外处处都是固定值，其变化率为零，而在 $t=0$ 处有不连续点，该点的导数，即

$$\left.\frac{\mathrm{d}u(t)}{\mathrm{d}t}\right|_{t=0} \to \infty$$

而其面积

$$\int_{-\infty}^{\infty} \frac{\mathrm{d}u(t)}{\mathrm{d}t}\mathrm{d}t = \int_{-\infty}^{\infty} \mathrm{d}u(t) = u(t)\Big|_{-\infty}^{\infty} = 1$$

所以，单位阶跃函数的导数是 δ 函数。由此可见，引入 $\delta(t)$ 概念以后，可以认为在函数跳变处也存在导数，即可对不连续函数进行微分。

例 2-2 已知 $x(t)$ 为一阶梯函数，如图 2-10（a）所示，试用阶跃函数表示，并求 $x(t)$ 的导数 $x'(t)$。

解
$$x(t) = 4u(t-2) + 2u(t-6) - 6u(t-8) \quad (2-11)$$
$$x'(t) = 4\delta(t-2) + 2\delta(t-6) - 6\delta(t-8) \quad (2-12)$$

如图 2-10（b）所示。每个冲激的强度（面积）等于 $x(t)$ 在 $t=t_i$ 时（不连续点）的函数跳变值。例如，$4\delta(t-2)$ 是集中在 $x(t)$ 的第一个不连续点（$t=2$）上的冲激，而且它的强度等于 4。

（3）对于任何在 $t=t_0$ 点连续的函数 $x(t)$，乘以 $\delta(t-t_0)$，等于强度为 $x(t_0)$ 的一个冲激，即

$$x(t)\delta(t-t_0) = x(t_0)\delta(t-t_0) \quad (2-13)$$

上式可以这样理解：$\delta(t-t_0)$ 除 $t=t_0$ 以外处处为零，仅在 $t=t_0$ 点的强度为 1；当其与 $x(t)$ 相乘时，显然 $t=t_0$ 点以外的时域其乘积仍为零，而在 $t=t_0$ 点的冲激强度变成 $x(t_0)$，即函数 $x(t)$ 在 $t=t_0$ 的抽样值。作为一个特定情况，当 $t_0=0$ 时，有

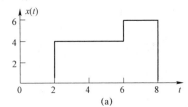

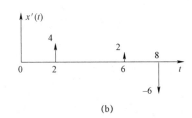

图 2-10 例 2-2 中信号及其微分波形

$$x(t)\delta(t) = x(0)\delta(t) \quad (2-14)$$

（4）对于任何在 $t=t_0$ 点连续的函数 $x(t)$，它与 $\delta(t-t_0)$ 之积在 $t=-\infty$ 到 ∞ 时间内的积分等于 $x(t)$ 在 $t=t_0$ 的抽样值，即

$$\int_{-\infty}^{\infty} x(t)\delta(t-t_0)\mathrm{d}t = x(t_0) \quad (2-15)$$

应用式（2-13）容易证明上述结果

$$\int_{-\infty}^{\infty} x(t_0)\delta(t-t_0)\mathrm{d}t = x(t_0)\int_{-\infty}^{\infty}\delta(t-t_0)\mathrm{d}t = x(t_0)$$

当 $t_0 = 0$ 时，式（2-13）变成

$$\int_{-\infty}^{\infty} x(t)\delta(t)\mathrm{d}t = x(0) \qquad (2-16)$$

上述性质表明了冲激信号的抽样特性（或称筛选性质），这个抽样过程可以用如图 2-11 所示的框图来表示，框图包括乘法器和积分器两个环节。由于 δ 函数是一个理想化的信号模型，所以图 2-11 所示框图也是一个理想抽样模型。在实际中常用窄脉冲代替 δ 函数，窄脉冲越窄，测得的抽样值 $x(t_0)$ 越精确。

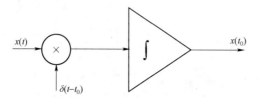

图 2-11 一个抽取 $x(t)$ 样值的框图

应当指出，冲激函数除了用式（2-7）所示狄拉克的方法定义外，也可利用式（2-15）和式（2-16）的筛选性质来定义，这种定义方法以分配函数理论为基础，是一种在数学上更严谨且应用更广泛的方法。对此感兴趣的读者，可参阅本书后面所列的有关参考书。

(5) δ 函数是偶函数，即

$$\delta(t) = \delta(-t) \qquad (2-17)$$

可证明如下：

$$\int_{-\infty}^{\infty}\delta(-t)x(t)\mathrm{d}t = \int_{-\infty}^{\infty}\delta(\tau)x(-\tau)\mathrm{d}(-\tau)$$
$$= \int_{-\infty}^{\infty}\delta(\tau)x(0)\mathrm{d}(\tau) = x(0)$$

这里用到变量代换 $\tau = -t$。将所得结果与式（2-16）对比，即可得出 $\delta(t) = \delta(-t)$ 的结论。

(6) δ 函数的尺度变换

$$\delta(at) = \frac{1}{|a|}\delta(t) \qquad (2-18)$$

δ 函数是一个宽度趋于零、幅度无限大的奇异信号，其大小由强度（或面积）来度量。δ 函数的尺度变换当然不能用普通信号波形宽度的伸缩来表示，必须用函数强度的变化来表示。式（2-18）右侧 $\delta(t)$ 前面的系数 $1/|a|$ 则代表了 δ 函数强度的改变。当 $a>1$ 时，冲激强度减小，对应于普通函数宽度变窄（压缩）；当 $0<a<1$ 时，冲激强度增大，对应于普通函数宽度扩展。

(7) 单位冲激的复合函数表达式为 $\delta[f(t)]$，其中 $f(t)$ 是普通函数。当 $f(t)=0$ 时，由此解出的实根 t_i 处会出现冲激，冲激的强度等于 $1/|f'(t_i)|$，这里 $f'(t_i)$ 是 $f(t)$ 在 $t=t_i$ 处的导数。

现在证明这个结论。之所以在 $f(t)=0$ 的实根 t_i 处出现冲激，是依据单位冲激的定义式（2-7）。围绕冲激出现的足够小邻域内把 $f(t)$ 展开为泰勒级数，注意到 $f(t_i)=0$ 并忽略高次项，可得到

$$f(t) = f(t_i) + f'(t_i)(t-t_i) + \frac{1}{2}f''(t_i)(t-t_i)^2 + \cdots \quad (2-19)$$
$$\simeq f'(t_i)(t-t_i)$$

由尺度变换性质可知，在出现冲激的 $t=t_i$ 附近，复合函数形式的冲激可简化为

$$\delta[f(t)] = \delta[f'(t_i)(t-t_i)] = \frac{1}{|f'(t_i)|}\delta(t-t_i) \quad (2-20)$$

例 2-3 化简 $\delta(2t-1)$，并绘出其图形。

下面用两种方法求解此例题。

解法一：首先得出延迟冲激 $\delta(t-1)$ 的图形，如图 2-12（a）所示，然后根据尺度变换性质得到 $\delta(2t-1)$ 的图形，如图 2-12（b）所示。

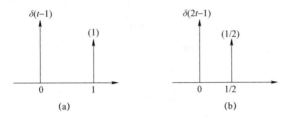

图 2-12 例 2-3 的图形

解法二：直接应用复合函数性质，$f(t)=2t-1$，其根为 $t_1=\frac{1}{2}$。于是在 $t_1=\frac{1}{2}$ 处有一个冲激出现，其强度是 $f'\left(\frac{1}{2}\right)=2$ 的倒数，故有

$$\delta(2t-1) = \frac{1}{2}\delta\left(t-\frac{1}{2}\right)$$

其图形与解法一得到的结果相同。

以上所介绍的有关 δ 函数的性质，均可应用分配函数理论得到严格证明。

2.2.3 复指数信号

连续时间复指数信号具有如下形式：

$$x(t) = Ce^{at} \quad (2-21)$$

式中，C 和 a 一般为复数。根据 C、a 的取值不同，式（2-21）代表了三种最常用的复指数信号。

1. 实指数信号

这时式（2-21）中的 C 和 a 为实数。根据 a 的取值范围不同，可分为三种情况：

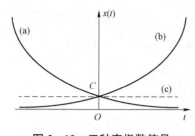

图 2–13 三种实指数信号

① $a<0$，这时 $x(t)$ 随 t 的增加而按指数衰减，如图 2–13（a）所示。这类信号可用来描述放射性衰变、RC 电路暂态响应和有阻尼的机械系统等物理过程。

② $a>0$，这时 $x(t)$ 随 t 的增加而按指数增长，如图 2–13（b）所示。这类信号可用来描述细菌无限繁殖、原子弹爆炸和复杂化学反应中的连锁反应等物理现象。

③ $a=0$，这时 $x(t)=C$ 为一常数，是一直流信号，如图 2–13（c）所示。

2. 虚指数信号

这时 $C=1$，$a=\mathrm{j}\omega_0$ 为一纯虚数，式（2–21）变成

$$x(t)=\mathrm{e}^{\mathrm{j}\omega_0 t} \tag{2-22}$$

这种信号具有以下几个重要特点：

① 它是周期信号，当满足条件

$$\mathrm{e}^{\mathrm{j}\omega_0 T}=1 \tag{2-23}$$

$$\mathrm{e}^{\mathrm{j}\omega_0(t+T)}=\mathrm{e}^{\mathrm{j}\omega_0 t}\mathrm{e}^{\mathrm{j}\omega_0 T}=\mathrm{e}^{\mathrm{j}\omega_0 t} \tag{2-24}$$

时。满足式（2–23）的最小 T 值记为 T_0，

$$T_0=2\pi/\omega_0 \tag{2-25}$$

称为基波周期。同理，$\mathrm{e}^{-\mathrm{j}\omega_0 t}$ 也是周期信号，其基波周期也是 T_0。

② 它是复数信号，根据欧拉（Euler）公式

$$x(t)=\mathrm{e}^{\mathrm{j}\omega_0 t}=\cos(\omega_0 t)+\mathrm{j}\sin(\omega_0 t) \tag{2-26}$$

它可分解为实部和虚部两部分。同理，$\mathrm{e}^{-\mathrm{j}\omega_0 t}$ 也是复数信号。

③ 它的实部和虚部都是实数信号，而且是相同基波周期的正弦信号。即

$$\mathrm{Re}\{\mathrm{e}^{\mathrm{j}\omega_0 t}\}=\cos(\omega_0 t) \tag{2-27}$$

$$\mathrm{Im}\{\mathrm{e}^{\mathrm{j}\omega_0 t}\}=\sin(\omega_0 t) \tag{2-28}$$

3. 复指数信号

这时 C 和 a 都是复数。为了讨论方便，C 和 a 分别用极坐标和直角坐标公式表示。即

$$C=|C|\mathrm{e}^{\mathrm{j}\theta} \tag{2-29}$$

$$a=r+\mathrm{j}\omega_0 \tag{2-30}$$

则

$$\begin{aligned}x(t)&=C\mathrm{e}^{at}=|C|\mathrm{e}^{\mathrm{j}\theta}\mathrm{e}^{(r+\mathrm{j}\omega_0)t}=|C|\mathrm{e}^{rt}\mathrm{e}^{\mathrm{j}(\omega_0 t+\theta)}\\&=|C|\mathrm{e}^{rt}[\cos(\omega_0 t+\theta)+\mathrm{j}\sin(\omega_0 t+\theta)]\\&=|C|\mathrm{e}^{rt}\cos(\omega_0 t+\theta)+\mathrm{j}|C|\mathrm{e}^{rt}\sin(\omega_0 t+\theta)\end{aligned} \tag{2-31}$$

可见，$x(t)$ 可分解为实部和虚部两部分，即

$$\text{Re}\{x(t)\} = |C|e^{rt}\cos(\omega_0 t + \theta) \qquad (2-32)$$

$$\text{Im}\{x(t)\} = |C|e^{rt}\sin(\omega_0 t + \theta) \qquad (2-33)$$

两者都是实数信号，而且是同频率的振幅随时间变化的正弦振荡。其中，复指数 a 的实部 r 表征振幅随时间变化的情况，$r>0$ 表示振幅随 t 的增加而指数增长；$r<0$ 表示振幅随 t 的增加而指数衰减；$r=0$ 表示振幅为一常数 $|C|$，即不随 t 变化。a 的虚部 ω_0 为振荡的角频率。根据 r 的取值范围不同，$x(t)$ 的实部或虚部波形如图 2-14 所示。图中，虚线相应于 $\pm|C|e^{rt}$，它反映振荡的上下峰值的变化趋势，是振荡的包络。指数幅值衰减的正弦信号常称为阻尼正弦振荡，它是一种非周期信号，这类信号常用于描绘 RLC 电路和汽车减振系统的过渡过程。振幅指数增长的正弦信号常称为增幅正弦振荡，它也是一个非周期信号，这种信号常用来描绘系统的不稳定过程。振幅为常数的正弦信号常称为正弦信号，它是大家熟悉的常用的周期信号。

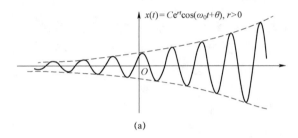

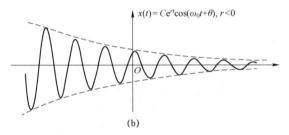

图 2-14　复指数信号的实部或虚部波形

正弦信号和其他的复指数信号一样，都是常用的基本信号。正弦信号也可以用同频率的虚指数信号表示，即

$$A\cos(\omega_0 t + \theta) = A\left(e^{j\theta}e^{j\omega_0 t} + e^{-j\theta}e^{-j\omega_0 t}\right)/2 \qquad (2-34)$$

其中，两个虚指数信号的振幅都是复数，分别为 $Ae^{j\theta}/2$ 和 $Ae^{-j\theta}/2$。正弦信号还可以用同频率的两个虚指数信号的实部或虚部表示，即

$$A\cos(\omega_0 t + \theta) = A\text{Re}\left\{e^{j(\omega_0 t + \theta)}\right\} \qquad (2-35)$$

$$A\sin(\omega_0 t + \theta) = A\text{Im}\left\{e^{j(\omega_0 t + \theta)}\right\} \qquad (2-36)$$

正弦信号和虚指数信号常用来描述很多物理现象。例如，不同频率的正弦信号可用于测

试系统的频率响应,合成出需要的波形或音响等。

由虚指数信号或正弦信号可构成频率成谐波关系的函数集合,即 $\{e^{jk\omega_0 t}, k=0,\pm 1,\pm 2,\cdots,\pm\infty\}$,这些信号分量具有公共周期 $T_0 = 2\pi/\omega_0$。其中第 k 次谐波分量的频率是 $|k|\omega_0$,其振荡周期为 $\frac{2\pi}{|k|\omega_0} = \frac{T_0}{|k|}$,表明 k 次谐波在 T_0 时间间隔内经历了 $|k|$ 个振荡周期。任何实用的周期信号都可以在虚指数或正弦信号构成的集合中被分解成无限多个正弦分量的线性组合。这就是前面提到的、第 4 章将详细讨论的信号频域分析的基础和出发点。这里,"谐波"一词源于音乐中的一个现象,即由声振动得到的各种音调,其频率均是某一基波频率的整数倍。

2.3 连续信号的时域运算

2.3.1 信号的基本运算

在信号的分析、传输与处理过程中,对信号常进行的运算包括数乘、取模、两信号的相加及相乘、微分或差分、积分或求和(累加),以及移位、反转、尺度变换(尺度伸缩)等。下面分别以函数式的变化来表示这些运算。

1. 数乘

设 c 为复常数,实常数为其特例。

$$y(t) = cx(t); y[n] = cx[n]$$

2. 两信号相加

对应时刻的两函数值相加

$$y(t) = x_1(t) + x_2(t); y[n] = x_1[n] + x_2[n]$$

图 2-15 给出了两个不同频率正弦信号相加的例子。

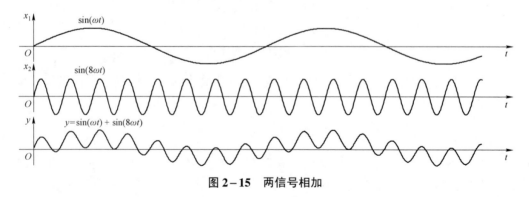

图 2-15 两信号相加

3. 两信号相乘

对应时刻的两函数值相乘

$$y(t) = x_1(t) x_2(t); y[n] = x_1[n] x_2[n]$$

图 2-16 给出了两个正弦信号相乘的例子。必须指出,在通信系统的调制、解调等过程

中经常遇到两信号的相乘运算。

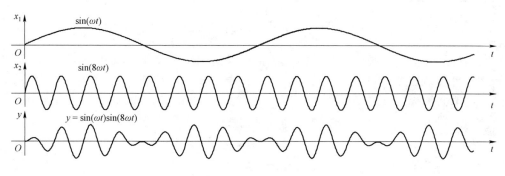

图 2-16 两信号相乘

4. 微分和差分

对连续时间函数求导即微分，对离散序列相邻值相减即差分。

$$y(t)=\frac{\mathrm{d}}{\mathrm{d}t}x(t); y[n]=x[n]-x[n-1] \text{ 或 } y[n]=x[n+1]-x[n]$$

差分中前式为一阶后向差分，后式为一阶前向差分。

5. 积分和求和

对连续时间函数求变上限的积分，对离散时间序列求变上限的累加。

$$y(t)=\int_{-\infty}^{t}x(\tau)\mathrm{d}\tau; \quad y[n]=\sum_{k=-\infty}^{n}x[k]$$

图 2-17 和图 2-18 分别给出连续时间信号微分运算和积分运算的两个例子，从图中可见，微分的结果突显了信号的变化部分，而积分的结果正好相反，使信号突变的部分变得平滑。

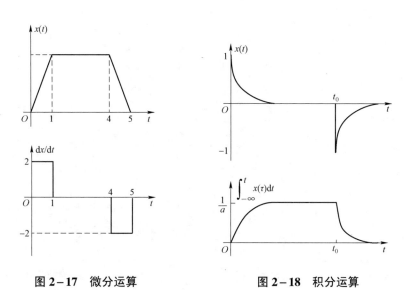

图 2-17 微分运算　　　　　图 2-18 积分运算

6. 取模

模是代表信号大小度量的一种方式。

$$y(t)=|x(t)|=\left[x(t)x^*(t)\right]^{\frac{1}{2}};y[n]=|x[n]|=\left\{x[n]x^*[n]\right\}^{\frac{1}{2}}$$

以上六种运算都是对函数式在某时刻的值进行的相应运算,下面讨论的移位、反转、尺度变换这三种运算或者说三种波形变换,其实质是由函数自变量 t 或 n 的变换而导致的信号变化。以连续时间为例,函数自变量 t 代换为一个线性表达式,即 $t \to at+b$,其中 a、b 均为实数。为讨论方便,暂将函数变换前的变量写成 t',于是线性变换式可写成

$$t' = at + b \tag{2-37}$$

式中,t 为变换后的自变量。式(2-37)也可写成

$$t = \frac{1}{a}(t'-b) \tag{2-38}$$

若以 t 为横坐标画出原信号 $x(t')$ 的波形,就是自变量变换导致信号波形变换的结果。

7. 移位

自变量按 $t' = t + b$ ($a=1$) 变换,以 $t = t' - b$ 为横坐标画出原信号 $x(t')$ 的波形。从 $t = t' - b$ 可以看到,若 $b > 0$,将使信号波形左移;$b < 0$,信号波形右移。图 2-19 是连续时间信号移位的例子,其中 $b = -2 < 0$,故 $x(t-2)$ 较 $x(t)$ 右移了 2 s。信号移位在雷达、声呐、地震信号处理中经常遇到,利用移位信号对原信号在时间上的延迟,可以探测目标或震源的距离。

8. 反转

自变量按 $t' = -t$ ($a=-1<0$, $b=0$) 变换,以 $t = -t'$ 为横坐标画出原信号 $x(t')$ 的波形。由此自变量的变换可知,反转的结果就是使原信号波形绕纵轴反折 180°,图 2-20 是连续时间信号反转的例子。另一个实际例子是磁带倒放,即若 $x(t)$ 是表示一个收录于磁带上的语音信号,则 $x(-t)$ 就代表该磁带倒过来放音。

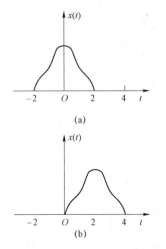

图 2-19 连续时间信号的移位

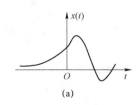

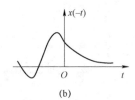

图 2-20 连续时间信号的反转

9. 尺度变换

自变量按 $t' = at$ ($a > 0$, $b = 0$) 变换，以 $t = t'/a$ 为横坐标画出原信号 $x(t')$ 的波形。此自变量变换意味着，若 $a > 1$，将导致原信号波形沿时间轴向原点压缩；若 $a < 1$，信号波形将自原点拉伸。图 2-21 所示为一连续时间信号尺度变换（或称尺度伸缩）的例子，其中 $x(2t)$ 中 $a = 2 > 1$，导致原信号波形压缩，而 $x(t/2)$ 中 $a = 1/2 < 1$，信号波形被拉伸（或展宽）为原来的 2 倍。在实际中，若 $x(t)$ 仍表示一个录制在磁带上的语音信号，则 $x(2t)$ 表示慢录快放，即以该磁带录制速度的 2 倍进行放音；而 $x(t/2)$ 刚好相反，表示快录慢放，以原磁带 1/2 的录制速度放音。

例 2-4 已知某连续时间信号 $x(t)$ 的波形如图 2-22(a) 所示，试绘出信号 $x(2-t/3)$ 的波形图。

解 分析自变量的交换 $t' = 2 - t/3$，可知它包括移位 ($b = 2 \neq 0$)、反转 ($a = -1/3 < 0$) 和扩展 ($|a| = 1/3 < 1$)。

解此题的方法是按三种运算一步步地进行，由于三种运算的次序可任意排列，因此这种逐步法可有六种解法。下面列出其中的两种解法。

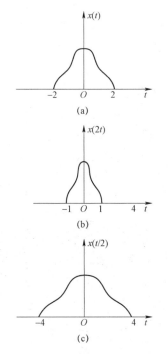

图 2-21 连续时间信号的尺度变换

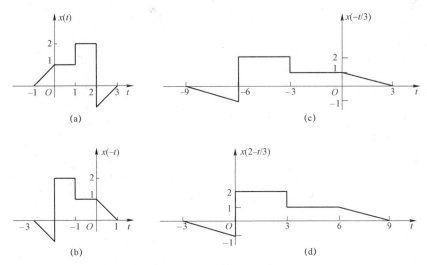

图 2-22 由反转—扩展—移位得到 $x(2-t/3)$

解法一：反转—扩展—移位。

(1) 反转：将 $t \to -t$，得原信号 $x(t)$ 的反转波形 $x(-t)$，如图 2-22(b) 所示。

(2) 扩展：将 (1) 中得到的 $x(-t)$，令其中的 $t \to -t/3$，导致 $x(-t)$ 的波形扩展为 $x(-t/3)$，如图 2-22(c) 所示。

(3) 移位：为达题目要求的 $x(2-t/3)$，需把 $x(-t/3)$ 中的 $t \to t-6$，这导致图 2-22(c) 的波形沿 t 轴右移 6 s，得到最终结果如图 2-22(d) 所示。

解法二：扩展—反转—移位。

(1) 扩展：自变量 $t \to t/3$，使信号 $x(t)$ 的波形扩展为原来的 3 倍，如图 2-23 (a)、(b) 所示。

(2) 反转：把 $x(t/3)$ 中的 $t \to -t$，导致 $x(t/3)$ 波形反转，得到图 2-23 (c) 所示的 $x(-t/3)$ 的波形。

(3) 移位：将 $x(-t/3)$ 中的 $t \to t-6$，结果使图 2-23 (c) 波形右移 6 s，这使 $x(2-t/3)$ 的波形如图 2-23 (d) 所示。

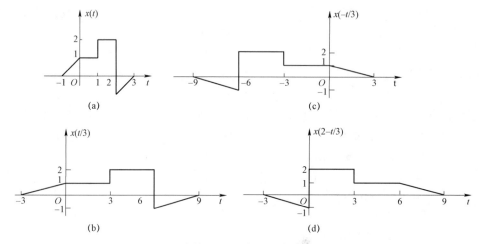

图 2-23 由扩展—反转—移位得到 $x(2-t/3)$

另外四种解法请自己练习。从练习中可以体会到，如果函数自变量变换中包括移位（即 $b \neq 0$），解题的第一步最好先做移位，而后做其他变换，这种做法不容易出错。

以上讨论的三种波形变换只限于连续时间信号，对于离散时间信号的移位、反转和尺度变换，也是由信号自变量的变换引起的，即

$$n' = an + b$$

式中，n' 和 n 是序列变换前后的自变量，均取整数；常数 a 取整数或整数的倒数，b 也取整数。关于序列的移位 $(a=1, b \neq 0)$ 和反转 $(a=-1, b=0)$，解决问题的思路与连续时间信号相同。而序列的尺度变换有其特殊性，这是由于序列仅在整数时间点上有定义。根据序列的尺度变换因子 a 的取值不同，可分为抽取和内插零两种变换，这些变换在滤波器设计和实现或通信中都有很多重要应用。

2.3.2 信号的卷积积分

两个具有相同变量 t 的函数 $x_1(t)$ 和 $x_2(t)$，经过以下积分可以得到第三个相同变量的函数 $y(t)$，即

$$y(t) = \int_{-\infty}^{\infty} x_1(\tau) x_2(t-\tau) \mathrm{d}\tau \tag{2-39}$$

式 (2-39) 就称为卷积积分。常用符号"*"表示两个函数的卷积运算，即

$$y(t) = x_1(t) * x_2(t) \tag{2-40}$$

1. 卷积积分的计算

卷积积分的计算可用解析的方法完成。

例 2-5 已知 $x_1(t) = e^{-t}u(t)$，$x_2(t) = u(t) - u(t-3)$，求 $x_1(t) * x_2(t)$。

解 由卷积的定义，得

$$x_1(t) * x_2(t) = \int_{-\infty}^{\infty} x_1(\tau) x_2(t-\tau) d\tau = \int_{-\infty}^{\infty} e^{-\tau} u(\tau) [u(t-\tau) - u(t-\tau-3)] d\tau$$

$$= \int_{-\infty}^{\infty} e^{-\tau} u(\tau) u(t-\tau) d\tau - \int_{-\infty}^{\infty} e^{-\tau} u(\tau) u(t-\tau-3) d\tau$$

$$= \left[\int_0^t e^{-\tau} d\tau\right] u(t) - \left[\int_0^{t-3} e^{-\tau} d\tau\right] u(t-3)$$

$$= (1 - e^{-t}) u(t) - \left[1 - e^{-(t-3)}\right] u(t-3)$$

利用定义直接计算卷积积分时，需要注意以下两点：积分过程中的上、下限如何确定；积分结果的有效存在时间如何用阶跃函数表示出来。下面分别叙述。

1) 积分上、下限的确定

一般情况下，卷积积分中出现的积分项，其被积函数总是含有两个阶跃函数因子，二者结合会构成一个门函数。此门函数的两个边界就是积分的上、下限，且左边界为下限，右边界为上限。

例如，例 2-5 中的第一项 $\int_{-\infty}^{\infty} e^{-\tau} u(\tau) u(t-\tau) d\tau$ 中含有阶跃因子 $u(\tau) u(t-\tau)$，其积分变量为 τ。

对于 $u(\tau)$：当 $\tau > 0$ 时，$u(\tau) = 1$，其他情况为 0。

对于 $u(t-\tau)$：当 $t - \tau > 0$，即 $\tau < t$ 时，$u(t-\tau) = 1$，其他情况为 0。

$u(\tau) u(t-\tau)$ 要想有意义，即 $u(\tau) u(t-\tau) = 1$，必须有 $0 < \tau < t$。其他情况下的 $u(\tau) u(t-\tau) = 0$。

因此，第一项积分的积分限为 $0 \sim t$。同理，可分析知第二项积分的积分限为 $0 \sim (t-3)$。

2) 积分结果有效存在时间的确定

这个有效存在时间总是用阶跃函数来表示，并且仍然可以由被积函数中的两个阶跃函数因子来确定。

还是以例 2-5 中的第一项 $\int_{-\infty}^{\infty} e^{-\tau} u(\tau) u(t-\tau) d\tau$ 为例，前面已经知道，当 $0 < \tau < t$ 时，$u(\tau) u(t-\tau) = 1$，此时积分可化简为 $\int_0^t e^{-\tau} \cdot 1 d\tau$，然而这需要一个前提，即 $t > 0$。只有在 $t > 0$ 的前提下，$u(\tau)$ 和 $u(t-\tau)$ 才有对接，$u(\tau) u(t-\tau) = 1$ 才成立，即相当于在 $\int_0^t e^{-\tau} \cdot 1 d\tau$ 后跟加一个阶跃函数 $u(t)$。

同理，对于第二项，当 $t - 3 > \tau > 0$ 时，$u(\tau) u(t-\tau-3) = 1$，它成立的前提是 $t - 3 > 0$，即相当于积分后跟加阶跃函数 $u(t-3)$。

在具体计算时，方法也很简单，将两阶跃函数的时间相加即可。例如，例 2-5 中的第

一项中的 $u(\tau)u(t-\tau)$，两个阶跃的时间相加为 $\tau+t-\tau=t$，所以积分之后的阶跃函数为 $u(t)$。

2. 卷积积分的图解

利用卷积积分的图解来进行说明，可以帮助理解卷积的概念，把一些抽象的关系加以形象化。

函数 $x_1(t)$ 和 $x_2(t)$ 的卷积积分为

$$y(t) = x_1(t) * x_2(t) = \int_{-\infty}^{\infty} x_1(\tau) x_2(t-\tau) \mathrm{d}\tau$$

由此定义式可见，为实现某一点的卷积计算，需要完成以下五个步骤：

① 变量置换：将 $x_1(t)$、$x_2(t)$ 变为 $x_1(\tau)$、$x_2(\tau)$，即把 τ 变成函数的自变量。

② 反褶：将 $x_2(\tau)$ 反褶，变为 $x_2(-\tau)$。

③ 平移：将 $x_2(-\tau)$ 平移 t 变为 $x_2[-(\tau-t)]$，即 $x_2(t-\tau)$。在此处，t 作为常数存在。

④ 相乘：将两信号 $x_1(\tau)$ 和 $x_2(t-\tau)$ 的重叠部分相乘。

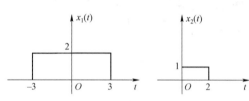

图 2-24 函数 $x_1(t)$ 和 $x_2(t)$

⑤ 积分：求 $x_1(\tau)x_2(t-\tau)$ 乘积下的面积，此即 t 时刻的卷积结果 $y(t)$ 的值。

要进行下一点的计算时，需要改变参变量 t 的值，并重复步骤③～⑤。

下面举例说明卷积的过程。

例 2-6 函数 $x_1(t)$ 和 $x_2(t)$ 的波形如图 2-24 所示，请用图解法求其卷积图。

解 卷积的过程和结果如图 2-25 所示。

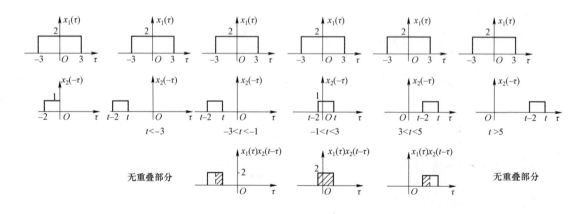

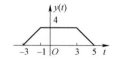

图 2-25 卷积的过程及结果

总结：

① 两个脉宽不等的矩形脉冲，其卷积结果应为一个等腰梯形，这个梯形的参数可以由两个矩形的参数直接得出。

② 梯形起点时间的数值等于两矩形起点时间的数值之和，梯形终止点时间的数值等于两矩形终止点时间的数值之和，这一点对于所有的卷积结果都是适用的。

③ 梯形顶部的宽度等于两矩形宽度之差。

④ 如果两个完全相等的矩形脉冲做卷积，其结果为一个等腰三角形。

3. 卷积积分的性质

卷积是一种数学运算法，它具有以下一些有用的基本性质。

① 交换律。

$$x_1(t)*x_2(t)=x_2(t)*x_1(t) \tag{2-41}$$

证明：卷积定义为

$$x_1(t)*x_2(t)=\int_{-\infty}^{\infty}x_1(\tau)x_2(t-\tau)\mathrm{d}\tau$$

令 $\tau = t - \lambda$，则有

$$x_1(t)*x_2(t)=\int_{-\infty}^{\infty}x_1(t-\lambda)x_2(\lambda)\mathrm{d}\lambda = x_2(t)*x_1(t)$$

② 分配律。

$$x_1(t)*[x_2(t)+x_3(t)] = x_1(t)*x_2(t)+x_1(t)*x_3(t) \tag{2-42}$$

证明：

$$x_1(t)*[x_2(t)+x(t)] = \int_{-\infty}^{\infty}x_1(\tau)[x_2(t-\tau)+x_3(t-\tau)]\mathrm{d}\tau$$

$$= \int_{-\infty}^{\infty}x_1(\tau)x_2(t-\tau)\mathrm{d}\tau + \int_{-\infty}^{\infty}x_1(\tau)x_3(t-\tau)\mathrm{d}\tau$$

$$= x_1(t)*x_2(t)+x_1(t)*x_3(t)$$

③ 结合律。

$$[x_1(t)*x_2(t)]*x_3(t) = x_1(t)*[x_2(t)*x_3(t)] \tag{2-43}$$

证明：

$$[x_1(t)*x_2(t)]*x_3(t) = \int_{-\infty}^{\infty}\left[\int_{-\infty}^{\infty}x_1(\lambda)x_2(\tau-\lambda)\mathrm{d}\lambda\right]x_3(t-\tau)\mathrm{d}\tau$$

$$= \int_{-\infty}^{\infty}x_1(\lambda)\left[\int_{-\infty}^{\infty}x_2(\tau-\lambda)x_3(t-\tau)\mathrm{d}\tau\right]\mathrm{d}\lambda$$

$$= \int_{-\infty}^{\infty}x_1(\lambda)\left[\int_{-\infty}^{\infty}x_2(\tau)x_3(t-\lambda-\tau)\mathrm{d}\tau\right]\mathrm{d}\lambda$$

$$= x_1(t)*[x_2(t)*x_3(t)]$$

上述三条性质与乘法运算的性质相似。

④ 卷积的微分。

两函数卷积后的导数等于两函数之一的导数与另一函数的卷积，即

$$\frac{d}{dt}[x_1(t)*x_2(t)] = x_1(t)*\frac{dx_2(t)}{dt} = \frac{dx_1(t)}{dt}*x_2(t) \qquad (2-44)$$

证明：

$$\frac{d}{dt}[x_1(t)*x_2(t)] = \frac{d}{dt}\int_{-\infty}^{\infty}x_1(\tau)x_2(t-\tau)d\tau = \int_{-\infty}^{\infty}x_1(\tau)\frac{dx_2(t-\tau)}{dt}d\tau = x_1(t)*\frac{dx_2(t)}{dt}$$

同理可证：

$$\frac{d}{dt}[x_1(t)*x_2(t)] = \frac{dx_1(t)}{dt}*x_2(t)$$

⑤ 卷积的积分。

$$y(t) = x_1(t)*x_2(t)$$

定义
$$y^{(-1)}(t) = \int_{-\infty}^{t}y(x)dx$$

则有

$$y^{(-1)}(t) = x_1^{(-1)}(t)*x_2(t) = x_1(t)*x_2^{(-1)}(t) \qquad (2-45)$$

证明：

$$y^{(-1)}(t) = \int_{-\infty}^{t}\left[\int_{-\infty}^{\infty}x_1(\tau)x_2(\lambda-\tau)d\tau\right]d\lambda = \int_{-\infty}^{\infty}x_1(\tau)\left[\int_{-\infty}^{t}x_2(\lambda-\tau)d\lambda\right]d\tau$$

$$= x_1(t)*\int_{-\infty}^{t}x_2(\lambda)d\lambda = x_1(t)*x_2^{(-1)}(t)$$

同理可证：$y^{(-1)}(t) = x_1^{(-1)}(t)*x_2(t)$。

利用以上性质，可以证明：

$$y(t) = x_1(t)*x_2(t) = x_1'(t)*x_2^{(-1)}(t) = x_1^{(-1)}(t)*x_2'(t) \qquad (2-46)$$

4. 与单位冲激函数的卷积

任一函数 $x(t)$ 与单位冲激函数 $\delta(t)$ 的卷积等于函数 $x(t)$ 本身。即

$$x(t)*\delta(t) = \delta(t)*x(t) = \int_{-\infty}^{\infty}\delta(\tau)x(t-\tau)d\tau = x(t)\int_{-\infty}^{\infty}\delta(\tau)d\tau = x(t)$$

同理

$$x(t)*\delta(t-t_0) = \int_{-\infty}^{\infty}x(\tau)\delta(t-\tau-t_0)d\tau = x(t-t_0)$$

$$x(t-t_1)*\delta(t-t_0) = x(t-t_1-t_0)$$

结合卷积的微分、积分特性，还可以得到以下结论：

$$x(t)*\delta'(t) = x'(t)$$

$$x(t)*u(t) = \int_{-\infty}^{t}x(\tau)d\tau$$

因此 $\delta'(t)$ 又叫微分器，$u(t)$ 又称积分器，推广到一般情况可得

$$x(t)*\delta^{(k)}(t)=x^{(k)}(t)$$

$$x(t)*\delta^{(k)}(t-t_0)=x^{(k)}(t-t_0)$$

式中，k 取正整数表示求导次数，k 取负整数表示积分次数。

利用卷积的性质以及单位冲激函数 $\delta(t)$ 卷积运算的特点可以简化卷积运算。

例 2-7 已知信号 $x(t)$ 如图 2-26（a）所示，周期为 T 的周期单位冲激函数序列 $\delta_T(t)$，又称单位冲激串，如图 2-26（b）所示，求 $x(t)*\delta_T(t)$。

$$\delta_T(t)=\sum_{m=-\infty}^{\infty}\delta(t-mT),\quad m\text{ 为整数}$$

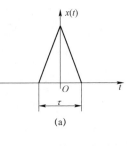

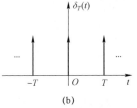

图 2-26 例 2-7 图

解 根据卷积积分的分配律及 $\delta(t)$ 的卷积性质，有

$$x(t)*\delta_T(t)=x(t)*\left[\sum_{m=-\infty}^{\infty}\delta(t-mT)\right]=\sum_{m=-\infty}^{\infty}\left[x(t)*\delta(t-mT)\right]=\sum_{m=-\infty}^{\infty}x(t-mT)$$

随着 $T>\tau$ 和 $T<\tau$，卷积结果的波形有所不同，$T>\tau$ 时波形出现重叠，结果如图 2-27 所示。

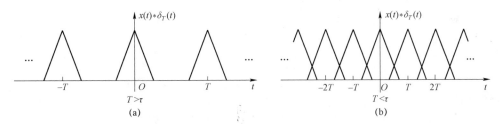

图 2-27 $T>\tau$ 和 $T<\tau$ 的卷积结果波形

2.4 连续 LTI 系统的微分方程及其求解

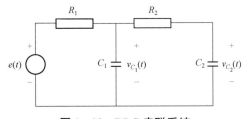

图 2-28 RLC 串联系统

连续时间系统处理的是连续时间信号，即系统的输入激励 $e(t)$ 和输出响应 $y(t)$ 都是连续的。在实际应用中，为了便于对系统进行分析，任何系统的物理特性都希望用具体的数学模型进行描述，即建立系统激励与系统响应之间的相互关系。例如，一个由电阻 R、电容 C 和电感 L 串联组成的系统，如图 2-28 所示。若系统的激励信号为电源电压 $e(t)$，欲求系统的响应回路电流 $i(t)$，则由电路中的 KVL 定律，有

$$LC\frac{\mathrm{d}^2 i(t)}{\mathrm{d}t^2}+RC\frac{\mathrm{d}i(t)}{\mathrm{d}t}+i(t)=C\frac{\mathrm{d}e(t)}{\mathrm{d}t} \tag{2-47}$$

这就是该系统的数学模型，它是一个线性的常系数二阶微分方程。

2.4.1 LTI系统的微分方程模型

进行系统分析时，首先要建立系统的数学模型。LTI连续时间系统的输入–输出关系是用线性常系数微分方程来描述的，方程中含有输入量、输出量及它们对时间的导数或积分。这种微分方程又称为动态方程或运动方程。微分方程的阶数一般是指方程中输出端最高导数项的阶数，又称为系统的阶数。系统的复杂性常由系统的阶数来表示。

对于单变量 n 阶 LTI 连续时间系统，微分方程为

$$a_n y^{(n)}(t) + a_{n-1} y^{(n-1)}(t) + \cdots + a_1 y^{(1)}(t) + a_0 y(t) = b_m x^{(m)}(t) + b_{m-1} x^{(m-1)}(t) + \cdots + b_1 x^{(1)}(t) + b_0 x(t) \tag{2-48}$$

式中，$x(t)$ 为输入信号；$y(t)$ 为输出信号；$y^{(n)}(t)$ 表示 $y(t)$ 对 t 的 n 阶导数；$a_i(i=0,1,2,\cdots,n)$，$b_i(i=0,1,2,\cdots,m)$ 都是由系统结构参数决定的系数，可简写为

$$\sum_{k=0}^{n} a_k \frac{\mathrm{d}^k y(t)}{\mathrm{d}t^k} = \sum_{k=0}^{m} b_k \frac{\mathrm{d}^k x(t)}{\mathrm{d}t^k} \tag{2-49}$$

为了方便，引入微分算子表示，令

$$\mathrm{D} = \frac{\mathrm{d}}{\mathrm{d}t}, \mathrm{D}^k = \frac{\mathrm{d}^k}{\mathrm{d}t^k}$$

于是

$$\frac{\mathrm{d}y(t)}{\mathrm{d}t} = \mathrm{D}y(t), \frac{\mathrm{d}^k y(t)}{\mathrm{d}t^k} = \mathrm{D}^k y(t)$$

则式（2-49）可写成

$$\sum_{k=0}^{n} a_k \mathrm{D}^k y(t) = \sum_{k=0}^{m} b_k \mathrm{D}^k x(t) \tag{2-50}$$

系统建立数学模型的方法有分析法和实验法。分析法是根据系统中各元件所遵循的客观（物理、化学、生物等）规律和运行机制，列出微分方程，又称理论建模。实验法是人为地给系统施加某种测试信号，记录其输出响应，并用适当的数学模型去逼近，又称系统辨识。以下举例介绍用分析法列写微分方程。

2.4.2 微分方程的求解

如式（2-48）所示的微分方程所描述的输入–输出关系不是将系统输出作为输入函数的一种显式给出的。为了得到一个显式表达式，就需要求解微分方程。对于这种动态系统，求解时仅仅知道输入量是不够的，还必须知道一组变量的初始值。不同的初始值选取会导致不同的解 $y(t)$，结果就有不同的输入和输出之间的关系。由于本书的绝大部分都集中在用微分方程描述的因果 LTI 系统，系统要求满足初始松弛的条件，即对于一个因果的 LTI 系统，若 $t < t_0$，$x(t) = 0$，则 $t < t_0$，$y(t)$ 必须也等于 0。值得强调的是，初始松弛条件并不表明

在某一固定时刻点上的零初始条件,而是在时间上调整这一点,以使得在输入变成非零前,响应一直为零。

首先来回顾微分方程的经典解法。

根据微分方程的经典解法,微分方程的完全解由齐次解 $y_h(t)$ 和特解 $y_p(t)$ 组成,即

$$y(t) = y_h(t) + y_p(t) \tag{2-51}$$

齐次解满足式(2-48)中右端输入 $x(t)$ 及其各阶导数都为零的齐次方程,即

$$a_n y^{(n)}(t) + a_{n-1} y^{(n-1)}(t) + \cdots + a_1 y^{(1)}(t) + a_0 y(t) = 0 \tag{2-52}$$

齐次解的基本形式为 $Ae^{\lambda t}$,将 $Ae^{\lambda t}$ 代入式(2-52),可得

$$a_n A \lambda^n e^{\lambda t} + a_{n-1} A \lambda^{n-1} e^{\lambda t} + \cdots + a_1 A \lambda^1 e^{\lambda t} + a_0 A e^{\lambda t} = 0$$

在 $A \neq 0$ 的条件下可得

$$a_n \lambda^n + a_{n-1} \lambda^{n-1} + \cdots + a_1 \lambda + a_0 = 0 \tag{2-53}$$

式(2-53)称为微分方程对应的特征方程。对应的 n 个根 $\lambda_1, \lambda_2, \cdots, \lambda_n$ 称为微分方程的特征根。齐次解的形式取决于特征根的模式。各种模式下的齐次解形式如表 2-1 所示。

表 2-1 齐次解形式

特征根	齐次解中的对应项
每一单根 $\lambda = r$	给出一项 ce^{rt}
重实根 $\lambda = r$(k 重)	给出 k 项 $c_1 e^{rt} + c_2 t e^{rt} + \cdots + c_k t^{k-1} e^{rt}$
一对单复根 $\lambda_{1,2} = \alpha \pm j\beta$	给出两项 $c_1 e^{\alpha t} \cos(\beta t) + c_2 e^{\alpha t} \sin(\beta t)$
	$c_1 e^{\alpha t} \cos(\beta t) + c_2 t e^{\alpha t} \cos(\beta t) + \cdots + \cdots$
一对重复根 $\lambda_{1,2} = \alpha \pm j\beta$ m 重	给出 m 项 $c_m t^{m-1} e^{\alpha t} \cos(\beta t) + d_1 e^{\alpha t} \sin(\beta t) + d_2 t e^{\alpha t} \sin(\beta t) + \cdots + \cdots$
	$d_m t^{m-1} e^{\alpha t} \sin(\beta t)$
注:c_i 为待定系数,由初始条件确定。	

微分方程的特解形式与输入信号的形式有关。将特解与输入信号代入方程(2-48)中,求得特解函数式中的待定系数,即可给出特解 $y_p(t)$。几种常用的典型输入信号所对应的特解如表 2-2 所示。

表 2-2 常用的典型输入信号对应的特解

输入信号	特解
K	A
e^{-at}(特征根 $\lambda \neq -a$)	Ae^{-at}
e^{-at}(特征根 $\lambda = -a$,k 重)	$At^k e^{-at}$
t^m	$A_m t^m + A_{m-1} t^{m-1} + \cdots + A_1 t + A_0$
$e^{-at} \cos(\omega_0 t)$ 或 $e^{-at} \sin(\omega_0 t)$	$Ae^{-at} \sin(\omega_0 t) + Be^{-at} \cos(\omega_0 t)$

续表

输入信号	特解
$t^m e^{-at} \cos(\omega_0 t)$ 或 $t^m e^{-at} \sin(\omega_0 t)$	$(A_m t^m + A_{m-1} t^{m-1} + \cdots + A_1 t + A_0) e^{-at} \sin(\omega_0 t) +$ $(B_m t^m + B_{m-1} t^{m-1} + \cdots + B_1 t + B_0) e^{-at} \cos(\omega_0 t)$

注：① A_i 和 B_i 为待定系数；
② 若输入信号 $x(t)$ 由几种输入信号组合，则特解也为其相应的组合。

得到齐次解的形式和特解后，将二者相加，即可得到微分方程的完全解表达形式

$$y(t) = y_h(t) + y_p(t)$$

再利用已知的 n 个初始条件 $y(0), y^{(1)}(0), \cdots, y^{(n-1)}(0)$，即可在全解表达式中确定齐次解部分的待定系数，从而得到微分方程的全解。

例 2-8 已知 LTI 连续时间系统为

$$y^{(2)}(t) + 6y^{(1)}(t) + 8y(t) = x(t)$$

初始条件 $y(0) = 1$，$y^{(1)}(0) = 2$，输入信号 $x(t) = e^{-t} u(t)$，求系统的完全响应 $y(t)$。

解 （1）齐次解 $y_h(t)$。

特征方程：$\lambda^2 + 6\lambda + 8 = 0$。

特征根：$\lambda_1 = -2$，$\lambda_2 = -4$，均为互异单根，故齐次解模式为

$$y_h(t) = C_1 e^{-2t} + C_2 e^{-4t}$$

（2）特解 $y_p(t)$。

由输入信号 $x(t)$ 的形式，可知方程的特解为

$$y_p(t) = C_3 e^{-t}$$

将设定的特解及输入信号代入系统微分方程

$$(C_3 e^{-t})^{(2)} + 6(C_3 e^{-t})^{(1)} + 8(C_3 e^{-t}) = e^{-t}$$

即可求得 $C_3 = 1/3$，于是特解为

$$y_p(t) = \frac{1}{3} e^{-t}$$

（3）全解 $y(t)$。

$$y(t) = y_h(t) + y_p(t) = C_1 e^{-2t} + C_2 e^{-4t} + \frac{1}{3} e^{-t}$$

利用给定的初始条件，在全解形式中确定齐次解部分的特定系数

$$y(0) = 1 \Rightarrow C_1 + C_2 + \frac{1}{3} = 1$$

$$y^{(1)}(0) = 2 \Rightarrow -2C_1 - 4C_2 - \frac{1}{3} = 2$$

求得 $C_1 = \dfrac{5}{2}, C_2 = -\dfrac{11}{6}$。

微分方程的全解，即系统的完全响应为

$$y(t) = \dfrac{5}{2}\mathrm{e}^{-2t} - \dfrac{11}{6}\mathrm{e}^{-4t} + \dfrac{1}{3}\mathrm{e}^{-t}, t > 0$$

从上面的例题可以看出，完全解中的齐次解部分由系统的特征根决定，仅依赖于系统本身特性，因此这一部分的响应常称为自然响应，系统特征根 $\lambda_i (i = 1, 2, \cdots, m)$ 称为系统的自然频率（或固有频率、自由频率）；完全解中的特解形式由输入信号确定，因此称为受迫响应。

经典法是一种纯数学方法，没有完全突出输入信号经过系统后产生系统响应的明确物理概念，因此选取另一角度来分析系统。在前面的分析中，可以知道系统的全响应不仅与输入信号有关，并且与系统初始状态有关，这时将系统的初始状态也看作一种输入激励，这样根据系统的线性性质，系统全响应可看作初始状态与输入信号作为引起响应的两种因素通过系统后分别产生的响应的叠加。其中，仅由初始状态单独作用于系统产生的响应称为零输入响应，记为 $y_0(t)$；仅由输入信号单独作用于系统产生的响应称为零状态响应，记为 $y_x(t)$。此时系统全响应就变成

全响应 = 零输入响应 + 零状态响应

即 $y(t) = y_0(t) + y_x(t)$。

2.4.3 关于 0_- 与 0_+ 值

在经典求解系统响应的过程中，尽管齐次解的形式依赖于系统特性，而与激励信号形式无关，但齐次解的系数 A 却与激励信号有关，即在激励信号 $x(t)$ 加入后 $t = 0_+$ 受其影响的状态。而在实际应用中，系统往往已知的是激励信号 $x(t)$ 加入前 0_- 的状态。而如果已知 0_-，在经典求解过程中，为了确定系数 A，需要把 0_- 转化为 0_+。下面的问题就是如何由 0_- 计算 0_+，即确定系统在 $t = 0$ 是否发生跳变。

注意到，由于激励信号的作用，响应 $y(t)$ 及其各阶导数可能在 $t = 0$ 处发生跳变，即 $y(0_+) \neq y(0_-)$，其跳变量以 $[y(0_+) - y(0_-)]$ 表示。这样对于已知系统，一旦系统微分方程确定，判断其在 $t = 0$ 处是否发生跳变完全取决于微分方程右端的自由项中是否包含冲激函数 $\delta(t)$ 及其导数。如果包含 $\delta(t)$ 及其导数，则在 $t = 0$ 处可能发生跳变，否则没有发生跳变。而关于这些跳变量的数值，可以根据微分方程两边 $\delta(t)$ 函数平衡的原理来计算。例如，已知系统的微分方程为

$$\dfrac{\mathrm{d}y(t)}{\mathrm{d}t} + 3y(t) = 2\dfrac{\mathrm{d}x(t)}{\mathrm{d}t}$$

设初始条件 $y(0_-) = 1$，激励信号 $x(t) = u(t)$，试计算起点的跳变值及 $y(0_+)$ 值。

δ 函数平衡，应首先考虑方程两边最高阶的平衡，则有

$$y'(t) \to 2x'(t) = 2\delta(t)$$

即最高阶项 $y'(t)$ 中应该有 $2\delta(t)$，则

$$y(t) \to 2u(t)$$

由此可知 $y(t)$ 在 $t=0$ 处有跳变，其值为

$$y(0_+) - y(0_-) = y(0_+) - 1 = 2$$

所以

$$y(0_+) = 2 + 1 = 3$$

2.5 零输入响应与零状态响应

2.5.1 零输入响应的求取

系统的微分方程模型如式（2-48）所示，即

$$a_n y^{(n)}(t) + a_{n-1} y^{(n-1)}(t) + \cdots + a_1 y^{(1)}(t) + a_0 y(t)$$
$$= b_m x^{(m)}(t) + b_{m-1} x^{(m-1)}(t) + \cdots + b_1 x^{(1)}(t) + b_0 x(t)$$

对于零输入响应，由于与输入信号无关，即方程右端输入信号及其各阶导数均为零，则零输入响应是齐次方程

$$a_n y^{(n)}(t) + a_{n-1} y^{(n-1)}(t) + \cdots + a_1 y^{(1)}(t) + a_0 y^{(0)}(t) = 0$$

的解。由于零输入响应是由初始状态引起的响应，因此齐次解模式中的待定系数直接由给定的初始条件确定。

例 2-9 已知 LTI 连续时间系统的微分方程为

$$y^{(2)}(t) + 3y^{(1)}(t) + 2y(t) = x^{(1)}(t) + 3x(t)$$

初始状态 $y(0_-) = 1$，$y^{(1)}(0_-) = 2$，输入信号 $x(t) = e^{-3t}u(t)$，求系统的零输入响应 $y_0(t)$。

解 系统的特征方程为 $\lambda^2 + 3\lambda + 2 = 0$

解得特征根为 $\lambda_1 = -1$，$\lambda_2 = -2$ （互异单根）

零输入响应 $y_0(t)$ 具有齐次解模式

$$y_0(t) = C_1 e^{-t} + C_2 e^{-2t}$$

代入初始条件 $y(0_-) = 1$，$y^{(1)}(0_-) = 2$，得

$$y(0_-) = 1 \Rightarrow C_1 + C_2 = 1$$
$$y^{(1)}(0_-) = 2 \Rightarrow -C_1 - 2C_2 = 2$$

解得：$C_1 = 4$，$C_2 = -3$。

因此零输入响应为

$$y_0(t) = 4\mathrm{e}^{-t} - 3\mathrm{e}^{-2t}$$

2.5.2 零状态响应的求取

对于零状态响应，由于是输入信号所引起的响应，方程右端存在输入信号及其导数，因此仍然保持非齐次微分方程形式，所以零状态响应具有方程的完全解模式。由于零状态响应与初始状态无关，即初始条件全部为零。

$$y(0) = y^{(1)}(0) = \cdots = y^{(n-1)}(0) = 0$$

用这一限定因素确定全解中齐次解部分的待定系数。

例 2-10 求微分方程的零状态响应，$y''(t) + 1.5y'(t) + 0.5y(t) = 5\mathrm{e}^{-3t}u(t)$，$y'(0) = 0$，$y(0) = 0$。

解 第一步，求齐次解。

$$\lambda^2 + 1.5\lambda + 0.5 = 0$$

得两个实根：-1，-0.5。所以有

$$y_h(t) = C_1\mathrm{e}^{-t} + C_2\mathrm{e}^{-0.5t}$$

第二步，求特解。把

$$y_p(t) = C\mathrm{e}^{-3t}$$

代入原方程（由于 -3 不是特征根），得 $C = 1$。

$$y_p(t) = \mathrm{e}^{-3t}$$

第三步，求零状态解。代入零初始条件，得

$$\begin{cases} y(t) = C_1\mathrm{e}^{-t} + C_2\mathrm{e}^{-0.5t} + \mathrm{e}^{-3t} \\ y(0) = 0, y'(0) = 0 \end{cases}$$

解得

$$\begin{cases} C_1 = -5 \\ C_2 = 4 \end{cases}$$

所以

$$y_x(t) = \left(-5\mathrm{e}^{-t} + 4\mathrm{e}^{-0.5t} + \mathrm{e}^{-3t}\right)u(t)$$

注意，零状态响应（$y_x(t)$）由方程的全解得到，其中齐次解的系数应在全解中由初始条件确定（$y(0) = y^{(1)}(0) = \cdots = y^{(n-1)}(0) = 0$）。

例 2-11 已知 LTI 连续时间系统的微分方程为

$$y^{(2)}(t) + \frac{3}{2}y^{(1)}(t) + \frac{1}{2}y(t) = x(t)$$

初始状态 $y(0) = 1$，$y^{(1)}(0) = 0$，输入信号 $x(t) = 5\mathrm{e}^{-3t}u(t)$，求系统的零输入响应 $y_0(t)$、零状态响应 $y_x(t)$ 以及完全响应 $y(t)$。

解 （1）零输入响应 $y_0(t)$。

系统的特征方程为

$$\lambda^2 + \frac{3}{2}\lambda + \frac{1}{2} = 0$$

解得特征根为

$$\lambda_1 = -1, \lambda_2 = -\frac{1}{2}$$

零输入响应 $y_0(t)$ 具有齐次解模式

$$y_0(t) = C_1 e^{-t} + C_2 e^{-\frac{1}{2}t}$$

代入初始条件 $y(0) = 1$，$y^{(1)}(0) = 0$，得

$$y(0) = 1 \Rightarrow C_1 + C_2 = 1$$

$$y^{(1)}(0) = 0 \Rightarrow -C_1 - \frac{1}{2}C_2 = 0$$

解得：$C_1 = -1$，$C_2 = 2$。

因此零输入响应为

$$y_0(t) = -e^{-t} + 2e^{-\frac{1}{2}t}$$

（2）零状态响应 $y_x(t)$。

零状态响应具有完全解形式，因此

$$y_x(t) = y_h(t) + y_p(t)$$

首先求特解 $y_p(t)$。根据给定的输入 $x(t) = 5e^{-3t}u(t)$，设特解 $y_p(t) = Ae^{-3t}$，将其与输入共同代入微分方程，比较对应项系数得 $A = 1$，因此特解、齐次解、完全解分别为

$$y_p(t) = e^{-3t}$$

$$y_h(t) = C_1 e^{-t} + C_2 e^{-\frac{1}{2}t}$$

$$y_x(t) = y_h(t) + y_p(t) = C_1 e^{-t} + C_2 e^{-\frac{1}{2}t} + e^{-3t}$$

因为零状态响应与初始状态无关，即 $y(0) = y^{(1)}(0) = 0$，用这一限定条件确定 $y_x(t)$ 中齐次解的待定系数 C_1 和 C_2：

$$y(0) = 0 \Rightarrow C_1 + C_2 + 1 = 0$$

$$y^{(1)}(0) = 0 \Rightarrow -C_1 - \frac{1}{2}C_2 - 3 = 0$$

解得：$C_1 = -5$，$C_2 = 4$。

因此零状态响应为

$$y_x(t) = \left(-5e^{-t} + 4e^{-\frac{1}{2}t} + e^{-3t}\right)u(t)$$

（3）完全响应 $y(t)$。

$$y(t) = y_0(t) + y_x(t) = \left(-e^{-t} + 2e^{-\frac{1}{2}t}\right) + \left(-5e^{-t} + 4e^{-\frac{1}{2}t} + e^{-3t}\right)$$

$$= \left[\underbrace{\left(-6e^{-t} + 6e^{-\frac{1}{2}t}\right)}_{\text{自然响应}} + \underbrace{e^{-3t}}_{\text{受迫响应}}\right]u(t)$$

可见，自然响应包括零输入响应和零状态响应的一部分。

2.6 单位冲激响应

前面介绍的关于 LTI 连续时间系统的零状态响应求解采用的是经典法，另外更重要的一种方法是卷积法。该方法清楚地表现了输入、系统和输出三者之间的时域关系。在讲解卷积法求解零状态响应之前，要先讲解一下卷积法中所应用到的一个重要概念：单位冲激响应。系统的单位冲激响应定义为单位冲激信号 $\delta(t)$ 输入时系统的零状态响应，记为 $h(t)$。由于输入信号是单位冲激信号 $\delta(t)$，并且初始条件全部为零，因而单位冲激响应 $h(t)$ 仅取决于系统的内部结构及其元件参数，不同结构和元件参数的系统将具有不同的单位冲激响应。由此可见，系统的单位冲激响应 $h(t)$ 是表征系统本身特性的重要物理量。

对于由式（2-48）描述的系统，其单位冲激响应 $h(t)$ 满足微分方程

$$\begin{aligned}&a_n h^{(n)}(t) + a_{n-1} h^{(n-1)}(t) + \cdots + a_1 h^{(1)}(t) + a_0 h(t) \\&= b_m \delta^{(m)}(t) + b_{m-1} \delta^{(m-1)}(t) + \cdots + b_1 \delta^{(1)}(t) + b_0 \delta(t)\end{aligned} \quad (2-54)$$

及初始状态 $h^{(i)}(0_-) = 0 (i = 0, 1, \cdots, n-1)$。由于 $\delta(t)$ 及其各阶导数在 $t \geqslant 0_+$ 时都等于零，因此式（2-54）右端各项在 $t \geqslant 0_+$ 时恒等于零，此时式（2-54）为齐次方程，这样单位冲激响应的形式与齐次解形式相同。在 $n > m$ 时，$h(t)$ 可以表示为

$$h(t) = \left(\sum_{i=1}^{n} C_i e^{\lambda_i t}\right) u(t)$$

若 $n \leqslant m$，则 $h(t)$ 中将包含 $\delta(t)$ 及 $\delta^{(1)}(t)$，一直到 $\delta^{(m-n)}(t)$。由于式（2-54）右端是 $\delta(t)$ 及其各阶导数项，$h(t)$ 是输入为 $\delta(t)$ 时的零状态响应，因此求解单位冲激响应 $h(t)$ 的问题实质是在初始条件跃变下确定 $t = 0_+$ 时的初始条件及其在该初始条件下的齐次解问题。下面分析一下 $t = 0_+$ 时的初始条件。

对于一个微分方程如下式表示的 LTI 连续时间系统：

$$a_n y^{(n)}(t) + a_{n-1} y^{(n-1)}(t) + \cdots + a_1 y^{(1)}(t) + a_0 y^{(0)}(t) = x(t)$$

当 $x(t) = \delta(t)$ 时，响应为 $h(t)$，即

$$a_n h^{(n)}(t) + a_{n-1} h^{(n-1)}(t) + \cdots + a_1 h^{(1)}(t) + a_0 h(t) = \delta(t) \qquad (2-55)$$

为保证方程两端冲激函数平衡，则式（2-55）左端应有冲激函数项，且只能出现在第一项 $h^{(n)}(t)$ 中，这样第二项中应有阶跃函数项，在其后的各项中有相应的 t 的正幂函数项。

对式（2-55）两端取 $0_-\sim 0_+$ 的定积分，则有

$$a_n \int_{0_-}^{0_+} h^{(n)}(t)\mathrm{d}t + a_{n-1}\int_{0_-}^{0_+} h^{(n-1)}(t)\mathrm{d}t + \cdots + a_1\int_{0_-}^{0_+} h^{(1)}(t)\mathrm{d}t + a_0\int_{0_-}^{0_+} h(t)\mathrm{d}t = \int_{0_-}^{0_+}\delta(t)\mathrm{d}t$$

$$(2-56)$$

在 0_- 时刻，$h(t)$ 及其各阶导数值均为 0，即有

$$h^{(n-1)}(0_-) = h^{(n-2)}(0_-) = \cdots = h^{(1)}(0_-) = h(0_-) = 0$$

另外，式（2-56）左端积分除第一项因被积函数包含单位冲激函数，其积分结果在 $t=0$ 处不连续外，其余各项积分结果在 $t=0$ 处都连续，即这些积分项所得函数在 $t=0_-$ 和 $t=0_+$ 时的取值相同，即

$$h^{(n-2)}(0_+) = h^{(n-2)}(0_-) = 0, \cdots, h^{(1)}(0_+) = h^{(1)}(0_-) = 0, h(0_+) = h(0_-) = 0$$

式（2-56）右端积分为 1，则式（2-56）两端积分后得

$$a_n\left[h^{(n-1)}(0_+) - h^{(n-1)}(0_-)\right] = 1$$

由此可得，对应于式（2-55）所描述的系统，单位冲激函数 $\delta(t)$ 引起的 $t=0_+$ 时的 n 个初始条件为

$$\begin{cases} h^{(n-1)}(0_+) = \dfrac{1}{a_n} \\ h^{(n-2)}(0_+) = h^{(n-3)}(0_+) = \cdots = h^{(1)}(0_+) = h(0_+) = 0 \end{cases}$$

有了这样一组初始条件，$h(t)$ 齐次解模式中的对应系数 C_i 就迎刃而解了。

同样，对于式（2-54）描述的一般系统，可以利用微分特性法，分两步完成系统单位冲激响应 $h(t)$ 的求解。

（1）设方程右端只有输入 $\delta(t)$，即

$$a_n \hat{h}^{(n)}(t) + a_{n-1}\hat{h}^{(n-1)}(t) + \cdots + a_1\hat{h}^{(1)}(t) + a_0\hat{h}(t) = \delta(t)$$

其中 $\hat{h}(t)$ 具有齐次解模式，初始条件 $\hat{h}^{(n-1)}(0_+) = \dfrac{1}{a_n}, \hat{h}^{(n-2)}(0_+) = \cdots = \hat{h}(0_+) = 0$，求出 $\hat{h}(t)$。

（2）对 $\hat{h}(t)$ 进行式（2-54）右端的等价运算，即得所描述系统的单位冲激响应 $h(t)$

$$h(t) = b_m \hat{h}^{(m)}(t) + b_{m-1}\hat{h}^{(m-1)}(t) + \cdots + b_1\hat{h}^{(1)}(t) + b_0\hat{h}(t)$$

例 2-12 某 LTI 系统的微分方程为

$$y''(t) + 5y'(t) + 6y(t) = x'(t) + x(t) \qquad (2-57)$$

试求其单位冲激响应 $h(t)$。

解 （1）可先求方程右端只有 $\delta(t)$ 时的 $\hat{h}(t)$。

$$\hat{h}''(t) + 5\hat{h}'(t) + 6\hat{h}(t) = \delta(t)$$

系统特征方程： $\lambda^2 + 5\lambda + 6 = 0$

系统特征根： $\lambda_1 = -2, \lambda_2 = -3$

$\hat{h}(t)$ 具有齐次解模式： $\hat{h}(t) = C_1 e^{-2t} + C_2 e^{-3t}, t > 0$ （2-58）

$t = 0_+$ 时的初始条件 $\hat{h}'(0_+) = 1, \hat{h}(0_+) = 0$

代入解中，求得 $C_1 = 1, C_2 = -1$

所以 $\hat{h}(t) = \left(e^{-2t} - e^{-3t}\right)u(t)$

（2）再将 $\hat{h}(t)$ 做方程右端的等价运算，得

$$h(t) = \hat{h}'(t) + \hat{h}(t) = \left(-e^{-2t} + 2e^{-3t}\right)u(t)$$

当然，也可以采用冲激函数平衡法确定齐次解模式的待定系数，以上题为例，即将式（2-57）所对应的齐次解模式

$$h(t) = \left(k_1 e^{-2t} + k_2 e^{-3t}\right)u(t)$$

代入式（2-57）中，为保持系统对应的微分方程恒等，方程式两端所具有的单位冲激信号及其高阶导数必须相等。根据此规则即可求得系统单位冲激响应 $h(t)$ 的待定系数 $k_1 = -1$，$k_2 = 2$。

单位冲激响应除可以在时域中直接求解外，也可以比较方便地在频域、复频域中求取，关于这个问题将在后续章节中进行讨论。

2.7 由冲激响应求零状态响应

2.7.1 卷积法求解 $h(t)$

结合前面介绍的单位冲激函数（δ 函数）的相关内容，可知任意激励信号 $x(t)$ 均可以分解为许多窄脉冲，如图 2-29 所示。

于是可得

$$x(t) = \int_{-\infty}^{\infty} x(\tau)\delta(t - \tau)d\tau$$

$$= \lim_{\Delta t \to 0} \sum_{k=-\infty}^{\infty} x(k\Delta t) \cdot \delta(t - k\Delta t) \cdot \Delta t$$

对于 $\delta(t)$，其零状态响应为 $h(t)$；根据 LTI 系统的时不变性，则由 $\delta(t - k\Delta t)$ 引起的零状态响应为 $h(t - k\Delta t)$；根据齐次性，由 $x(k\Delta t) \cdot \delta(t - k\Delta t)$ 引起的零

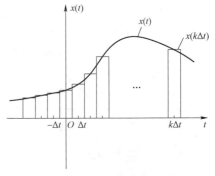

图 2-29 信号的分解

状态响应为 $x(k\Delta t)\cdot h(t-k\Delta t)$。由迭加特性，可知激励 $x(t)$ 的零状态响应为

$$y_x(t) = \lim_{\Delta t \to 0} \sum_{k=-\infty}^{\infty} x(k\Delta t)\cdot h(t-k\Delta t)\cdot \Delta t$$
$$= \int_{-\infty}^{\infty} x(\tau)h(t-\tau)\mathrm{d}\tau \qquad (2-59)$$

式（2-59）表明，LTI 系统的零状态响应 $y_x(t)$ 是激励 $x(t)$ 与冲激响应 $h(t)$ 的卷积积分，即

$$y_x(t) = x(t)*h(t) \qquad (2-60)$$

根据卷积的性质知

$$y_x(t) = x(t)*h(t) = x'(t)*g(t)$$
$$= \int_{-\infty}^{\infty} x'(\tau)g(t-\tau)\mathrm{d}\tau \qquad (2-61)$$

称式（2-61）为"杜阿密尔积分"，它表示 LTI 系统的零状态响应等于激励信号的导数与系统的阶跃响应的卷积积分。其物理意义是：把激励 $x(t)$ 分解成一系列接入时间不同、幅值不同的阶跃函数（在 τ 时刻为 $x'(\tau)\mathrm{d}\tau\cdot u(t-\tau)$）时，根据 LTI 系统的零状态线性和时不变性，在激励 $x(t)$ 的作用下，系统的零状态响应等于相应的一系列阶跃响应的积分。

用经典法求解零状态响应时对激励信号的限制比较大，而用卷积积分法求解时对激励信号基本没有限制。

例 2-13 已知某系统 $y''(t)+5y'(t)+6y(t)=x'(t)+x(t)$，系统输入 $x(t)=\mathrm{e}^{-t}u(t)$，求零状态响应。

解 可以求出系统的冲激响应为

$$h(t) = \left(-\mathrm{e}^{-2t}+2\mathrm{e}^{-3t}\right)u(t)$$

如利用公式 $y_x(t)=x(t)*h(t)$，将 $x(t)$ 与 $h(t)$ 做卷积运算，也可得到 $y_x(t) = \left(\mathrm{e}^{-2t}-\mathrm{e}^{-3t}\right)u(t)$。可以自己验证。

2.7.2 $h(t)$ 描述的系统性质

1. 有记忆和无记忆 LTI 系统

若一个系统在任何时刻的输出仅与同一时刻的输入有关，这个系统就是无记忆的。对一个连续时间 LTI 系统，唯一能使这一点成立的条件是在 $t\neq 0$ 时，系统的单位冲激响应 $h(t)=0$，此时单位冲激响应 $h(t)$ 为

$$h(t) = k\delta(t), \quad k \text{ 为常数}$$

当 $k=1$ 时，$y(t)=x(t)*h(t)=x(t)*\delta(t)=x(t)$，该系统变为恒等系统，因此 $\delta(t)$ 又称为恒等器。

2. LTI 系统的可逆性

对于一个连续时间 LTI 系统，其单位冲激响应为 $h(t)$，仅当存在一个逆系统，其与原系

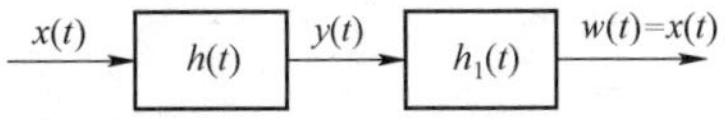

图 2－30　可逆系统的框图

统级联后所产生的输出等于第一个系统的输入时，这个系统才是可逆的。如果这个系统是可逆的，则它就有一个 LTI 的逆系统，如图 2－30 所示。

给定系统单位冲激响应$h(t)$，逆系统的单位冲激响应$h_1(t)$，则有

$$\begin{aligned} y(t) &= x(t)*h(t) \\ w(t) &= y(t)*h_1(t) \\ &= x(t)*\left(h(t)*h_1(t)\right) = x(t) \end{aligned}$$

必须满足的逆系统单位冲激响应条件是

$$h(t)*h_1(t) = \delta(t)$$

3. LTI 系统的因果性

一个因果系统的输出只取决于现在和过去的输入值。一个因果 LTI 系统的冲激响应在冲激出现之前必须为零，因此因果性应满足的条件是

$$h(t) = 0,\ t<0$$

这时，一个连续时间 LTI 因果系统可以表示为

$$\begin{aligned} y(t) &= \int_{-\infty}^{\infty} x(\tau)h(t-\tau)\mathrm{d}\tau = \int_{0}^{\infty} h(\tau)x(t-\tau)\mathrm{d}\tau \\ &= \int_{-\infty}^{t} x(\tau)h(t-\tau)\mathrm{d}\tau \end{aligned}$$

4. LTI 系统的稳定性

如果一个系统对于每一个有界的输入，其输出都是有界的，则该系统是有界输入有界输出稳定，记为 BIBO 稳定。在连续时间 LTI 系统，若对全部t，有$|x(t)|<B<\infty$，则

$$\begin{aligned} |y(t)| &= |x(t)*h(t)| \\ &= \left|\int_{-\infty}^{\infty} h(\tau)x(t-\tau)\mathrm{d}\tau\right| \\ &\leqslant \int_{-\infty}^{\infty} |h(\tau)||x(t-\tau)|\mathrm{d}\tau \\ &\leqslant B\int_{-\infty}^{\infty} |h(\tau)|\mathrm{d}\tau \end{aligned}$$

只需保证$h(t)$绝对可积，即$\int_{-\infty}^{\infty}|h(\tau)|\mathrm{d}\tau<\infty$，$y(t)$即有界，该系统稳定。

5. LTI 系统的单位阶跃响应

可以看到，$h(t)$是时域描述系统的重要物理量，根据 LTI 系统的线性和时不变性，以及$\delta(t)$与$h(t)$的关系，单位阶跃响应也常用来描述 LTI 系统特性。

单位阶跃响应是当输入为单位阶跃信号$u(t)$时，系统的零状态响应，记为$s(t)$。连续时间 LTI 系统单位阶跃响应是

$$s(t) = u(t) * h(t)$$
$$= \delta(t) * \int_{-\infty}^{t} h(\tau) d\tau$$
$$= \int_{-\infty}^{t} h(\tau) d\tau$$

这就是说，一个连续时间 LTI 系统的 $s(t)$ 是它的 $h(t)$ 的积分函数，或者说，$h(t)$ 是 $s(t)$ 的一阶导数，即

$$h(t) = \frac{ds(t)}{dt} = s'(t)$$

因此系统单位阶跃响应也能够用来刻画一个 LTI 系统。

习　题

2.1　求下列积分的值：

（1）$\int_{-4}^{4} (t^2 + 3t + 2)[\delta(t) + 2\delta(t-2)] dt$；

（2）$\int_{-4}^{4} (t^2 + 1)[\delta(t+5) + \delta(t) + \delta(t-2)] dt$。

2.2　计算下列积分：

（1）$\int_{-\infty}^{\infty} e^{-t} \cdot \delta(t+2) dt$；

（2）$\int_{-1}^{1} \delta(t^2 - 4) dt$。

2.3　利用已知条件求解下列微分方程：

（1）$\frac{d^2 y(t)}{dt^2} + 3\frac{dy(t)}{dt} + 2y(t) = 0, y(0) = 1, y'(0) = 0$；

（2）$\frac{d^2 y(t)}{dt^2} + 9y(t) = 0, y(0) = 2, y'(0) = 1$；

（3）$\frac{d^2 y(t)}{dt^2} + 2\frac{dy(t)}{dt} + 5y(t) = 0, y(0) = 2, y'(0) = -2$；

（4）$\frac{d^2 y(t)}{dt^2} + 2\frac{dy(t)}{dt} + y(t) = 0, y(0) = 1, y'(0) = 1$。

2.4　已知信号 $x(t)$ 如图 2-31 所示，绘出下列信号的波形：

（1）$x(t-2)$；　　（2）$x(1-t)$；

（3）$x(2t+2)$；　　（4）$x(1-t/2)$。

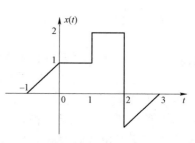

图 2-31　题 2.4 图

2.5　绘出下列函数的波形：

(1) $2u(t)-1$；

(2) $(t-1)u(t-1)$。

2.6 已知信号 $x_1(t)$ 与 $x_2(t)$ 的波形图如图 2-32(a)、(b)所示，试求 $y(t)=x_1(t)*x_2(t)$，并画出 $y(t)$ 的波形。

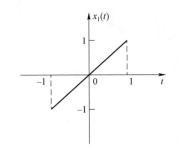 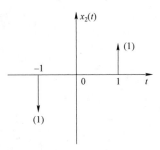

(a)

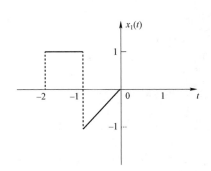 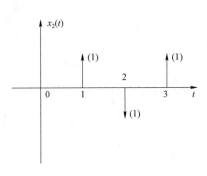

(b)

图 2-32 题 2.6 图

2.7 连续时间信号 $x_1(t)$ 和 $x_2(t)$ 如图 2-33 所示，试画出下列信号的波形：

(1) $2x_1(t)$；　　　(2) $0.5x_1(t)$；　　　(3) $2x_1(t-2)$；

(4) $x_1(2t)$；　　　(5) $x_1(2t+1)$ 和 $x_1(2t-1)$；　　　(6) $x_1(-t-1)$；

(7) $x_2(2-t/3)$；　　　(8) $-x_2(-2t-1/2)$；　　　(9) $x_1(t)x_2(t)$；

(10) 分别画出 $x_1'(t)$ 和 $x_2'(t)$ 的波形并写出相应的表达式。

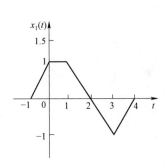 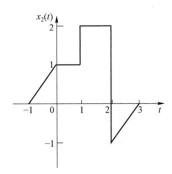

图 2-33 题 2.7 图

2.8 已知 $x(t)$ 如图 2-34 所示，试画出 $y_1(t)$ 和 $y_2(t)$ 的波形。

（1） $y_1(t) = x(2t)u(t) + x(-2t)u(-2t)$；

（2） $y_2(t) = x(2t)u(-t) + x(-2t)u(t)$。

2.9 已知连续时间信号 $x_1(t)$ 如图 2-35 所示，试画出下列各信号的波形图：

（1） $x_1(t-2)$；　　　（2） $x_1(1-t)$；　　　（3） $x_1(2t+2)$。

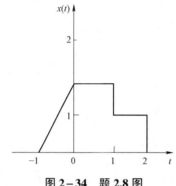

图 2-34　题 2.8 图

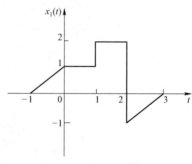

图 2-35　题 2.9 图

2.10 根据图 2-36 所示的信号 $x_2(t)$，试画出下列各波形的波形图。

（1） $x_2(t+3)$；　　　（2） $x_2\left(\dfrac{t}{2}-2\right)$；　　　（3） $x_2(1-2t)$。

2.11 已知信号 $x(5-2t)$ 的波形如图 2-37 所示，试画出 $x(t)$ 的波形图。

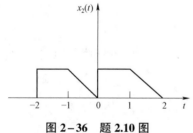

图 2-36　题 2.10 图

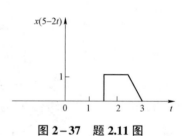

图 2-37　题 2.11 图

2.12 已知信号如图 2-38 所示，用图解法画出 $x_1(t) * x_2(t)$ 的波形。

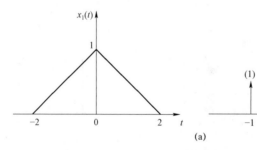

(a)

图 2-38　题 2.12 图

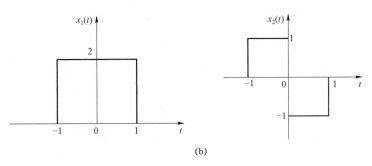

(b)

图 2-38 题 2.12 图（续）

2.13 已知信号 $x(3-2t)$ 的波形如图 2-39 所示，试绘出信号 $x(t)$ 的波形图。

2.14 求下列微分方程所描述系统的单位冲激响应 $h(t)$ 和单位阶跃响应 $s(t)$：

$$y'(t) + 3y(t) = x'(t)$$

2.15 如图 2-40 所示的系统是由 4 个子系统组成的，各子系统的冲激响应为

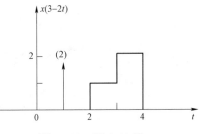

图 2-39 题 2.13 图

$$h_1(t) = u(t) \text{（积分器）}$$
$$h_2(t) = \delta(t-1) \text{（延时器）}$$
$$h_3(t) = -\delta(t) \text{（倒相器）}$$

试求系统总冲激响应 $h(t)$。

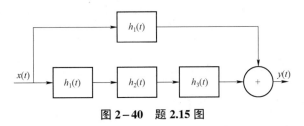

图 2-40 题 2.15 图

2.16 图 2-41 所示系统由几个子系统组合而成。其中子系统的单位冲激响应分别为 $h_1(t) = \delta(t-1)$，$h_2(t) = u(t) - u(t-3)$，试求总系统的单位冲激响应 $h(t)$。

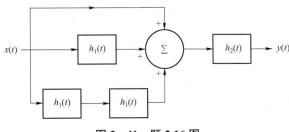

图 2-41 题 2.16 图

2.17 系统微分方程如下，试求其单位冲激响应。

（1） $\dfrac{\mathrm{d}y(t)}{\mathrm{d}t}+3y(t)=\dfrac{\mathrm{d}x(t)}{\mathrm{d}t}$；

（2） $\dfrac{\mathrm{d}^3 y(t)}{\mathrm{d}t^3}+4\dfrac{\mathrm{d}^2 y(t)}{\mathrm{d}t^2}+5\dfrac{\mathrm{d}y(t)}{\mathrm{d}t}+2y(t)=\dfrac{\mathrm{d}^2 x(t)}{\mathrm{d}t^2}+2\dfrac{\mathrm{d}x(t)}{\mathrm{d}t}+x(t)$。

2.18 已知 LTI 系统的框图如图 2-42 所示，3 个子系统的冲激响应分别为：$h_1(t)=u(t)-u(t-1)$，$h_2(t)=\delta(t)$，$h_3(t)=u(t)$，求系统的冲激响应。

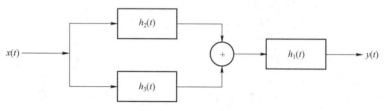

图 2-42 题 2.18 图

2.19 已知系统的微分方程为

$$\dfrac{\mathrm{d}}{\mathrm{d}t}y(t)+2y(t)=\dfrac{\mathrm{d}^2}{\mathrm{d}t^2}x(t)+3\dfrac{\mathrm{d}}{\mathrm{d}t}x(t)+3x(t)$$

求系统的单位冲激响应 $h(t)$ 和单位阶跃响应 $s(t)$。

2.20 已知激励为零时刻加入，求下列系统的零输入响应：

（1） $\dfrac{\mathrm{d}^2 y(t)}{\mathrm{d}t^2}+y(t)=\dfrac{\mathrm{d}x(t)}{\mathrm{d}t}, y(0_-)=2, y'(0_-)=0$；

（2） $\dfrac{\mathrm{d}^3 y(t)}{\mathrm{d}t^3}+4\dfrac{\mathrm{d}^2 y(t)}{\mathrm{d}t^2}+5\dfrac{\mathrm{d}y(t)}{\mathrm{d}t}+2y(t)=\dfrac{\mathrm{d}x(t)}{\mathrm{d}t}+x(t), y(0_-)=1, y'(0_-)=1, y''(0_-)=-1$；

（3） $\dfrac{\mathrm{d}^2 y(t)}{\mathrm{d}t^2}+3\dfrac{\mathrm{d}y(t)}{\mathrm{d}t}+2y(t)=x(t), y(0_-)=1, y'(0_-)=0$；

（4） $\dfrac{\mathrm{d}^2 y(t)}{\mathrm{d}t^2}+2\dfrac{\mathrm{d}y(t)}{\mathrm{d}t}+2y(t)=x(t), y(0_+)=1, y'(0_+)=2$；

（5） $\dfrac{\mathrm{d}^3 y(t)}{\mathrm{d}t^3}+2\dfrac{\mathrm{d}^2 y(t)}{\mathrm{d}t^2}+\dfrac{\mathrm{d}y(t)}{\mathrm{d}t}=\dfrac{\mathrm{d}^2 x(t)}{\mathrm{d}t^2}+x(t), y(0_+)=0, y'(0_+)=0, y''(0_+)=1$。

2.21 已知系统的微分方程和激励信号 $x(t)$，求系统的零状态响应。

（1） $\dfrac{\mathrm{d}^2 y(t)}{\mathrm{d}t^2}+5\dfrac{\mathrm{d}y(t)}{\mathrm{d}t}+6y(t)=3x(t), x(t)=\mathrm{e}^{-t}u(t)$；

（2） $\dfrac{\mathrm{d}^2 y(t)}{\mathrm{d}t^2}+3\dfrac{\mathrm{d}y(t)}{\mathrm{d}t}+2y(t)=\dfrac{\mathrm{d}x(t)}{\mathrm{d}t}+4x(t), x(t)=\mathrm{e}^{-2t}u(t)$；

（3） $\dfrac{\mathrm{d}y(t)}{\mathrm{d}t}+2y(t)=\dfrac{\mathrm{d}x(t)}{\mathrm{d}t}+x(t), x(t)=\mathrm{e}^{-2t}u(t)$；

(4) $\dfrac{\mathrm{d}^3 y(t)}{\mathrm{d}t^3}+4\dfrac{\mathrm{d}^2 y(t)}{\mathrm{d}t^2}+8\dfrac{\mathrm{d}y(t)}{\mathrm{d}t}=3\dfrac{\mathrm{d}x(t)}{\mathrm{d}t}+8x(t), x(t)=u(t)$。

2.22 已知线性时不变系统激励 $x(t)$ 与零状态响应 $y(t)$ 的关系为

$$y(t)=\int_{-\infty}^{t}\mathrm{e}^{-(t-\tau)}x(\tau-2)\mathrm{d}\tau$$

（1）求系统的单位冲激响应 $h(t)$；

（2）求 $x(t)=u(t+1)-u(t-2)$ 时系统的零状态响应 $y(t)$；

（3）在图 2-43 中 $x(t)=u(t+1)-u(t-2), h_1(t)=\delta(t-1), h(t)=\mathrm{e}^{-(t-2)}u(t-2)$，求此系统的零状态响应 $y(t)$。

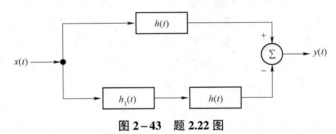

图 2-43　题 2.22 图

2.23 对于以下每个系统，计算其零状态响应、零输入响应及全响应：

（1）$y''(t)+5y'(t)+6y(t)=6u(t), y(0_+)=0, y'(0_+)=1$；

（2）$y''(t)+5y'(t)+6y(t)=2\mathrm{e}^{-t}u(t), y(0_+)=0, y'(0_+)=1$；

（3）$y''(t)+4y'(t)+3y(t)=36tu(t), y(0_+)=0, y'(0_+)=1$；

（4）$y''(t)+4y'(t)+3y(t)=2\mathrm{e}^{-t}u(t), y(0_+)=0, y'(0_+)=1$。

2.24 已知 LTI 系统的冲激响应如图 2-44（a）所示。求当激励信号分别如图 2-24（b）、(c)、(d) 所示时，系统的零状态响应并画出其波形。

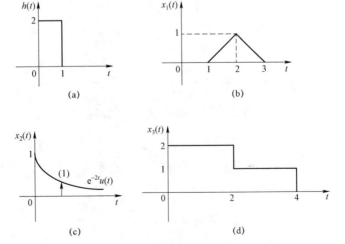

图 2-44　题 2.24 图

第 3 章
离散时间信号及系统的时域分析

离散时间信号是指信号在时间上是离散的,即只在某些不连续的规定的时刻具有瞬时值,而在其他时刻无意义的信号。对连续时间信号的采样是离散时间信号产生的方法之一,而计算机技术的发展以及数字技术的广泛应用是离散信号分析、处理理论和方法迅速发展的动力。

本章从基本离散时间信号入手,了解什么是离散时间信号,然后像介绍连续时间信号那样去分析离散时间信号的时域运算,以及如何在 LTI 系统中运用离散时间信号的差分方程去分析系统。与连续时间信号的单位冲激响应对应,这里有离散时间信号的单位抽样响应,在学习中会体会到,单位抽样响应对系统的分析有重要意义。

3.1 基本离散时间信号

与基本连续时间信号对应,也有几个重要的离散时间信号,它们是构成其他离散时间信号的基本信号。

3.1.1 单位阶跃序列和单位抽样序列

与连续的单位阶跃函数 $u(t)$ 对应的是离散的单位阶跃序列 $u[n]$,其定义为

$$u[n] = \begin{cases} 0, & n = -1, -2, \cdots \\ 1, & n = 0, 1, 2, \cdots \end{cases} \tag{3-1}$$

如图 3-1 所示。

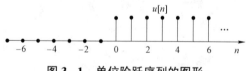

图 3-1 单位阶跃序列的图形

与 $u(t)$ 不同,$u[n]$ 的变量 n 取离散值,并且在 $n=1$ 时,$u[n]$ 的取值为 1。

与连续的单位冲激函数 $\delta(t)$ 对应的是离散的单位抽样序列 $\delta[n]$,或称单位脉冲序列,其定义为

$$\delta[n] = \begin{cases} 1, & n = 0 \\ 0, & n \neq 0 \end{cases} \tag{3-2}$$

如图 3-2 所示。有时为方便起见,也称单位抽样序列为离散冲激或冲激序列。

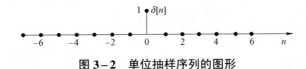

图 3-2 单位抽样序列的图形

与 $\delta(t)$ 不同，$\delta[n]$ 是普通函数，$n=0$ 时 $\delta[n]$ 取确定值"1"，而不是无限大。

同理，延迟 k 的单位抽样序列定义为

$$\delta[n-k] = \begin{cases} 1, n=k \\ 0, n \neq k \end{cases} \tag{3-3}$$

简称为延迟抽样序列，如图 3-3 所示。

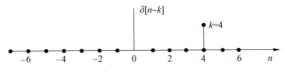

图 3-3 延迟抽样序列的图形

与 $\delta(t)$ 相应，$\delta[n]$ 也有很多与它相似的性质。例如，$\delta(t)$ 是 $u(t)$ 的一次微分，而 $\delta(n)$ 是 $u[n]$ 的一次差分，即

$$\delta[n] = u[n] - u[n-1] \tag{3-4}$$

如图 3-4 所示。

$\delta(t)$ 的积分函数是 $u(t)$，而 $\delta[n]$ 的求和函数是 $u[n]$，即

$$\sum_{m=-\infty}^{n} \delta[m] = u[n] \tag{3-5}$$

这是因为 $\delta[m]$ 仅在 $m=0$ 时非零且为 1，所以上式求和 m 从 $-\infty$ 到 $n<0$ 时都是 0，$n \geq 0$ 时才是 1，如图 3-5 所示。

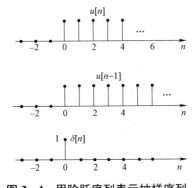

图 3-4 用阶跃序列表示抽样序列

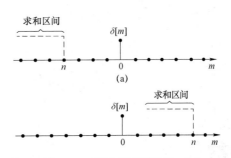

图 3-5 用抽样序列表示 $u[n]$

$u[n]$ 也可以用延迟抽样序列表示，即

$$u[n] = \delta[n] + \delta[n-1] + \delta[n-2] + \cdots = \sum_{k=0}^{\infty} \delta[n-k] \tag{3-6}$$

由于 $\delta[n]$ 仅当 $n=0$ 时为非零且为 1，于是有

信号分析与处理

$$x[n]\delta[n] = x[0]\delta[n] \qquad (3-7)$$

这与连续情况下的关系式对应。

3.1.2 复指数序列

与连续的复指数信号对应的是离散复指数序列 $x[n]$，其定义为

$$x[n] = C\alpha^n \qquad (3-8)$$

式中，C 和 α 一般为复数，n 为离散变量。式（3-8）概括了实指数序列、复指数序列和正弦序列三种序列。

1. 实指数序列

这时，式（3-8）中的 C 和 α 均为实数，根据 α 的取值不同，有下列六种情况：

① $\alpha > 1$，$x[n]$ 随离散变量 n 指数上升。

② $0 < \alpha < 1$，$x[n]$ 随 n 指数下降。

③ $-1 < \alpha < 0$，$x[n]$ 值正负交替并指数衰减。

④ $\alpha < -1$，$x[n]$ 值正负交替并指数增长。

⑤ $\alpha = 1$，$x[n] = C$，即为常数。

⑥ $\alpha = -1$，$x[n] = C(-1)^n$，即交替出现 C 和 $-C$。

以上六种情况下的序列图形分别如图 3-6（a）~（f）所示。

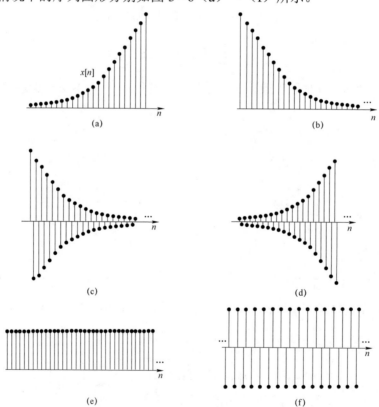

图 3-6 六种实指数序列

2. 虚指数序列

这时，式（3-8）中的 C 为实数且 $C=1$，$\alpha = e^{j\Omega_0}$，代入式（3-8），得

$$x[n] = e^{j\Omega_0 n} \tag{3-9}$$

根据欧拉（Eular）公式

$$e^{j\Omega_0 n} = \cos(\Omega_0 n) + j\sin(\Omega_0 n) \tag{3-10}$$

可见，虚指数序列为复数序列，其实部和虚部分别为

$$\text{Re}\left\{e^{j\Omega_0 n}\right\} = \cos(\Omega_0 n) \tag{3-11}$$

$$\text{Im}\left\{e^{j\Omega_0 n}\right\} = \sin(\Omega_0 n) \tag{3-12}$$

它们为余弦序列和正弦序列，两者都是实数序列。式中，n 取整数，量纲为 1；Ω_0 为角度，单位为 rad，称为数字频率，它反映序列值的重复速率。例如，$\Omega_0 = 2\pi/16$，则序列值每 16 个重复一次，如图 3-7 所示。

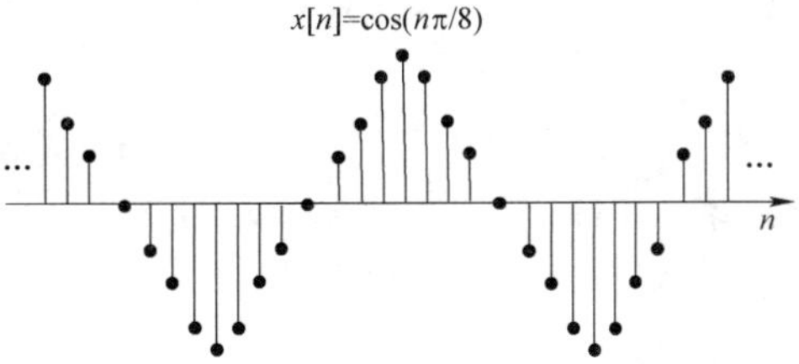

根据欧拉公式可以导出

$$e^{j\Omega_0 n} + e^{-j\Omega_0 n} = 2\cos(\Omega_0 n) \tag{3-13}$$

图 3-7 余弦序列

可见，一对共轭的虚指数序列的和为实数序列，而且是余弦序列。

3. 复指数序列

这时，式（3-8）中的 C 和 α 都是复数，即 $C = |C|e^{j\theta}$，$\alpha = |\alpha|e^{j\Omega_0}$，则

$$x[n] = |C||\alpha|^n \cos(\Omega_0 n + \theta) + j|C||\alpha|^n \sin(\Omega_0 n + \theta) \tag{3-14}$$

可见，复指数序列为复数序列。当 $|\alpha| = 1$ 时，其实部和虚部都是正弦序列；当 $|\alpha| < 1$ 时，其实部和虚部为正弦序列乘以指数衰减序列；当 $|\alpha| > 1$ 时为正弦序列乘以指数增长序列。其图形分布分别如图 3-8（a）～(c) 所示。

4. 复指数序列的周期性质

连续的复指数信号 $e^{j\omega_0 t}$ 或正弦信号 $\sin(\omega_0 t)$ 有两个性质：ω_0 越大，振荡的速率越高，即 ω_0 不同，信号不同；对任何 ω_0 值，$e^{j\omega_0 t}$ 或 $\sin(\omega_0 t)$ 都是 t 的周期函数。

与连续的复指数信号 $e^{j\omega_0 t}$ 或 $\sin(\omega_0 t)$ 不同，离散的复指数序列 $e^{j\Omega_0 n}$ 或 $\sin(\Omega_0 n)$ 对 Ω_0 具有周期性，即频率相差 2π，信号相同。另外，对不同的 Ω_0 值，它不都是 n 的周期序列。下面就从这两方面进行研究。

（1）$e^{j\Omega_0 n}$ 对频率 Ω_0 具有周期性。

这是因为

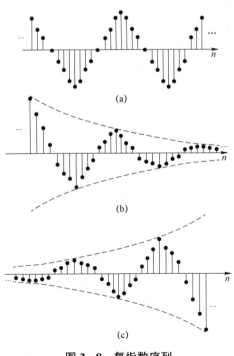

图 3-8 复指数序列

$$e^{j(\Omega_0 \pm 2k\pi)n} = e^{j\Omega_0 n} e^{\pm j2k\pi n} = e^{j\Omega_0 n} \qquad (3-15)$$

式中，k 为正整数。

上式说明复指数序列 $e^{j(\Omega_0 \pm 2k\pi)n}$ 和 $e^{j\Omega_0 n}$ 是完全相同的，即频率为 Ω_0 的复指数序列和频率为 $(\Omega_0 \pm 2\pi)$、$(\Omega_0 \pm 4\pi)\cdots$ 的复指数序列是完全相同的。换句话说，Ω_0 具有周期性，即频率相差 2π，信号相同。所以研究复指数序列 $e^{j\Omega_0 n}$ 或 $\sin(\Omega_0 n)$ 仅需在 2π 范围内选择频率 Ω_0 就够了。虽然从式（3-15）中发现，任何 2π 间隔均可，但习惯上常取 $0 \le \Omega_0 \le 2\pi$ 或 $-\pi \le \Omega_0 \le \pi$ 区间。

和连续复指数信号 $e^{j\omega_0 t}$ 不同，复指数序列 $e^{j\Omega_0 n}$ 的变化速率不是 Ω_0 越大就变化越快，而是当 $\Omega_0 \le \pi$ 时，Ω_0 越大，序列 $e^{j\Omega_0 n}$ 变化越快；当 $\Omega_0 > \pi$ 后，Ω_0 越大，序列变化越慢。图 3-9 给出了 Ω_0 在 $0 \sim 2\pi$ 区间不同的 Ω_0 时，$\cos(\Omega_0 n)$ 的变化情况。当 $\Omega_0 = 0$ 和 2π 时，$x[n] = 1$，即不随 n 变化，如图 3-9（a）、（i）所示，当 $\Omega_0 = \pi/8$ 和 $15\pi/8$ 时，

$$x[n] = \cos(\pi n/8)$$

和

$$x[n] = \cos(15\pi n/8) = \cos(n\pi/8)$$

两者变化速率一样，如图 3-9（b）、（h）所示；当 $\Omega_0 = \pi/4$ 和 $7\pi/4$ 时，

$$x[n] = \cos(n\pi/4)$$

和

$$x[n] = \cos(7n\pi/4) = \cos(n\pi/4)$$

两者一样，如图 3-9（c）、（g）所示；当 $\Omega_0 = \pi/2$ 和 $3\pi/2$ 时，

$$x[n] = \cos(n\pi/2)$$

和

$$x[n] = \cos(3n\pi/2) = \cos(n\pi/2)$$

两者一样，如图 3-9（d）、（f）所示；当 $\Omega_0 = \pi$ 时，

$$x[n] = \cos(n\pi) = (-1)^n$$

变化速率最高，如图 3-9（e）所示。可见正弦序列在 Ω_0 变化时的一个重要特点是：其低频（即序列值的慢变化）位于 $\Omega_0 = 0$，2π 或 π 的偶数倍附近；而高频（即序列值的快变化）则位于 $\Omega_0 = \pm\pi$ 或 π 的奇数倍附近。

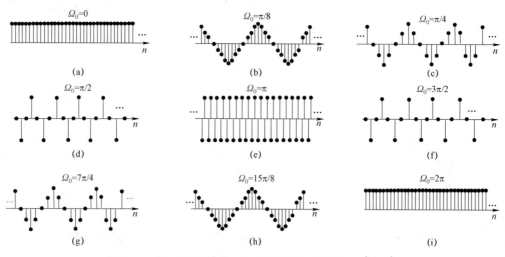

图 3-9　几个不同频率 Ω_0 时的离散余弦序列 $\cos(\Omega_0 n)$

(2) $\mathrm{e}^{\mathrm{j}\Omega_0 n}$ 对不同的 Ω_0 值不都是 n 的周期序列，必须满足

$$\mathrm{e}^{\mathrm{j}\Omega_0(n+N)} = \mathrm{e}^{\mathrm{j}\Omega_0 n}$$

这就等效于要求

$$\mathrm{e}^{\mathrm{j}\Omega_0 N} = 1$$

只有当 $\Omega_0 N$ 是 2π 的整数倍时上式才成立，即

$$\Omega_0 N = 2\pi m$$

或
$$\Omega_0/(2\pi) = m/N \tag{3-16}$$

式中，m 和 N 都是正整数。可见当 $\Omega_0/(2\pi)$ 为有理数时，$\mathrm{e}^{\mathrm{j}\Omega_0 n}$ 或 $\sin(\Omega_0 n)$ 才是 n 的周期序列。例如，$\cos(2n\pi/12)$ 是周期序列。这是因为 $\Omega_0/(2\pi) = 1/12$ 是有理数，其周期 $N = 12$。$\cos(n/6)$ 不是周期序列，因为 $\Omega_0 = 1/6, \Omega_0/(2\pi) = 1/(12\pi)$ 不是有理数。这时包络线（序列值顶点连线）虽按余弦规律变化，但不是周期序列。

由式（3-16）可以求得周期序列的频率

$$\Omega_0 = 2\pi m/N \tag{3-17}$$

如果 m 和 N 没有公因子，则 N 就是序列的基波周期，其基波频率为

$$2\pi/N = \Omega_0/m \tag{3-18}$$

与连续的情况一样，在离散情况下，一组成谐波关系的复指数序列是非常有用的。一组以 N 为周期而它们的频率是基波频率 $2\pi/N$ 的整数倍，即 $2\pi/N, 4\pi/N, 6\pi/N, \cdots, 2k\pi/N$，则此复指数序列的集合为

$$\begin{cases} \varphi_1[n] = \mathrm{e}^{\mathrm{j}2n\pi/N} \\ \varphi_2[n] = \mathrm{e}^{\mathrm{j}4n\pi/N} \\ \vdots \\ \varphi_k[n] = \mathrm{e}^{\mathrm{j}2kn\pi/N} \end{cases} \tag{3-19}$$

由于

$$\varphi_{k+N}[n] = \mathrm{e}^{\mathrm{j}(k+N)2n\pi/N} = \mathrm{e}^{\mathrm{j}2kn\pi/N}\mathrm{e}^{\mathrm{j}2n\pi} = \varphi_k[n] \tag{3-20}$$

可见，在一个周期为 N 的复指数序列集合中，只有 N 个复指数序列是独立的，即只有 $\varphi_0[n], \varphi_1[n], \cdots, \varphi_{N-1}[n]$ 等 N 个是互不相同的。这是因为 $\varphi_N[n] = \varphi_0[n], \varphi_{N+1}[n] = \varphi_1[n], \cdots$。这与连续复指数信号集合 $\{\mathrm{e}^{\mathrm{j}k\omega_0 t}, k = 0, \pm 1, \cdots \pm \infty\}$ 中有无限多个互不相同的复指数信号是不同的。

3.1.3 由连续时间信号抽样得到的离散时间序列

对连续时间信号 $\cos(\omega_0 t)$，在每隔等时间 T 上各点进行抽样，即令 $t = nT$，得到的余弦序列

$$x[n] = \cos(\omega_0 nT) = \cos(\Omega_0 n)$$

式中，$\Omega_0 = \omega_0 T$，T 为抽样间隔。由式（3-16）可知，仅当 $\omega_0 T/(2\pi)$ 是有理数时，$x[n]$ 才是 n 的周期序列。

例 3-1 已知 $x(t)=\cos(2\pi t)$，若令 $T=1/12$ 进行抽样，问 $x[n]$ 是否为 n 的周期序列？

解 令 $t=nT=n/12$，代入 $x(t)$ 中得 $x[nT]$。记为 $x[n]$，则

$$x[n]=\cos(2n\pi/12)=\cos(n\pi/6)$$

由于 $\Omega_0/(2\pi)=1/12$ 是有理数，所以 $x[n]$ 是 n 的周期序列。

例 3-2 例 3-1 中若令 $T=\pi/12$，问 $x[n]$ 是否是周期序列？

解 $t=nT=n\pi/12$，代入 $x[t]$ 中得

$$x[n]=\cos(2n\pi\pi/12)=\cos(n\pi^2/6)$$

因为 $\Omega_0/(2\pi)=(\pi^2/6)/(2\pi)=\pi/12$ 不是有理数，所以 $x[n]$ 不是周期序列。

3.2 离散信号的时域运算

离散信号的时域运算包括平移、翻转、相加、相乘、累加、差分、抽取、内插零、卷积和相关运算。

1. 平移

如果有序列 $x[n]$，当 m 为正时，$x[n-m]$ 是指序列 $x[n]$ 逐项依次延时（右移）m 位得到的一个新序列，而 $x[n+m]$ 则依次超前（左移）m 位；m 为负时，则相反。

例 3-3 设

$$x[n]=\begin{cases}2^{-(n+1)}, & n\geqslant -1\\ 0, & n<-1\end{cases}$$

有

$$x[n+1]=\begin{cases}2^{-(n+1+1)}, & n+1\geqslant -1\\ 0, & n+1<-1\end{cases}$$

即

$$x[n+1]=\begin{cases}2^{-(n+1+1)}, & n\geqslant -2\\ 0, & n<-2\end{cases}$$

序列 $x[n]$ 及 $x[n+1]$ 如图 3-10 所示。

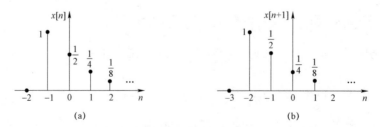

图 3-10 序列 $x[n]$ 及超前序列 $x[n+1]$

2. 翻转

如果有序列 $x[n]$,则 $x[-n]$ 是以纵轴为对称轴将序列 $x[n]$ 进行翻转得到的新序列。

例 3-4 设 $x[n]$ 的表达式同例 3-3,翻转后的序列为

$$x[-n] = \begin{cases} 2^{-(-n+1)}, & -n \geq -1 \\ 0, & -n < -1 \end{cases}$$

$$x[-n] = \begin{cases} 2^{n-1}, & n \leq 1 \\ 0, & n > 1 \end{cases}$$

翻转序列 $x[-n]$ 如图 3-11 所示。

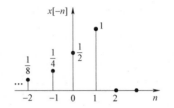

图 3-11 序列 $x[n]$ 的翻转序列 $x[-n]$

3. 相加

两序列的和是指同序号的序列值逐项对应相加而构成的新序列,表示为

$$z[n] = x[n] + y[n]$$

例 3-5 设 $x[n]$ 的表达式同例 3-3,而

$$y[n] = \begin{cases} 2^n, & n < 0 \\ n+1, & n \geq 0 \end{cases}$$

则

$$z[n] = x[n] + y[n] = \begin{cases} 2^n, & n < -1 \\ \dfrac{3}{2}, & n = -1 \\ 2^{-(n+1)} + n + 1, & n \geq 0 \end{cases}$$

$x[n]$、$y[n]$、$z[n]$ 如图 3-12 所示。

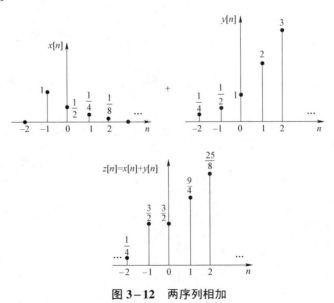

图 3-12 两序列相加

4. 相乘

两序列相乘是指同序列号的序列值逐项对应相乘，表示为

$$z[n] = x[n]y[n]$$

例 3-6 $x[n]$、$y[n]$ 同例 3-5，则

$$z[n] = x[n]y[n] = \begin{cases} 0, & n < -1 \\ \dfrac{1}{2}, & n = -1 \\ (n+1)2^{-(n+1)}, & n \geq 0 \end{cases}$$

则积 $z[n]$ 如图 3-13 所示。

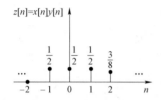

图 3-13 两序列相乘

5. 累加

如果有序列 $x[n]$，则 $x[n]$ 的累加序列 $y[n]$ 为

$$y[n] = \sum_{k=-\infty}^{n} x[k]$$

它表示 $y[n]$ 在 n_0 上的值有时等于 n_0 上及 n_0 以前所有 $x[n]$ 值之和。

例 3-7 设 $x[n]$ 的表达式同例 3-3，则其累加序列

$$y[n] = \sum_{k=-\infty}^{n} x[k] = \begin{cases} \sum_{k=-1}^{n} 2^{-(n+1)}, & n \geq -1 \\ 0, & n < -1 \end{cases}$$

累加序列 $y[n]$ 也可表示为

$$y[n] = y[n-1] + x[n]$$

因而有

$$y[-1] = 1$$
$$y[0] = y[-1] + x[0] = 1 + \frac{1}{2} = \frac{3}{2}$$
$$y[1] = y[0] + x[1] = \frac{3}{2} + \frac{1}{4} = \frac{7}{4}$$
$$y[2] = y[1] + x[2] = \frac{7}{4} + \frac{1}{8} = \frac{15}{8}$$
$$\vdots$$

累加序列如图 3-14 所示。

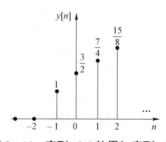

图 3-14 序列 $x[n]$ 的累加序列 $y[n]$

6. 差分

如果有序列 $x[n]$，则 $x[n]$ 的前向差分和后向差分分别为：

前向差分 $\quad\quad\quad\quad \Delta x[n] = x[n+1] - x[n]$

后向差分 $\quad\quad\quad\quad \nabla x[n] = x[n] - x[n-1]$

由此可得出 $\quad\quad\quad\quad \nabla x[n] = \Delta x[n-1]$

例 3−8 设 $x[n]$ 的表达式同例 3−3，则它的前向差分为

$$\Delta x[n] = x[n+1] - x[n] = \begin{cases} 0, & n < -2 \\ 1, & n = -2 \\ 2^{-(n+2)} - 2^{-(n+1)} = -2^{-(n+2)}, & n > -2 \end{cases}$$

而后向差分为

$$\nabla x[n] = x[n] - x[n-1] = \begin{cases} 0, & n < -1 \\ 1, & n = -1 \\ 2^{-(n+1)} - 2^{-n} = -2^{-(n+1)}, & n > -1 \end{cases}$$

$\Delta x[n]$ 及 $\nabla x[n]$ 如图 3−15 所示。

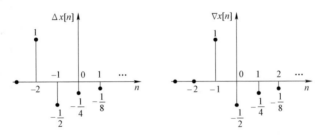

图 3−15 $x[n]$ 的前向差分 $\Delta x[n]$ 及后向差分 $\nabla x[n]$

7. 抽取

序列的自变量按 $n' = kn$（k 为正整数）变换，以 $n = n'/k$ 为横坐标画出原序列 $x[n']$ 的图形。图 3−16（a）和（b）给出了 $x[n]$ 即 $x[n']$ 和 $x[3n]$ 的图例说明，从图中可以看出，$x[3n]$ 只保留原序列在 3 的整倍数时间点的序列值，其余的序列值均被丢弃了，故把 $x[n] \to x[3n]$ 的变换称为 3∶1 抽取。

8. 内插零

自变量按 $n' = n/k$（k 为正整数）变换，以 $n = kn'$ 为横坐标画出原序列 $x[n']$ 的图形，记为 $x_{(k)}[n]$，此结果的含义是

$$x[k] = \begin{cases} x\left[\dfrac{n}{k}\right], & n \text{ 为 } k \text{ 的整倍数} \\ 0, & n \text{ 为其他值} \end{cases} \quad\quad (3-21)$$

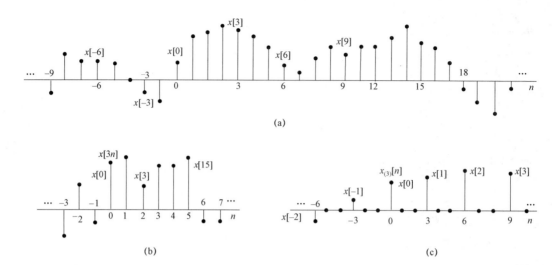

图 3-16 离散时间信号的抽取和内插零

图 3-16（c）给出序列 $x[n]$ 变换为 $x_{(3)}[n]$ 的图例说明，由图可见，$x_{(3)}[n]$ 是由原序列相邻的序列值之间插入 2 个零值得到的，故把 $x[n] \to x_{(k)}[n]$ 的变换称为内插 $k-1$ 个零的变换，简称内插零。

由上面讨论可以看到，离散时间信号的尺度变换与连续时间情况有很大区别，在离散时间情况下，抽取或内插零这两种信号变换，一般来说不再代表原信号时域压缩 k 倍或扩展 k 倍，它们都会导致离散时间序列波形的某种改变。

9. 卷积和

设 $x[n]$ 和 $y[n]$ 是两个序列，它们的卷积和则定义为

$$z(n) = \sum_{m=-\infty}^{\infty} x[m]y[n-m] = x[n]*y[n] \tag{3-22}$$

卷积和运算的一般步骤为：

（1）换坐标：将原来坐标 n 换成 m 坐标，而把 n 视为 m 坐标中的参变量。

（2）翻转：将 $y[m]$ 以 $m=0$ 的垂直轴为对称轴翻转成 $y[-m]$。

（3）平移：当取某一定值 n 时，将 $y[-m]$ 平移 n，即得 $y[n-m]$。对变量 m，当 n 为正整数时，右移 n 位；当 n 为负整数时，左移 n 位。

（4）相乘：将 $y[n-m]$ 和 $x[m]$ 的相同 m 值的对应点值相乘。

（5）累加：把以上所有对应点的乘积累加起来，即得 $z[n]$ 的值。

按上述步骤，取 $n = \cdots, -3, -2, -1, 0, 1, 2, \cdots$ 各值，即可得新序列 $z[n]$。通常，两个长度分别为 N 和 M 的序列求卷积和，其结果是一个长度为 $L = N + M - 1$ 的序列。

具体求解时，可以考虑将 n 分成几个不同的区间来分别计算，用下例说明。

例 3-9 设

$$x[n] = \begin{cases} \dfrac{1}{2}n, & 1 \leqslant n \leqslant 3 \\ 0, & 其他 \end{cases}$$

$$y[n] = \begin{cases} 1, & 0 \leq n \leq 2 \\ 0, & 其他 \end{cases}$$

则有

$$z[n] = x[n] * y[n] = \sum_{m=1}^{3} x[m] y[n-m]$$

分段考虑如下：

(1) 当 $n < 1$ 时，$x[m]$ 和 $y[n-m]$ 相乘，处处为零，故

$$z[n] = 0, \quad n < 1$$

(2) 当 $1 \leq n \leq 2$ 时，$x[m]$ 和 $y[n-m]$ 有交叠的非零项对应的 $m=1$ 到 $m=n$，故

$$z[n] = \sum_{m=1}^{3} x[m] y[n-m] = \sum_{m=1}^{n} \frac{1}{2} m = \frac{1}{2} \times \frac{1}{2} n[1+n] = \frac{1}{4} n[1+n]$$

即

$$z[2] = \frac{3}{2}, \quad z[2] = \frac{3}{2}$$

(3) 当 $3 \leq n \leq 5$ 时，$x[m]$ 和 $y[n-m]$ 交叠，但非零项对应的 m 下限是变化的($n=3,4,5$ 分别对应 m 的下限为 $m=1,2,3$)，而 m 的上限是 3，有

$$z[3] = \sum_{m=1}^{3} x[m] y[3-m] = \sum_{m=1}^{3} \frac{1}{2} m = \frac{1}{2} \times [1+2+3] = 3$$

$$z[4] = \sum_{m=2}^{4} x[m] y[4-m] = \sum_{m=2}^{3} \frac{1}{2} m = \frac{1}{2} \times [2+3] = \frac{5}{2}$$

$$z[5] = x[3] y[5-3] = \frac{3}{2} \times 1 = \frac{3}{2}$$

(4) 当 $n \geq 6$ 时，$x[m]$ 和 $y[n-m]$ 没有非零项的交叠部分，故 $z[n] = 0$。

例 3-9 卷积和的图解表示在图 3-17 中。

与连续信号的卷积积分类似，卷积和也具有一系列运算规则和性质，利用这些运算规则和性质，可以简化卷积和运算。这些运算规则和性质如下：

(1) 交换律：

$$x_1[n] * x_2[n] = x_2[n] * x_1[n] \tag{3-23}$$

(2) 分配律：

$$x_1[n] * (x_2[n] + x_3[n]) = x_1[n] * x_2[n] + x_1[n] * x_3[n] \tag{3-24}$$

(3) 结合律：

$$(x_1[n] * x_2[n]) * x_3[n] = x_1[n] * (x_2[n] * x_3[n]) \tag{3-25}$$

(4) 卷积和的差分：

$$\Delta(x_1[n] * x_2[n]) = x_1[n] * (\Delta x_2[n]) = (\Delta x_1[n]) * x_2[n] \tag{3-26}$$

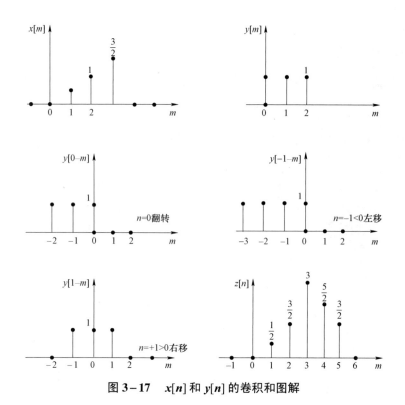

图 3-17　$x[n]$ 和 $y[n]$ 的卷积和图解

（5）卷积和的累加：

$$\sum_{n=-\infty}^{m}\left(x_1[n]*x_2[n]\right)=x_1[n]*\left(\sum_{n=-\infty}^{m}x_2[n]\right)=\left(\sum_{n=-\infty}^{m}x_1[n]\right)*x_2[n] \qquad (3-27)$$

与脉冲序列的卷积：任意序列与脉冲序列的卷积有特殊的意义，可以得到如下一些很有用的式子：

$$x[n]*\delta[n]=x[n] \qquad (3-28)$$

$$x[n]*\delta[n-n_0]=x[n-n_0] \qquad (3-29)$$

$$x[n-n_1]*\delta[n-n_2]=x[n-n_1-n_2] \qquad (3-30)$$

3.3　离散 LTI 系统的差分方程及其求解

3.3.1　离散时间系统的数学模型

在连续时间系统中，信号是时间变量 t 的连续函数，系统可用微分方程描述为

$$a_n y^{(n)}(t)+a_{n-1}y^{(n-1)}(t)+\cdots+a_1 y^{(1)}(t)+a_0 y(t)=b_m x^{(m)}(t)+b_{m-1}x^{(m-1)}(t)+\cdots+b_1 x^{(1)}(t)+b_0 x(t)$$

方程由连续自变量 t 的激励函数 $x(t)$ 和响应函数 $y(t)$ 及其各阶导数 $x^{(1)}(t)$，$x^{(2)}(t)$，… 和 $y^{(1)}(t)$，$y^{(2)}(t)$，… 线性叠加组成。对离散时间系统，信号的自变量 n 是离散的整数值，因此，描述离散系统的数学模型为差分方程，它们由激励序列 $x[n]$ 和响应序列 $y[n]$ 及其各阶移位 $x[n-1], x[n-2], \cdots$ 和 $y[n-1], y[n-2], \cdots$，或 $x[n+1], x[n+2], \cdots$ 和 $y[n+1], y[n+2], \cdots$ 线性叠加而成。

为了说明一个系统如何建立描述其特性的差分方程，举例如下。

例 3-10 一个空运控制系统，用一台计算机每隔 1 s 计算一次某飞机应有的高度 $x[n]$，与此同时还用一部雷达对该飞机实测一次高度 $y[n]$，把应有高度 $x[n]$ 与 1 s 之前的实测高度 $y[n-1]$ 相比较得一差值，飞机的高度将根据此差值的大小及其为正或为负来控制。设飞机改变高度的垂直速度正比于此差值，即 $v = K[x[n] - y[n-1]]$ m/s，所以从第 $n-1$ 秒到第 n 秒之内飞机升高为

$$K[x[n] - y[n-1]] = y[n] - y[n-1]$$

经整理得

$$y[n] + (K-1)y[n-1] = Kx[n] \tag{3-31}$$

这就是表示控制信号 $x[n]$ 与响应信号 $y[n]$ 之间关系的差分方程，它描述了这个离散时间（每隔 1 s 计算和实测一次）的空运控制系统。

在例 3-10 中，差分方程的离散变量是时间的离散值。然而，差分方程只是一种处理离散变量的数学工具，变量的选取因具体函数而异，并不限于时间。

一般，描述离散系统的差分方程有以下两种形式。

1. 向右移序的差分方程

$$y[n] + a_1 y[n-1] + \cdots + a_N y[n-N] = b_0 x[n] + b_1 x[n-1] + \cdots + b_M x[n-M]$$

或

$$\sum_{i=0}^{N} a_i y[n-i] = \sum_{j=0}^{M} b_j x[n-j] \quad (a_0 = 1) \tag{3-32}$$

2. 向左移序的差分方程

$$y[n+N] + a_{N-1} y[n+N-1] + \cdots + a_0 y[n] =$$
$$b_M x[n+M] + b_{M-1} x[n+M-1] + \cdots + b_0 x[n]$$

或

$$\sum_{i=0}^{N} a_i y[n+i] = \sum_{j=0}^{M} b_j x[n+j] \quad (a_N = 1) \tag{3-33}$$

式中，$x[n]$ 为系统的输入序列；$y[n]$ 为系统的输出序列。

差分方程中函数序号的改变称为移序。差分方程输出函数序列中自变量的最高序号和最低序号的差数称为差分方程的阶数，因此式（3-32）和式（3-33）都是 N 阶差分方程，而

且此二式所代表的系统称为 N 阶系统。对于线性非时变系统，方程中系数 a、b 都是常数，则式（3-32）和式（3-33）是常数线性差分方程。

3.3.2 差分方程的解法

与微分方程的解法类似，其解由齐次解 $y_h[n]$ 和特解 $y_p[n]$ 组成。即

$$y[n] = y_h[n] + y_p[n] \tag{3-34}$$

1. 齐次解

齐次解 $y_h[n]$ 是满足

$$a_0 y[n] + a_1 y[n-1] + \cdots + a_N y[n-N] = 0 \tag{3-35}$$

的解。齐次解的形式由其特征根决定。

$$\sum_{k=0}^{N} a_k \alpha^{N-k} = 0 \tag{3-36}$$

其 N 个特征根为 $\alpha_i (i=1,2,\cdots,N)$，根据特征根的不同取值，差分方程齐次解的形式如表 3-1 所示，其中 c_i、C、D、A 为待定系数。

表 3-1 不同特征根所对应的齐次解

特征根	齐次解 $y_h[n]$
单实根 α	$c\alpha^n$
r 重实根 α	$c_{r-1}n^{r-1}\alpha^n + c_{r-2}n^{r-2}\alpha^n + \cdots + c_1 n\alpha^n + c_0\alpha^n$
一对共轭复根 $\alpha_{1,2} = a \pm \mathrm{j}b = \rho\mathrm{e}^{\pm\mathrm{j}\beta}$	$\rho^n[C\cos(\beta n) + D\sin(\beta n)]$ 或 $A\rho^n\cos(\beta n - \theta)$

2. 特解

差分方程的特解形式与输入 $x[n]$ 的形式有关。表 3-2 列出了几种典型输入 $x[n]$ 所对应的特解 $y_p[n]$，选定特解后代入原差分方程，求出其待定系数 p_i，就得到差分方程的特解。

表 3-2 几种典型输入所对应的特解

输入 $x[n]$	特解 $y_p[n]$	
n^m	$p_m n^m + p_{m-1} n^{m-1} + \cdots + p_1 n + p_0$	
a^n	pa^n,	a 不是特征根时
	$p_1 n a^n + p_0 a^n$,	a 是特征根时
	$p_r n^r a^n + p_{r-1} n^{r-1} a^n + \cdots + p_1 n a^n + p_0 a^n$,	a 是 r 重特征根时
$\cos(\beta n)$ 或 $\sin(\beta n)$	$P\cos(\beta n) + Q\sin(\beta n)$ 或 $A\cos(\beta n - \theta)$, 当所有特征根均不等于 $\mathrm{e}^{\pm\mathrm{j}\beta}$ 时	

3. 全解

差分方程的全解 $y[n]$ 是齐次解 $y_h[n]$ 与特解 $y_p[n]$ 之和，即

$$y[n] = y_h[n] + y_p[n]$$

通常，输入 $x[n]$ 是在 $n=0$ 时接入的，差分方程的解适合于 $n \geqslant 0$。对于 N 阶差分方程，给定 N 个初始条件就可以确定全部待定系数。

例 3-11 已知某二阶 LTI 系统的差分方程为

$$y[n] + y[n-1] + \frac{1}{4}y[n-2] = x[n]$$

初始条件 $y[0] = 1, y[1] = \frac{1}{2}$，输入 $x[n] = u[n]$，求输出 $y[n]$。

解 （1）齐次解。

上述差分方程的特征方程为

$$\alpha^2 + \alpha + \frac{1}{4} = 0$$

解得其特征根 $\alpha_1 = \alpha_2 = \frac{1}{2}$，为二重根，其齐次解为

$$y_h[n] = C_1 n \left(\frac{1}{2}\right)^n + C_2 \left(\frac{1}{2}\right)^n, \quad n \geqslant 0$$

（2）特解。

根据输入 $x[n] = u[n]$，当 $n \geqslant 0$ 时 $x[n] = 1$，由表 3-2 可知特解

$$y_p[n] = p, \quad n \geqslant 0$$

将 $y_p[n]$、$y_p[n-1]$、$y_p[n-2]$ 和 $x[n]$ 代入系统的差分方程，得

$$p + p + \frac{1}{4}p = 1$$

解得

$$p = \frac{4}{9}$$

$$y_p[n] = \frac{4}{9}u[n]$$

（3）全解。

$$y[n] = y_h[n] + y_p[n] = C_1 n \left(\frac{1}{2}\right)^n + C_2 \left(\frac{1}{2}\right)^n + \frac{4}{9}, \quad n \geqslant 0$$

将已知初始条件代入上式，即

$$y[0] = C_2 + \frac{4}{9} = 1$$

$$y[1] = \frac{1}{2}C_1 + \frac{1}{2}C_2 + \frac{4}{9} = \frac{1}{2}$$

可解得 $C_1 = -\dfrac{4}{9}$，$C_2 = \dfrac{5}{9}$，最后得方程的全解为

$$y[n] = -\frac{4}{9}n\left(\frac{1}{2}\right)^n + \frac{5}{9}\left(\frac{1}{2}\right)^n + \frac{9}{4}, \quad n \geq 0$$

与微分方程一样，差分方程的齐次解也称为系统的自由响应，特解称为强迫响应。本例中由于特征根 $|\alpha| < 1$，自由响应随着 n 增大逐渐衰减为零，故也称为瞬态响应。其强迫响应随 n 的增大而趋于稳定，故称为稳态响应。

3.4 零输入响应和零状态响应

3.4.1 零输入响应

离散时间系统的零输入响应是指当激励信号为零，即 $x[n] = 0$ 时，仅由系统的初始状态引起的响应，用 $y_0[n]$ 表示。因此，零输入响应就是齐次方程的解，即

$$\sum_{i=0}^{m} a_{m-i} y_0[n-i] = 0 \qquad (3-37)$$

零输入响应与齐次解具有相同的形式，完全由差分方程的特征根来决定。假设式（3-37）的特征根全为单根，则

$$y_0[n] = \sum_{i=1}^{m} C_i \lambda_i^n \qquad (3-38)$$

式中，C_i 为待定系数；λ_i 为齐次方程的特征根。

一般设定激励是在 $n = 0$ 时接入系统的，在 $n < 0$ 时，激励未接入，故式（3-37）的初始状态满足

$$\begin{cases} y_0[-1] = y[-1] \\ y_0[-2] = y[-2] \\ \vdots \\ y_0[-n] = y[-n] \end{cases} \qquad (3-39)$$

式（3-39）中 $y[-1], y[-2], \cdots, y[-n]$ 为系统的初始状态，将这些条件代入式（3-38）可求得零输入响应 $y_0[n]$。

例 3-12 描述某 LTI 离散系统的差分方程为

$$y[n] - y[n-1] - 2y[n-2] = x[n]$$

已知 $y[-1] = -1, y[-2] = \dfrac{1}{4}$，求该系统的零输入响应 $y_0[n]$。

解 零输入响应 $y_0[n]$ 满足

$$y_0[n] - y_0[n-1] - 2y_0[n-2] = 0$$

对应的特征方程为 $\lambda^2 - \lambda - 2 = 0$，解得 $\lambda_1 = -1, \lambda_2 = 2$。

所以有
$$y_0[n] = C_1(-1)^n + C_2 2^n, n \geqslant 0$$

将 $y_0[-1] = y[-1] = -1$，$y_0[-2] = y[-2] = \dfrac{1}{4}$ 代入上式，得

$$-C_1 + \frac{1}{2}C_2 = -1$$

$$C_1 + \frac{1}{4}C_2 = \frac{1}{4}$$

联立解得 $C_1 = \dfrac{1}{2}, C_2 = -1$。

因此
$$y_0[n] = \left[\frac{1}{2}(-1)^n - 2^n\right]u[n]$$

3.4.2 零状态响应

离散系统零状态响应的定义：当系统的初始状态为零，仅由激励 $x[n]$ 所引起的响应，用 $y_x[n]$ 表示，在零状态情况下，零状态响应满足

$$\sum_{i=0}^{m} a_{m-i} y_x[n-i] = \sum_{j=0}^{l} b_{l-j} x[n-j] \tag{3-40}$$

且 $y_x[-1] = y_x[-2] = \cdots = y_x[-m] = 0$。若其特征根均为单根，则其零状态响应可表示为

$$y_x[n] = \sum_{i=0}^{m} D_i \lambda_i^n + y_p[n] \tag{3-41}$$

式中，D_i 为待定系数；$y_p[n]$ 为特解。

需要注意的是，零状态响应的初始状态 $y_x[-1], y_x[-2], \cdots, y_x[-n]$ 为零，但其初始值 $y_x[0], y_x[1], \cdots, y_x[n-1]$ 不一定为零；求解系数 D_i 时，需要代入 $y_x[0], y_x[1], \cdots, y_x[n-1]$ 的数值。

例 3-13 描述某 LTI 离散系统的差分方程为

$$y[n] - y[n-1] - 2y[n-2] = x[n]$$

已知 $x[n] = u[n]$，求该系统的零状态响应 $y_x[n]$。

解 将 $x[n]$ 代入差分方程，得

$$y_x[n] - y_x[n-1] - 2y_x[n-2] = u[n] \tag{3-42}$$

且 $y_x[-1] = y_x[-2] = 0$，则有

$$y_x[0] = u[0] + y_x[-1] + 2y_x[-2] = 1$$

$$y_x[1] = u[1] + y_x[0] + 2y_x[-1] = 2$$

式（3-42）的齐次解为 $D_1(-1)^n + D_2 2^n, n \geqslant 0$。

当 $n \geq 0$ 时，等号右端为 1，所以设其特解为常数 P，代入方程得
$$P - P - 2P = 1$$
则有 $P = -\frac{1}{2}$。

因此
$$y_x[n] = D_1(-1)^n + D_2 2^n - \frac{1}{2}, n \geq 0$$

将 $y_x[0] = 1$，$y_x[1] = 2$ 代入上式，解得 $D_1 = \frac{1}{6}, D_2 = \frac{4}{3}$。

因此，零状态响应为
$$y_x[n] = \left[\frac{1}{6}(-1)^n + \frac{4}{3}2^n - \frac{1}{2}\right] u[n]$$

3.4.3 全响应

一个初始状态不为零的 LTI 离散系统，在外加激励作用下，其完全响应等于零输入响应和零状态响应之和，即
$$y[n] = y_0[n] + y_x[n] \tag{3-43}$$

若特征根均为单根，则全响应为
$$y[n] = \underbrace{\sum_{i=1}^{m} C_i \lambda_i^n}_{\text{零输入响应}} + \underbrace{\sum_{i=1}^{m} D_i \lambda_i^n + y_p[n]}_{\text{零状态响应}}$$

$$= \underbrace{\sum_{i=1}^{m} A_i \lambda_i^n}_{\text{自由响应}} + \underbrace{y_p[n]}_{\text{受迫响应}} \tag{3-44}$$

由式（3-44）可以看出，系统的全响应可以分解为自由响应和受迫响应，也可以分解为零输入响应和零状态响应。虽然自由响应和零输入响应都是齐次方程的解的形式，但是它们的系数并不相同。C_i 仅由系统的初始状态决定，而 A_i 是由初始状态和激励共同决定的。

例 3-14 某离散系统的差分方程为
$$y[n] + 3y[n-1] + 2y[n-2] = x[n]$$
已知激励 $x[n] = 2^n$，$n \geq 0$，初始状态 $y[-1] = 0, y[-2] = 0.5$，求系统的全响应。

解 （1）求零输入响应。

特征方程为 $\lambda^2 + 3\lambda + 2 = 0$，则特征根为 $\lambda_1 = -1, \lambda_2 = -2$。

所以有
$$y_0[n] = C_1(-1)^n + C_2(-2)^n$$

将 $y_0[-1] = y[-1] = 0, y_0[-2] = y[-2] = 0.5$ 代入上式，得 $C_1 = 1, C_2 = -2$。

所以有
$$y_0[n] = (-1)^n - 2(-2)^n, n \geq 0$$

（2）求零状态响应。

根据 $x[n]$ 的形式，假设特解 $y_p[n] = P \cdot 2^n$，代入方程，得 $P = \frac{1}{3}$。

所以零状态响应的形式为

$$y_x[n] = D_1(-1)^n + D_2(-2)^n + \frac{1}{3} \cdot 2^n$$

由 $y_x[-1] = y_x[-2] = 0$ 可求出 $y_x[0] = 1, y_x[1] = -1$。

将 $y_x[0]$ 和 $y_x[1]$ 的值代入上式，得 $D_1 = -\frac{1}{3}$，$D_2 = 1$。

所以有

$$y_x(n) = -\frac{1}{3}(-1)^n + (-2)^n + \frac{1}{3} \cdot 2^n, n \geq 0$$

因此，全响应为

$$y[n] = y_0[n] + y_x[n] = \frac{2}{3}(-1)^n - (-2)^n + \frac{1}{3} \cdot 2^n, n \geq 0$$

3.5 单位抽样响应

前面已指出，LTI 离散时间系统的零状态响应可以通过经典法求得，也可通过卷积分析法求得。卷积分析法的基本出发点是把一个离散时间系统的输入表示成抽样序列的离散集合；再求集合中每个抽样序列单独作用于系统时的零状态响应，即抽样响应；最后把这些抽样响应叠加就是系统对任意序列的零状态响应。

根据系统的线性时不变性质，如果已知系统对单位抽样序列 $\delta[n]$ 的零状态响应 $h[n]$，就可以求出该系统对所有延迟抽样序列以及这些延迟序列的线性组合的零状态响应。这一观点是开展卷积分析研究的基础。基于这种观点，用抽样序列表示任意序列，用单位抽样响应表示系统特性，为下一节通过系统抽样响应来表示该系统的任意序列的状态响应做准备。

3.5.1 单位抽样响应的定义及求取

1. 用抽样序列表示任意序列

在第 1 章中已经指出，在离散时间信号中，单位抽样序列可以作为一个基本信号来构成其他任何序列。为了看清这一点，考察如图 3-18 所示的序列 $x[n]$。从图中可见，在 $-2 \leq n \leq 2$ 区间，$x[n]$ 可用五个加权的延迟抽样序列表示，即

$$x[n] = \cdots + x[-2]\delta[n+2] + x[-1]\delta[n+1] + x[0]\delta[n] + \\ x[1]\delta[n-1] + x[2]\delta[n-2] + \cdots \tag{3-45}$$

式中，

$$x[-2]\delta[n+2] = \begin{cases} x[-2], & n = -2 \\ 0, & n \neq -2 \end{cases}$$

$$x[-1]\delta[n+1] = \begin{cases} x[-1], & n = -1 \\ 0, & n \neq -1 \end{cases}$$

可见，式（3-45）右边对全部 n 都只有一项是非零的，而非零项大小就是 $x[n]$，所以式（3-45）可写成

$$x[n] = \sum_{k=0}^{\infty} x[k]\delta[n-k] \tag{3-46}$$

说明任意序列 $x[n]$ 都可以用一串移位的（延迟的）单位抽样序列的加权和表示，其中第 k 项的权因子就是 $x[k]$。例如，单位阶跃序列 $u[n]$ 可用一串移位的单位抽样序列的加权和表示，根据式（3-46）和 $x[n]=u[n]=\begin{cases}0, & n<0\\ 1, & n\geqslant 0\end{cases}$，可得

$$u[n] = \sum_{k=0}^{\infty} \delta[n-k]$$

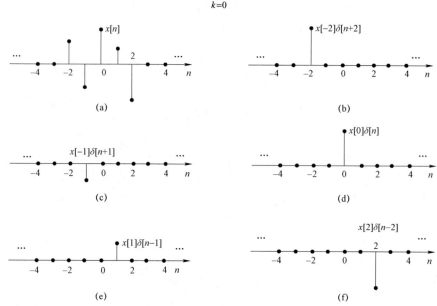

图 3-18 把序列分解为一组加权的移位抽样序列的和

2. 单位抽样响应

离散时间系统的输入为单位抽样序列时的零状态响应定义为单位抽样响应，记为 $h[n]$，用符号标记为

$$\delta[n] \to h[n]$$

下面分三种情况讨论 $h[n]$ 的求法。

（1）一阶系统。

一阶离散时间系统的数学模型为一阶的差分方程，比较简单，可以较方便地用递推依次求得 $h[0], h[1], \cdots, h[n]$。

例 3-15 已知系统的差分方程

$$y[n] - (1/2)y[n-1] = x[n]$$

求单位抽样响应。

解 根据定义，当 $x[n]=\delta[n]$ 时，$y[n]=h[n]$。由原差分方程可得 $h[n]$ 与 $\delta[n]$ 的关系为

$$h[n] - (1/2)h[n-1] = \delta[n]$$

或

$$h[n] = \delta[n] + (1/2)h[n-1]$$

当 $n=-1$ 时，$h[-1]=\delta[-1]+(1/2)h[-2]=0$。以此为起点，分别令 $n=0,1,2,\cdots,n$，可递推得

$$h[0]=\delta[0]+(1/2)h[-1]=1$$
$$h[1]=\delta[1]+(1/2)h[0]=1/2$$
$$h[2]=\delta[2]+(1/2)h[1]=(1/2)^2$$
$$\vdots$$
$$h[n]=(1/2)^n u[n]$$

（2）高阶系统。

这时用递推法求解较繁，且不易得到闭式解。简便的方法是把单位抽样序列 $\delta[n]$ 等效为初始条件 $h[0],h[-1],\cdots,h[-N+1]$，把 $h[n]$ 转化为这些等效初始条件引起的零输入响应。

设 n 阶离散时间系统的差分方程为

$$a_0 y[n]+a_1 y[n-1]+\cdots+a_N y[n-N]=x[n] \tag{3-47}$$

根据定义，当 $x[n]=\delta[n]$ 时该系统的零状态响应就是 $h[n]$，代入上式得

$$a_0 h[n]+a_1 h[n-1]+\cdots+a_N h[n-N]=\delta[n] \tag{3-48}$$

由于 $n>0,\delta[n]=0$，所以

$$a_0 h[n]+a_1 h[n-1]+\cdots+a_N h[n-N]=0,\quad n>0 \tag{3-49}$$

因此 $n>0$，$h[n]$ 一定满足式（3-47）所示的差分方程，即其是差分方程（3-47）的齐次解。

例如，如果该系统有 N 个互异的特征根 $\alpha_1,\alpha_2,\cdots,\alpha_N$，则

$$h[n]=C_1 \alpha_1^n+C_2 \alpha_2^n+\cdots+C_N \alpha_N^n \tag{3-50}$$

式中，待定系数 $h[n]=C_1,C_2,\cdots,C_N$ 由 $\delta[n]$ 等效的初始条件决定，即由式（3-48）确定。由于初始时（$n<0$）系统是静止的，所以 $h[-1]=h[-2]=\cdots=h[-N+1]=0$；$n=0$ 时，由式（3-33）得 $a_0 h[0]=\delta(0)=1$，即 $h[0]=1/a_0$。所以对于 n 阶后向差分方程，$\delta[n]$ 等效的初始条件为

$$h[0]=1/a_0,h[-1]=h[-2]=\cdots=h[-N+1]=0 \tag{3-51}$$

根据这些初始条件就可以确定齐次解的系数 $C_1,C_2,\cdots,C_N$，从而求得 $n>0$ 时的 $h[n]$。

例 3-16 已知系统的差分方程

$$y[n]-3y[n-1]+3y[n-2]-y[n-3]=x[n]$$

求其单位抽样响应。

解 根据齐次差分方程和由 $\delta[n]$ 引起的初始条件，可以列出如下方程组：

$$h[n]-3h[n-1]+3h[n-2]-h[n-3]=0$$
$$h[0]=1,h[-1]=h[-2]=0$$

其特征方程为

$$\alpha^3 - 3\alpha^2 + 3\alpha - 1 = (\alpha-1)^3 = 0$$

特征根 $\alpha = 1$ 为三重根，所以齐次解包含 $\alpha^n, n\alpha^n$ 和 $n^2\alpha^n$ 项，即

$$h[n] = C_1\alpha^n + C_2 n\alpha^n + C_3 n^2\alpha^n$$

由初始条件

$$h[0] = C_1 = 1$$
$$h[-1] = C_1 - C_2 + C_3 = 0$$
$$h[-2] = C_1 - 2C_2 + 4C_3 = 0$$

解得 $C_1 = 1, C_2 = 3/2, C_3 = 1/2$，所以该系统的单位抽样响应为

$$h[n] = (1 + 3n/2 + n^2/2)u[n]$$

在本例中，把输入单位抽样序列等效为初始条件 $h[0]=1, h[-1]=h[-2]=0$，因而把求解单位抽样响应的问题转化为求系统的零输入响应，较简便地求得 $h[n]$ 的闭式解。

(3) 差分方程右端含有 $x[n]$ 及其移序项。

在实际应用中，系统的差分方程的右端有时不仅包含输入 $x[n]$，而且含有它的移序项 $x[n-k]$，即

$$a_0 y[n] + a_1 y[n-1] + \cdots + a_N y[n-N]$$
$$= b_0 x[n] + b_1 x[n-1] + \cdots + b_M x[n-M] \qquad (3-52)$$

这时可以求系统对输入 $x[n]$ 的零状态响应 $\hat{y}[n]$，即

$$a_0 \hat{y}[n] + a_1 \hat{y}[n-1] + \cdots + a_N \hat{y}[n-N] = x[n] \qquad (3-53)$$

再根据系统的线性时不变性质，不难求得系统对输入 $b_0 x[n] + b_1 x[n-1] + \cdots + b_M x[n-M]$ 的零状态响应为

$$y[n] = b_0 \hat{y}[n] + b_1 \hat{y}[n-1] + \cdots + b_M \hat{y}[n-M] \qquad (3-54)$$

式(3-53)和式(3-54)提供了求解由式(3-52)表示的系统的单位抽样响应的方法：

① 先求由式(3-53)表示的系统单位抽样响应，并记为 $\hat{h}[n]$，它的解法前面已经讨论过。

② 通过式(3-54)求出式(3-52)表示的系统的单位抽样响应，即

$$h[n] = b_0 \hat{h}[n] + b_1 \hat{h}[n-1] + \cdots + b_M \hat{h}[n-M] \qquad (3-55)$$

例 3-17 已知系统的差分方程

$$y[n] - 5y[n-1] + 6[n-2] = x[n] - 3x[n-2]$$

求其单位抽样响应。

解 (1) 先求由

$$\hat{y}[n] - 5\hat{y}[n-1] + 6\hat{y}[n-2] = x[n]$$

表示的系统的单位抽样响应 $\hat{h}[n]$。其特征方程为

$$\alpha^2 - 5\alpha + 6 = (\alpha-2)(\alpha-3) = 0$$

特征根为 $\alpha_1 = 2, \alpha_2 = 3$。

$$\hat{h}[n] = C_1(2)^n + C_2(3)^n$$

由初始条件

$$\hat{h}[0] = C_1 + C_2 = 1$$

$$\hat{h}[-1] = C_1(2)^{-1} + C_2(3)^{-1} = 0$$

解得 $C_1 = -2, C_2 = 3$,所以

$$\hat{h}[n] = \begin{cases} -2(2)^n + 3(3)^n, & n \geqslant 0 \\ 0, & n < 0 \end{cases}$$

(2)求系统对输入 $x[n] - 3x[n-2]$ 的单位抽样响应

$$h[n] = \hat{h}[n] - 3\hat{h}[n-2] = \left[-2(2)^n + 3(3)^n\right]u[n] - 3\left[-2(2)^{n-2} + 3(3)^{n-2}\right]u[n-2]$$

$$= \delta[n] + 5\delta[n-1] + \left[18(3)^{n-2} - 2(2)^{n-2}\right]u[n-2]$$

3.5.2 复合系统的单位抽样响应

1. 级联系统

级联系统如图 3-19 所示,$\alpha_1 = 2, \alpha_2 = 3$,由该图可知

$$y_x[n] = x[n] * h_1[n] * h_2[n] \tag{3-56}$$

当 $x[n] = \delta[n]$ 时,$y_x[n] = h[n]$,所以有

$$h[n] = h_1[n] * h_2[n] \tag{3-57}$$

式(3-57)表明,级联系统的单位抽样响应等于各子系统单位抽样响应的卷积和。

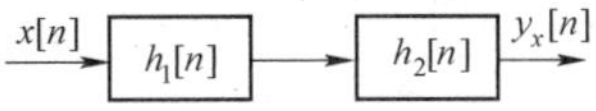

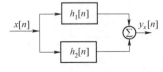

图 3-19 级联系统

2. 并联系统

并联系统如图 3-20 所示。由图可知,$y_x[n] = x[n] * h_1[n] + x[n] * h_2[n]$,当 $x[n] = \delta[n]$ 时,$y_x[n] = h[n]$,所以有

$$h[n] = h_1[n] + h_2[n] \tag{3-58}$$

式(3-58)表明,并联系统的单位抽样响应等于各子系统单位抽样响应之和。

图 3-20 并联系统

例 3-18 如图 3-21 所示的系统，它由几个子系统组合而成，各子系统的单位抽样响应分别为 $h_1[n], h_2[n]$ 和 $h_3[n]$，求此复合系统的单位抽样响应。

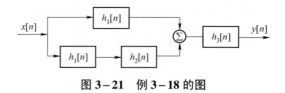

图 3-21 例 3-18 的图

解 由题意知

$$y_x[n] = \left[x[n]*h_1[n] + x[n]*h_1[n]*h_2[n]\right]*h_3[n]$$
$$= x[n]*\left[h_1[n] + h_1[n]*h_2[n]\right]*h_3[n]$$

当 $x[n] = \delta[n]$ 时，$y_x[n] = h[n]$，所以有

$$h[n] = \left[h_1[n] + h_1[n]*h_2[n]\right]*h_3[n]$$

3.5.3 用单位抽样响应表示系统的性质

前面已经指出，一个 LTI 离散时间系统的特性可以完全由它的单位抽样响应 $h[n]$ 来决定。因此在时域分析中可以根据 $h[n]$ 来判断系统的其他几个重要性质，如因果性、稳定性、记忆性、可逆性以及系统的联结性质等。

1. LTI 系统的稳定性

在前面章节中已经指出，稳定系统指的是输入有界、输出也有界的系统。因此稳定系统的充分必要条件是单位抽样响应绝对可和，即

$$\sum_{n=-\infty}^{\infty} |h[n]| < \infty \tag{3-59}$$

这是因为如果输入有界，其界为 B，则对于所有 n

$$|x[n]| \leq B$$

于是有

$$|y[n]| = \left|\sum_{k=-\infty}^{\infty} h[k]x[n-k]\right|$$

因为乘积和的绝对值总小于绝对值乘积的和，所以

$$|y[n]| \leq \sum_{k=-\infty}^{\infty} |h[k]||x[n-k]|$$

$$\leq B \sum_{k=-\infty}^{\infty} |h[k]|, \text{ 对于任何 } n \tag{3-60}$$

可见，为了保证 $|y[n]|$ 有界，只需要

$$\sum_{k=-\infty}^{\infty}|h[k]|<\infty$$

实际中应用的系统绝大多数都是稳定系统,因此还应该加上稳定性的约束条件,即式(3-59)。

例 3-19 已知一个 LTI 离散时间系统的单位抽样响应为

$$h[n]=\alpha^n u[n]$$

试判断它是否为稳定系统。

解 为了确定系统的稳定性,必须计算和式

$$\sum_{k=-\infty}^{\infty}|h[k]|=\sum_{k=0}^{\infty}|\alpha|^n$$

当 $|\alpha|<1$ 时,幂级数是收敛的,级数和 $1/(1-|\alpha|)<\infty$,所以系统是稳定的;若 $|\alpha|\geq 1$,则级数发散,所以该系统在 $|\alpha|\geq 1$ 时是不稳定的。

2. LTI 系统的因果性

因果系统指的是输出不领先于输入出现的系统,即输出仅取决于此时及过去的输入,即 $x[n]$、$x[n-1]$、$x[n-2]\cdots$,而与未来的输入 $x[n+1]$、$x[n+2]$、$\cdots$ 无关。所以 LTI 离散时间系统为因果系统的充要条件为

$$h[n]=0, n<0 \tag{3-61}$$

这时

$$y[n]=\sum_{k=0}^{\infty}h[k]x[n-k]=\sum_{k=-\infty}^{n}x[k]h[n-k] \tag{3-62}$$

式(3-62)右端上限为 n 是因为当 $n-k<0$ 即 $k>n$ 时,$h[n-k]=0$。

例 3-20 下面是一些 LTI 离散时间系统的单位抽样响应,试判断其是否是因果系统。
(a) $h[n]=\alpha^n[n]$; (b) $h[n]=\delta[n+n_0]$; (c) $h[n]=\delta[n]-\delta[n-1]$; (d) $h[n]=u[2-n]$。

解 (a)、(c)为因果系统,因为它们满足因果条件 $n<0, h[n]=0$;(b)当 $n_0<0$ 时为因果系统,$n_0>0$ 时为非因果系统;(d)为非因果系统,因为它不满足因果条件,即 $n<0$ 时,$h[n]\neq 0$。

3. LTI 系统的记忆性

无记忆系统指的是输出仅取决于同一时刻输入的系统,即

$$y[n]=kx[n] \tag{3-63}$$

所以无记忆条件为

$$h[n]=k\delta[n] \tag{3-64}$$

式中,$k=h[0]$ 为一常数。这时

$$y[n]=\sum_{k=-\infty}^{\infty}x[k]h[n-k]=\sum_{k=-\infty}^{\infty}x[k]k\delta[n-k]$$
$$=kx[n]$$

当 $k=1$ 时,该系统就成为恒等系统,即

$$y[n] = x[n] \quad (3-65)$$

恒等系统的单位抽样响应

$$h[n] = \delta[n] \quad (3-66)$$

记忆系统的输出 $y[n]$ 不仅与现在的输入 $x[n]$ 有关，且与过去的输入 $x[n-k]$、输出 $y[n-k]$ 有关。所以，记忆系统的单位抽样响应 $h[n]$ 当 $n \neq 0$ 时不全部为零。例如，$h[n] = \delta[n] + \delta[n-1]$ 的系统为记忆系统，因为该系统的输出

$$y[n] = x[n] * h[n] = x[n] * (\delta[n] + \delta[n-1])$$
$$= x[n] * \delta[n] + x[n] * \delta[n-1] = x[n] + x[n-1]$$

与过去的输入有关。

同理，$h[n] = u[n]$ 的系统也是记忆系统，因为该系统的输出

$$y[n] = x[n] * u[n] = \sum_{k=-\infty}^{\infty} x[k] u[n-k]$$

因为 $n-k < 0$ 即 $k > n$ 时，$u[n-k] = 0$，而 $n-k > 0$，即 $k < n$ 时，$u[n-k] = 1$，所以

$$y[n] = \sum_{k=-\infty}^{n} x[k] \quad (3-67)$$

3.6 利用卷积和求取零状态响应

现在用卷积方法求解 LTI 离散时间系统对任意序列 $x[n]$ 的零状态响应 $y_x[n]$。前面已经指出，根据系统的线性和时不变的性质，如果已知系统对 $\delta[n]$ 的零状态响应为 $h[n]$，就可以求出该系统对所有的延迟抽样序列以及这些延迟序列的线性组合的零状态响应。这一观点就是本节开展用卷积法分析系统零状态响应的基础，即若

$$\delta[n] \to h[n]$$

根据系统的时不变性与齐次性，有

$$\delta[n-k] \to h[n-k] \quad (3-68)$$
$$x[k]\delta[n-k] \to x[k]h[n-k] \quad (3-69)$$

式中，$k = 0, \pm 1, \pm 2, \cdots, \pm \infty$。由于任一序列 $x[n]$ 都可以用一串移位的单位序列的加权和表示，即

$$x[n] = \sum_{k=-\infty}^{\infty} x[k]\delta[n-k] \quad (3-70)$$

根据系统的叠加性质，有

$$\sum_{k=-\infty}^{\infty} x[k]\delta[n-k] \to \sum_{k=-\infty}^{\infty} x[k]h[n-k] \quad (3-71)$$

这就是该系统对任意序列 $x[n]$ 的零状态响应，即

$$y_x[n] = \sum_{k=-\infty}^{\infty} x[k]h[n-k] \tag{3-72}$$

式（3-72）是系统分析中极为有用的公式，称为 $x[n]$ 和 $h[n]$ 的卷积和或离散卷积。它说明：

① 系统的零状态输出 $y_x[n]$ 是输入 $x[n]$ 与单位抽样响应 $h[n]$ 的卷积，记为

$$y_x[n] = x[n]*h[n] \tag{3-73}$$

② 系统的特性可以用单位抽样响应 $h[n]$ 来表示。如果给定输入 $x[n]$ 及系统的单位抽样响应 $h[n]$，就可以根据式（3-72）求得系统的零状态响应 $y_x[n]$。

若把式（3-72）中的变量 k 用 $n-k$ 替换，则

$$y_x[n] = \sum_{k=-\infty}^{\infty} x[n-k]h[k] = \sum_{k=-\infty}^{\infty} h[k]x[n-k] = h[n]*x[n] \tag{3-74}$$

由此可见，卷积的结果与卷积和的两个序列的先后次序无关。即若将输入和单位抽样响应互换位置，系统的零状态响应不变。换句话说，输入为 $x[n]$、单位抽样响应为 $h[n]$ 的线性时不变系统和输入为 $h[n]$、单位抽样响应为 $x[n]$ 的线性时不变系统具有相同的输出。

如果 $x[n]$ 是一个有始序列（或称单边序列），即

$$x[n] = x[0]\delta[n] + x[1]\delta[n-1] + \cdots + x[k]\delta[n-k] \tag{3-75}$$

则由 $x[n]$ 引起的零状态响应为

$$y_x[n] = x[0]h[n] + x[1]h[n-1] + \cdots + x[k]h[n-k] \tag{3-76}$$

由于 $\delta[n]$ 只存在于 $n=0$ 一点，而对因果系统来说，在 $n<0$ 时 $h[n]$ 必然为零，因此，当 $k>n$ 时，$h[n-k]=0$，即在式（3-76）中只包含 $n+1$ 项。于是

$$y_x[n] = x[0]h[n] + x[1]h[n-1] + \cdots + x[n]h[0]$$

$$\sum_{k=0}^{n} x[k]h[n-k] > n \tag{3-77}$$

或

$$y_x[n] = \sum_{k=0}^{n} h[k]x[n-k] \tag{3-78}$$

例 3-21 已知 LTI 系统的单位抽样响应 $h[n] = b^n u[n]$，输入 $x[n] = a^n u[n]$，求其零状态响应。

解 根据给定的 $x[n]$ 和 $h[n]$，可知 $x[n]$ 为单边序列，系统为因果的线性时不变离散时间系统，因此可以由式（3-77）求其零状态响应，即

$$y_x[n] = \sum_{k=0}^{n} x[k]h[n-k] = \sum_{k=0}^{n} a^k b^{n-k} = b^n \sum_{k=0}^{n} (a/b)^k$$

根据等比级数求和公式可得

$$y_x[n] = \begin{cases} b^n \dfrac{1-(a/b)^{n+1}}{1-a/b}, & a \neq b, n > 0 \\ b^n(n+1), & a = b, n > 0 \\ 0, & n < 0 \end{cases}$$

上面几节分别讨论了 LTI 离散时间系统的零输入响应和零状态响应的时域分析方法。在一般情况下，系统的响应是由初始状态和输入共同引起的，所以系统的全响应等于零输入响应和零状态响应的和。下面通过实例归纳一下 LTI 离散时间系统全响应的时域求法。

例 3-22 已知一个 LTI 离散时间系统的差分方程为

$$y[n] - (5/2)y[n-1] + y[n-2] = 6x[n] - 7x[n-1] + 5x[n-2]$$

输入 $x[n] = u[n]$，初始状态 $y_0[-1] = 1, y_0[-2] = 7/2$，求系统全响应。

解 （1）零输入响应。

该差分方程的特征方程为

$$\alpha^2 - (5/2)\alpha + 1 = (2\alpha - 1)(\alpha/2 - 1) = 0$$

特征根为

$$\alpha_1 = 1/2, \alpha_2 = 2$$

所以

$$y_0[n] = C_1(1/2)^n + C_2(2)^n$$

由初始条件

$$y_0[-1] = 2C_1 + C_2/2 = 1$$
$$y_0[-2] = 4C_1 + C_2/4 = 7/2$$

解得 $C_1 = 1, C_2 = -2$，代入 $y_0[n]$ 式中，得零输入响应为

$$y_0[n] = (1/2)^n - 2(2)^n$$

（2）零状态响应。

① 求单位抽样响应。在原差分方程中，当 $x[n] = \delta[n]$ 时，$y[n] = h[n]$。该方程为

$$h[n] - (5/2)h[n-1] + h[n-2] = 6\delta[n] - 7\delta[n-1] + 5\delta[n-2]$$

先求 $\delta[n]$ 作用下的响应 $\hat{h}[n]$，$\hat{h}[n]$ 是等效初始条件的齐次解，即

$$\begin{cases} \hat{h}[n] - (5/2)\hat{h}[n-1] + \hat{h}[n-2] = 0 \\ \hat{h}[0] = 1, \hat{h}[-1] = 0 \end{cases}$$

的解

$$\hat{h}[n] = A_1(1/2)^n + A_2(2)^n, \quad n > 0$$

由等效初始条件

$$\hat{h}[0] = A_1 + A_2 = 1$$
$$\hat{h}[-1] = 2A_1 + A_2/2 = 0$$

解得 $A_1 = -1/3, A_2 = 4/3$，所以

$$\hat{h}[n] = \left[(4/3)(2)^n - (1/3)(1/2)^n\right]u[n]$$

则

$$h[n] = 6\hat{h}[n] - 7\hat{h}[n-1] + 5\hat{h}[n-2] = \left[8(2)^n - 2(1/2)^n\right]u[n] +$$

$$\left[(7/3)(1/2)^{n-1} - (28/3)(2)^{n-1} \right] u[n-1] + \left[(20/3)(2)^{n-2} - (5/3)(1/2)^{n-2} \right] u[n-2]$$
$$= 6\delta[n] - 4(1/2)^n u[n-1] + 5(2)^n u[n-1]$$

③ 零状态响应。由 $h[n]$ 和 $x[n]$ 的卷积和可求得零状态响应为

$$y_x[n] = h[n] * u[n]$$
$$= 6u[n] - 4\sum_{k=1}^{n}(1/2)^k u[n-1] + 5\sum_{k=1}^{n}(2)^k u[n-1]$$
$$= 6u[n] - 8\left[1/2 - (1/2)^{n+1} \right] u[n] - 5\left[2 - 2^{n+1} \right] u[n]$$
$$= \left[4(1/2)^n + 10(2)^n - 8 \right] u[n]$$

（3）全响应。

$$y[n] = y_0[n] + y_x[n]$$
$$= (1/2)^n - 2(2)^n + 10(2)^n - 8$$
$$= 5(1/2)^n + 8(2)^n - 8, \quad n \geq 0$$

习　题

3.1　分别绘出以下各序列的图形：

（1）$x[n] = \left(\dfrac{1}{2}\right)^n u[n]$；

（2）$x[n] = \left(-\dfrac{1}{2}\right)^n u[n]$；

（3）$x[n] = (2)^n u[n]$；

（4）$x[n] = (-2)^n u[n]$；

（5）$x[n] = (2)^{n-1} u[n-1]$；

（6）$x[n] = \left(\dfrac{1}{2}\right)^{n-1} u[n]$。

3.2　分别绘出以下各序列的图形：

（1）$u[n+1]u[-n+3]$；

（2）$u[-n+1] - u[-n+3]$；

（3）$1 - \delta[n-1]$；

（4）$u[n] - 2\delta[n-1]$；

（5）$n^2(u[n+2] - u[n-4])$；

（6）$(n+1)^2(\delta[n+2] - \delta[n-4])$。

3.3　分别绘出以下各序列的图形：

（1）$nu[n]$；

（2）$nu[n-1]$。

3.4　已知信号 $x[n]$ 如图 3-22 所示，试绘出 $x[2n]$ 和 $x[n/2]$ 的图形。

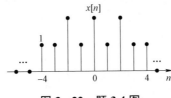

图 3-22　题 3.4 图

3.5 判断下列每个信号是不是周期的？如果是周期的，试求出它的基波周期。
(1) $\cos(8n\pi/7+2)$； (2) $\cos(n/4)$。

3.6 解下列方程：
$$y[n]-(1/2)y[n-1]=0, y[-1]=1$$

3.7 计算下列离散卷积：
(1) $[2 \underset{\uparrow}{8} -2]*[3 \underset{\uparrow}{1} 3 -2]$； (2) $[2 \underset{\uparrow}{8} -2]*[3 \underset{\uparrow}{1} 3 -2]$。

3.8 讨论以下系统的因果性和稳定性：
(1) $h[n]=(2)^n u[n-1]$； (2) $y[n]=2x[n+1]+3x[n]-x[n-1]$；
(3) $h[n]=(-0.6)^n u[n]$； (4) $h[n]=(0.6)^{-n} u[-n]$。

3.9 已知下列系统的差分方程，求各系统的单位抽样响应：
(1) $y[n]-\dfrac{1}{9}y[n-2]=x[n]$； (2) $y[n]-4y[n-1]+8y[n-2]=x[n]$；
(3) $y[n+2]-y[n]=x[n+1]-x[n]$。

3.10 求下列差分方程所示系统的单位抽样响应：
$$y[n]-0.6y[n-1]-0.16y[n-2]=x[n]$$

3.11 已知系统的差分方程为
$$y[n]-(5/6)y[n-1]+(1/6)y[n-2]=x[n]$$
输入 $x[n]=(1/5)^n u[n]$，初始条件 $y_0[-1]=6$，$y_0[-2]=25$，求：
(1) 零输入响应；
(2) 零状态响应；
(3) 全响应。

3.12 已知 LTI 离散时间系统的差分方程为
$$y[n]-0.7y[n-1]+0.1y[n-2]=2x[n]-3x[n-2]$$
输入 $x[n]=u[n]$，初始状态 $y_0=[-1]=-26$，$y_0=[-2]=-202$，求该系统：
(1) 零输入响应；
(2) 零状态响应；
(3) 全响应。

3.13 在图 3-23 所示的 LTI 级联系统中，已知 $h_1[n]=\sin(8n), h_2[n]=\alpha^n u[n], |\alpha|<1$。输入为
$$x[n]=\delta[n]-\alpha\delta[n-1]$$
求输出 $y[n]$。

图 3-23 题 3.13 图

3.14 如图 3-24（a）所示的 LTI 离散时间系统包括两个级联的子系统，它们的单位抽样响应分别如图 3-24（b）所示，求离散时间系统的单位抽样响应。

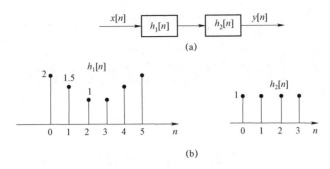

图 3-24 题 3.14 图

3.15 下列各序列是系统的单位抽样响应，试分别讨论各系统的因果性和稳定性。
（1）$\delta[n]+\delta[n-2]$;   （2）$u[n]$;
（3）$u[n]/n$;   （4）$u[n+4]-u[n-4]$
3.16 已知系统的差分方程与初始状态为
$$y[n]-\frac{5}{6}y[n-1]+\frac{1}{6}y[n-2]=x[n]-2x[n-1], y[0]=y[1]=1, x[n]=u[n]$$
求零输入响应 $y_0[n]$，零状态响应 $y_x[n]$，全响应 $y[n]$；并判断该系统是否稳定。

3.17 已知系统的差分方程为
$$y[n]-\frac{5}{6}y[n-1]+\frac{1}{6}y[n-2]=x[n]-x[n-2]$$
求系统的单位抽样响应 $h[n]$。

3.18 已知差分方程为 $y[n+2]-5y[n+1]+6y[n]=u[n]$，系统的初始条件为 $y_x[0]=1$，$y_x[1]=5$，求全响应 $y[n]$。

3.19 如图 3-25 描述的 LTI 系统的互联：

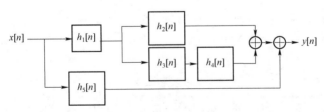

图 3-25 题 3.19 图

（1）用 $h_1[n]$，$h_2[n]$，$h_3[n]$，$h_4[n]$，$h_5[n]$ 表示互联系统的单位抽样响应 $h[n]$；
（2）当 $h_1[n]=4(1/2)^n\{u[n]-u[n-3]\}$，$h_2[n]=h_3[n]=(n+1)u[n]$，$h_4[n]=\delta[n-1]$，$h_5[n]=\delta[n]-4\delta[n-3]$ 时，求 $h[n]$。

第 4 章

连续时间信号及系统的频域分析

4.1 引 言

由傅里叶级数的概念可知,任何一个函数都可以在某一点展开为一系列三角函数的求和形式。换言之,任何信号都可视为一系列正弦信号的组合,这些正弦信号的频率、相位等特性势必反映了原信号的性质,这样就出现了用频率域的特性来描述时间信号的方法,即信号的频域分析法。实际上,信号的频域特性具有明显的物理意义,例如颜色是由光信号的频率决定的,声音音调的不同也在于声波的频率差异。可见频率特性是信号的客观性质,在很多情况下,它更能反映信号的基本特性。因此,信号的频域分析也是信号分析与处理很重要的手段。

本章以信号的正交作为引入,进而介绍傅里叶级数和傅里叶变换以及傅里叶变换的性质。然后在频域对系统进行分析,包括频域分析原理、频域响应的求取以及利用频域分析求系统的零状态响应。

4.2 信号的正交分解

4.2.1 信号的分解

将信号分解为正交函数的原理与矢量正交分解的原理类似。

平面上的矢量 A 在直角坐标中可以分解为 x 方向的分量和 y 方向的分量,如图 4-1 所示。此时,矢量 A 可写为

$$A = A_x + A_y$$

同样,对于一个单位空间矢量,可以在空间坐标中将其分解为 x 方向的分量、y 方向的分量和 z 方向的分量,如图 4-2 所示。此时,矢量 A 可写为

$$A = A_x + A_y + A_z$$

上述概念可以推广到 n 维空间。虽然现实中并不存在超过三维的空间,但是许多物理问题可以借助这个概念去处理。

空间矢量正交分解的概念还可以推广到信号的空间中。在信号空间找到若干个相互正交的信号,以它们为基本信号,可以将任一信号表示为它们的线性组合。

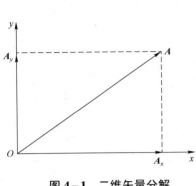

图 4-1 二维矢量分解　　　　图 4-2 三维矢量分解

4.2.2 正交函数与正交函数集

（1）设数 $\phi_1(t)$ 和 $\phi_2(t)$ 是定义在 (t_1,t_2) 区间上的两个实变函数，若满足

$$\int_{t_1}^{t_2}\phi_1(t)\phi_2(t)\mathrm{d}t=0 \tag{4-1}$$

则称 $\phi_1(t)$ 和 $\phi_2(t)$ 在区间 (t_1,t_2) 内正交。

（2）在区间 (t_1,t_2) 内，若函数集 $\{\phi_1(t),\phi_2(t),\cdots,\phi_n(t)\}$ 中的各个函数满足

$$\int_{t_1}^{t_2}\phi_i(t)\phi_j(t)\mathrm{d}t=\begin{cases}0, & i\neq j\\ 1, & i=j\end{cases} \tag{4-2}$$

则称 $\{\phi_i(t)\}(i=1,2,\cdots,n)$ 为归一化正交函数集。

（3）在区间 (t_1,t_2) 内，若复函数集 $\{\phi_1(t),\phi_2(t),\cdots,\phi_n(t)\}$ 中的各个函数满足

$$\int_{t_1}^{t_2}\phi_i(t)\phi_j^*(t)\mathrm{d}t=\begin{cases}0, & i\neq j\\ K_i\neq 0, & i=j\end{cases} \tag{4-3}$$

则称此复函数集为正交函数集，其中 $\phi_j^*(t)$ 为函数 $\phi_j(t)$ 的共轭函数。

若在正交函数集 $\{\phi_1(t),\phi_2(t),\cdots,\phi_n(t)\}$ 之外，找不到另一个非零函数与该函数集 $\{\phi_i(t)\}$ 中每一个函数都正交，则称该函数集为完备正交函数集，否则为不完备正交函数集。

例如，三角函数集：

$$\{1,\cos(\Omega t),\cos(2\Omega t),\cdots,\cos(m\Omega t),\cdots,\sin(\Omega t),\sin(2\Omega t),\cdots,\sin(n\Omega t),\cdots\} \tag{4-4}$$

在区间 (t_0,t_0+T) 组成正交函数集，而且是完备的正交函数集（式中，$T=\dfrac{2\pi}{\Omega}$）。这是因为

$$\int_{t_0}^{t_0+T}\cos(m\Omega t)\cos(n\Omega t)\mathrm{d}t=\begin{cases}0, & m\neq n\\ \dfrac{T}{2}, & m=n\neq 0\\ T, & m=n=0\end{cases}$$

$$\int_{t_0}^{t_0+T} \sin(m\Omega t)\sin(n\Omega t)\mathrm{d}t = \begin{cases} 0, & m \neq n \\ \dfrac{T}{2}, & m = n \neq 0 \end{cases}$$

$$\int_{t_0}^{t_0+T} \sin(m\Omega t)\cos(n\Omega t)\mathrm{d}t = 0, \quad 对所有的 m 和 n$$

复函数集 $\{e^{jn\Omega t}\}$ $(n=0,\pm 1,\pm 2,\cdots)$ 在区间 (t_0, t_0+T) 内是完备正交函数集。式中，$T = \dfrac{2\pi}{\Omega}$，它在 (t_0, t_0+T) 区间内满足

$$\int_{t_0}^{t_f} e^{jm\Omega t} \left(e^{jn\Omega t}\right)^* \mathrm{d}t = \begin{cases} 0, & m \neq n \\ T, & m = n \end{cases} \qquad (4-5)$$

又如沃尔什（Walsh）函数集在区间 $(0,1)$ 内是完备的正交函数集。沃尔什函数用 $\mathrm{Wal}(k,t)$ 表示，其中 k 是沃尔什函数编号，为非负整数。图 4-3 画出了它的前 6 个波形。

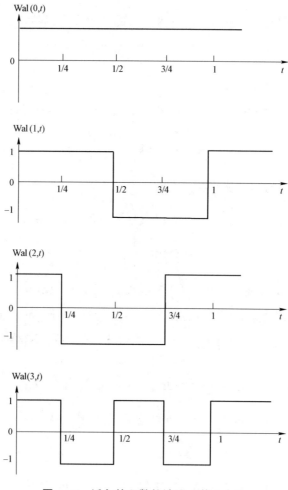

图 4-3 沃尔什函数的波形（前 6 个）

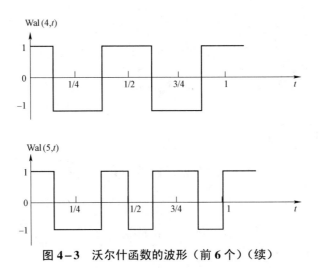

图 4-3 沃尔什函数的波形（前 6 个）（续）

定理：设 $\{\phi_1(t), \phi_2(t), \cdots, \phi_n(t)\}$ 在区间 (t_1, t_2) 内是完备正交函数集，则在区间 (t_1, t_2) 内，任意函数 $f(t)$ 都可以精确地用 $\phi_1(t), \phi_2(t), \cdots, \phi_n(t)$ 的线性组合表示，即有

$$f(t) = C_1\phi_1(t) + C_2\phi_2(t) + \cdots + C_n\phi_n(t) = \sum_{i=1}^{n} C_i\phi_i(t)$$

式中，C_i 为系数，且有

$$C_i = \frac{\int_{t_1}^{t_2} x(t)\phi_i^*(t)\,\mathrm{d}t}{\int_{t_1}^{t_2} \phi_i(t)\phi_i^*(t)\,\mathrm{d}t} = \frac{\int_{t_1}^{t_2} x(t)\phi_i^*(t)\,\mathrm{d}t}{\int_{t_1}^{t_2} |\phi_i|^2\,\mathrm{d}t} \tag{4-6}$$

常称式（4-6）为正交展开式，C_i 为傅里叶系数。

证明：将 $f(t)$ 两边乘以 $\phi_j^*(t)$，其中 j 是任意数值，然后在指定区间 (t_1, t_2) 内积分，得

$$\int_{t_1}^{t_2} \phi_j^*(t) x(t)\,\mathrm{d}t = \int_{t_1}^{t_2} \phi_j^*(t) \left[\sum_{i=1}^{n} C_i\phi_i(t)\right]\mathrm{d}t = \sum_{i=1}^{n} C_i \int_{t_1}^{t_2} \phi_j^*(t)\phi_i^*(t)\,\mathrm{d}t \tag{4-7}$$

由于 $\phi_i(t)$、$\phi_j(t)$ 满足正交条件式（4-3），所以式（4-7）右边的所有项（除了 $i = j$ 的一项外）全为零。因此，系数 C_i 可以简便地表示为

$$C_i = \frac{\int_{t_1}^{t_2} x(t)\phi_i^*(t)\,\mathrm{d}t}{\int_{t_1}^{t_2} |\phi_i|^2\,\mathrm{d}t}$$

可以看出，当使用正交函数作为基本信号时，基本信号的系数 C_i 仅与被分解信号 $x(t)$ 及相应序号的基本信号 $\varphi_i(t)$ 有关，而与其他序号的基本信号无关。因此，C_i 也叫做任意信号 $f(t)$ 与基本信号 $\phi_i(t)$ 的相关系数，它表示 $x(t)$ 含有一个与 $\phi_i(t)$ 相同的分量，这个分量的大小就是 $C_i(t)\phi_i(t)$。

4.2.3 复指数函数是正交函数

可以证明，复指数函数 $\mathrm{e}^{j\omega_0 t}$ 在区间 $(t_1, t_1 + T_0)$ 内是正交函数，由呈谐波关系的复指数函数 $\mathrm{e}^{jn\omega_0 t}$ $(n = 0, \pm 1, \pm 2, \cdots)$ 构成的复指数函数集 $\{\mathrm{e}^{jn\omega_0 t}\}$ $(n = 0, \pm 1, \pm 2, \cdots)$ 在区间 $(t_1, t_1 + T)$ 内是正交

函数集。因为它们满足正交条件，即式（4-3）。

$$\int_{t_1}^{t_1+T_0} \mathrm{e}^{\mathrm{j}n\omega_0 t} \left(\mathrm{e}^{\mathrm{j}m\omega_0 t}\right)^* \mathrm{d}t = \int_{t_1}^{t_1+T_0} \mathrm{e}^{\mathrm{j}n\omega_0 t} \mathrm{e}^{-\mathrm{j}m\omega_0 t} \mathrm{d}t$$

$$= \int_{t_1}^{t_1+T_0} \mathrm{e}^{\mathrm{j}(n-m)\omega_0 t} = \begin{cases} 0, & n \neq m \\ T_0, & n = m \end{cases} \quad (4-8)$$

式中，$T_0 = \dfrac{2\pi}{\omega_0}$ 是它的基波周期。

同理，可以证明正弦函数 $\sin(n\omega_0 t)$ 和余弦函数 $\cos(n\omega_0 t)$ 在区间 (t_1, t_1+T_0) 内是正交函数，因为它们满足正交条件，即

$$\int_{t_1}^{t_1+T_0} \sin(n\omega_0 t)\sin(m\omega_0 t) \mathrm{d}t = \begin{cases} 0, & n \neq m \\ \dfrac{T_0}{2}, & n = m \end{cases} \quad (4-9)$$

$$\int_{t_1}^{t_1+T_0} \cos(n\omega_0 t)\cos(m\omega_0 t) \mathrm{d}t = \begin{cases} 0, & n \neq m \\ \dfrac{T_0}{2}, & n = m \end{cases} \quad (4-10)$$

$$\int_{t_1}^{t_1+T_0} \sin(n\omega_0 t)\cos(m\omega_0 t) \mathrm{d}t = 0, \quad \text{所有 } m, n \quad (4-11)$$

式中，$T_0 = \dfrac{2\pi}{\omega_0}$ 是它们的基波周期。

4.3 周期信号的频谱分析——傅里叶级数

4.3.1 周期信号的傅里叶级数

1. 用复函数表示周期信号：复指数形式的傅里叶级数

如果一个信号 $x(t)$ 是周期性的，那么对一切 t 有一个非零正值 T 使下式成立：

$$x(t) = x(t+T) \quad (4-12)$$

$x(t)$ 的基波周期 T_0 就是满足上式 T 中的最小非零正值，而基波角频率

$$\omega_0 = \dfrac{2\pi}{T_0} \quad (4-13)$$

正弦函数 $\cos(\omega_0 t)$ 和复指数函数 $\mathrm{e}^{\mathrm{j}k\omega_0 t}$ 都是周期信号，其角频率为 ω_0，周期为

$$T_0 = \dfrac{2\pi}{\omega_0} \quad (4-14)$$

呈谐波关系的复指数函数集

$$\varphi_k(t) = \mathrm{e}^{\mathrm{j}k\omega_0 t}, \quad k = 0, \pm 1, \pm 2, \cdots, \pm\infty \quad (4-15)$$

也是周期信号，其中每个分量的角频率是 ω_0 的整倍数。用这些函数加权组合而成的信号

$$x(t) = \sum_{k=-\infty}^{\infty} c_k \mathrm{e}^{\mathrm{j}k\omega_0 t} \quad (4-16)$$

也是以 T_0 为周期的周期信号。式中 $k=0$ 的项 c_0 称为常数项或称直流分量。$k=1$ 和 $k=-1$ 这两项的周期都是基波周期 T_0，两者合在一起称为基波分量或一次谐波分量。$k=2$ 和 $k=-2$ 这两项其周期是基波周期的 1/2，频率是基波频率的 2 倍，称为二次谐波分量，依此类推，$k=N$ 和 $k=-N$ 的分量称为 N 次谐波分量。将周期信号表示成式（4-16）的形式，即一组呈谐波关系的复指数函数的加权和，称为傅里叶级数表示或复指数形式的傅里叶级数。

2. 三角函数形式的傅里叶级数

为了导出傅里叶级数的三角函数形式，将式（4-16）按各对谐波分量重写，即

$$x(t) = c_0 + \sum_{k=1}^{\infty}\left(c_k e^{jk\omega_0 t} + c_{-k} e^{jk\omega_0 t}\right) \tag{4-17}$$

$x(t)$ 为实信号时存在 $c_{-k} = c_k^*$，由此可得

$$x(t) = c_0 + \sum_{k=1}^{\infty}\left(c_k e^{jk\omega_0 t} + c_k^* e^{jk\omega_0 t}\right) \tag{4-18}$$

因为括号内的两项互成共轭，根据复数性质，式（4-18）可写成

$$x(t) = c_0 + \sum_{k=1}^{\infty} 2\operatorname{Re}\left|c_k e^{jk\omega_0 t}\right| \tag{4-19}$$

若将 c_k 写成极坐标形式，即令

$$c_k = A_k e^{j\theta_k} \tag{4-20}$$

式中，A_k 为 c_k 的模；θ_k 为 c_k 的幅角或相位。

将式（4-20）代入式（4-19）中，得

$$x(t) = c_0 + \sum_{k=1}^{\infty} 2\operatorname{Re}\left|A_k e^{j(k\omega_0 t + \theta_k)}\right|$$

$$= c_0 + 2\sum_{k=1}^{\infty} A_k \cos(k\omega_0 t + \theta_k) \tag{4-21}$$

式（4-21）就是在连续时间情况下，实周期信号的傅里叶级数的三角函数形式。

若将 c_k 写成直角坐标形式，即

$$c_k = B_k + jD_k \tag{4-22}$$

式中，B_k 和 D_k 都是实数，于是式（4-21）可改写为

$$x(t) = c_0 + 2\sum_{k=1}^{\infty}\left[B_k \cos(k\omega_0 t) - D_k \sin(k\omega_0 t)\right] \tag{4-23}$$

式（4-21）和式（4-23）都是按照式（4-16）所给出的复指数形式的傅里叶级数演变来的，因此在数学上它们三者是等效的。式（4-21）和式（4-23）都称为三角函数形式的傅里叶级数，前者为极坐标形式，后者为正弦-余弦形式。1807 年 12 月法国数学家 J. B. J. 傅里叶（J. B. J. Fourier）向法兰西研究院提交的研究报告就是按式（4-23）给出的正弦-余弦形式的傅里叶级数。三种形式的傅里叶级数都很有用。三角函数形式的傅里叶级数比较直观，但在数学运算处理上不如复指数形式的傅里叶级数简便，所以本书着重采用复指数形式的傅里叶级数。

3. 傅里叶级数系数的确定

根据傅里叶级数的定义，可以求得复指数形式的傅里叶级数的系数

$$c_k = \frac{1}{T_0}\int_{0}^{T_0} x(t)\mathrm{e}^{-jk\omega_0 t}\mathrm{d}t \qquad (4-24)$$

式（4-24）和式（4-16）说明，若 $x(t)$ 存在一个傅里叶级数表示式，即 $x(t)$ 可表示为呈谐波关系的复指数函数的加权和，则傅里叶级数中的系数就由式（4-24）确定。这一对关系式就定义为一个周期信号的复指数形式的傅里叶级数

$$x(t) = \sum_{k=-\infty}^{\infty} c_k \mathrm{e}^{jk\omega_0 t} \qquad (4-25)$$

$$c_k = \frac{1}{T_0}\int_{T_0} x(t)\mathrm{e}^{-jk\omega_0 t}\mathrm{d}t \qquad (4-26)$$

式中，用 $\int_{T_0}$ 表示任何一个基波周期 T_0 内的积分。式（4-25）和式（4-26）确立了周期信号 $x(t)$ 和系数 c_k 之间的关系，记为

$$x(t) \leftrightarrow c_k$$

它们在 $x(t)$ 的连续点上是一一对应的。式（4-25）称为反变换式，它说明当根据式（4-26）计算出 c_k 值，并将其结果代入式（4-25）时所得的和就等于 $x(t)$。式（4-26）称为正变换式，它说明已知 $x(t)$ 可以根据该式分析出它所含的频谱。系数 $\{c_k\}$ 称为 $x(t)$ 的傅里叶系数或频谱。这些系数是对信号 $x(t)$ 中每一个谐波分量做出的度量。系数 c_0 是 $x(t)$ 中的直流或常数分量，由式（4-26）以 $k=0$ 代入可得

$$c_0 = \frac{1}{T_0}\int_{T_0} x(t)\mathrm{d}t \qquad (4-27)$$

显然，这就是 $x(t)$ 在一个周期内的平均值。"频谱系数"这一术语是从光的分解借来的，光通过分光镜分解出一组频谱线，这组频谱线就代表光的每个不同频率分量在整个光的能量中所占的分量。

同理，可以求出正弦-余弦形式的傅里叶级数

$$x(t) = c_0 + 2\sum_{k=1}^{\infty}\left[B_k\cos(k\omega_0 t) - D_k\sin(k\omega_0 t)\right] \qquad (4-28)$$

的系数。根据傅里叶级数系数的计算公式可得

$$2B_k = \frac{2}{T_0}\int_{T_0} x(t)\cos(k\omega_0 t)\mathrm{d}t \qquad (4-29)$$

$$-2D_k = \frac{2}{T_0}\int_{T_0} x(t)\sin(k\omega_0 t)\mathrm{d}t \qquad (4-30)$$

式（4-28）~式（4-30）说明，若 $x(t)$ 表示为呈谐波关系的正弦和余弦分量的加权和，则其傅里叶级数中的余弦分量和正弦分量的系数分别由式（4-29）和式（4-30）确定。这三个关系式就定义为周期信号的正弦-余弦形式的傅里叶级数。

在式（4-28）中，同频率的正弦项和余弦项可以合并，从而该式可变成极坐标形式的傅里叶级数，即

$$x(t) = c_0 + 2\sum_{k=1}^{\infty} A_k\cos(k\omega_0 t + \theta_k) \qquad (4-31)$$

式中，
$$A_k = \sqrt{B_k^2 + D_k^2} \tag{4-32}$$

$$\tan\theta_k = \frac{D_k}{B_k} \tag{4-33}$$

据此，如果已知正弦-余弦形式的傅里叶级数的系数，也可根据式（4-32）和式（4-33）确定极坐标形式的傅里叶级数的系数（包括振幅 A_k 和相位 θ_k）。

前面已经指出，把正弦和余弦表示为复指数函数在数学运算上比较方便。根据欧拉公式

$$\begin{aligned}
2\left[B_k\cos(k\omega_0 t) - D_k\sin(k\omega_0 t)\right] \\
= B_k\left(e^{jk\omega_0 t} + e^{-jk\omega_0 t}\right) + jD_k\left(e^{jk\omega_0 t} - e^{-jk\omega_0 t}\right) \\
= (B_k + jD_k)e^{jk\omega_0 t} + (B_k - jD_k)e^{-jk\omega_0 t} \\
= c_k e^{jk\omega_0 t} + c_{-k} e^{-jk\omega_0 t}
\end{aligned} \tag{4-34}$$

代入式（4-28）中，可得

$$\begin{aligned}
x(t) &= c_0 + \sum_{k=1}^{\infty}\left(c_k e^{jk\omega_0 t} + c_{-k} e^{-jk\omega_0 t}\right) \\
&= \sum_{k=-\infty}^{\infty} c_k e^{jk\omega_0 t}
\end{aligned}$$

式中，
$$c_k = B_k + jD_k,\ c_{-k} = B_k - jD_k = c_k^*,\ k > 0 \tag{4-35}$$

反之，式（4-25）中的和式可以写成式（4-28）的形式，为了求出相应的系数 B_k 和 $-D_k$，利用式（4-35），得

$$B_k = \frac{c_k + c_{-k}}{2},\ -D_k = j\frac{c_k - c_{-k}}{2},\ k > 0 \tag{4-36}$$

若 $x(t)$ 为实函数，则系数 B_k 和 $-D_k$ 都是实数。但是，系数 c_k 通常是复数，而且由式（4-36）可见，c_{-k} 是 c_k 的复共轭。所以

$$B_k = \text{Re}\{c_k\},\ -D_k = -\text{Im}\{c_k\},\ k > 0 \tag{4-37}$$

若 c_k 是实数，则 $-D_k = 0$，从而级数式（4-28）只包含余弦项。若 c_k 是纯虚数，则 $B_k = 0$，从而级数只包含正弦项。实际上，式（4-29）和式（4-30）用得较少，在大多数情况下先求 c_k 比较容易。

例 4-1 已知 $x(t)$ 是一周期性的矩形脉冲，如图 4-4 所示，求其傅里叶级数。

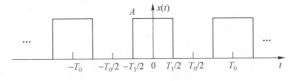

图 4-4 周期矩形脉冲

解 从图中可见，该信号的周期是 T_0，基波频率 $\omega_0 = \dfrac{2\pi}{T_0}$，脉宽是 T，它在 $-T_0/2 \leqslant t \leqslant T_0/2$ 一个周期内可表示为

$$x(t) = \begin{cases} A, & |t| \leqslant \dfrac{T_1}{2} \\ 0, & \text{周期内的其他时间} \end{cases} \tag{4-38}$$

由式（4-27）或式（4-26）可计算出其复指数傅里叶级数的系数，简称傅里叶系数

$$c_0 = \frac{1}{T_0} \int_{-\frac{T_1}{2}}^{\frac{T_1}{2}} A \mathrm{d}t = A \frac{T_1}{T_0} \tag{4-39}$$

它表示 $x(t)$ 的平均值，显然该平均值与脉冲幅度 A 及占空比 $\dfrac{T_1}{T_0}$（脉宽与周期的比值），即 $x(t) = A$ 在一个周期内所占的比例有关。

$$c_k = \frac{1}{T_0} \int_{-\frac{T_1}{2}}^{\frac{T_1}{2}} A \mathrm{e}^{-\mathrm{j}k\omega_0 t} \mathrm{d}t = \frac{A}{\mathrm{j}k\omega_0 T_0} \left(\mathrm{e}^{\mathrm{j}k\omega_0 \frac{T_1}{2}} - \mathrm{e}^{-\mathrm{j}k\omega_0 \frac{T_1}{2}} \right)$$

$$= \left(2 \frac{A}{k\omega_0 T_0} \right) \sin\left(\frac{k\omega_0 T_1}{2} \right)$$

因为 $\omega_0 T_0 = 2\pi$ 和 $\omega_0 = \dfrac{2\pi}{T_0}$，所以

$$c_k = \frac{A}{k\pi} \sin\left(k\pi \frac{T_1}{T_0} \right) \tag{4-40}$$

图 4-5 画出了某一固定的 T_0 和几个不同的 T_1 下 $x(t)$ 的傅里叶系数图，即频谱图。

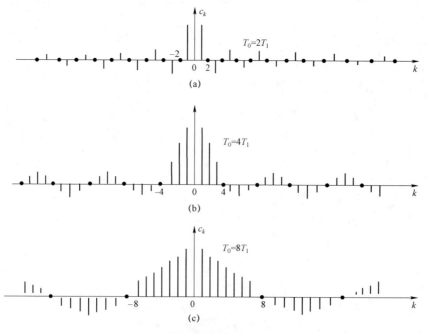

图 4-5 周期矩形脉冲的频谱图

当占空比 $\frac{T_1}{T_0} = 0.5$，即 $T_1 = \frac{T_0}{2}$ 时，$x(t)$ 是一对称的方波，这时，

$$c_0 = \frac{A}{2}$$

$$c_k = \frac{A}{k\pi}\sin\left(\frac{k\pi}{2}\right), \quad k \neq 0 \tag{4-41}$$

由式（4-37）可见，当 k 为偶数时 $c_k = 0$，而当 k 为奇数时 $\sin\left(\frac{k\pi}{2}\right) = \pm 1$，所以

$$c_1 = c_{-1} = \frac{A}{\pi}$$

$$c_3 = c_{-3} = \frac{-A}{3\pi}$$

$$c_5 = c_{-5} = \frac{A}{5\pi}$$

代入式（4-17）中的复指数形式的傅里叶级数为

$$x(t) = \frac{A}{2} + \frac{A}{\pi}\left[\left(e^{j\omega_0 t} + e^{-j\omega_0 t}\right) - \frac{1}{3}\left(e^{j3\omega_0 t} + e^{-j3\omega_0 t}\right) + \frac{1}{5}e^{j5\omega_0 t} + e^{-j5\omega_0 t} - \cdots\right] \tag{4-42}$$

其频谱图如图 4-5（a）所示。

由式（4-37）得 $-D_k = 0$，$2B_1 = \frac{2A}{\pi}$，$2B_3 = \frac{-2A}{3\pi}$，$2B_5 = \frac{2A}{5\pi}$，$\cdots$，$2B_2 = 2B_4 = \cdots = 0$，代入式（4-28）中得正弦-余弦形式的傅里叶级数为

$$x(t) = \frac{A}{2} + \frac{2A}{\pi}\left[\cos(\omega_0 t) - \frac{1}{3}\cos(3\omega_0 t) + \frac{1}{5}\cos(5\omega_0 t) - \cdots\right] \tag{4-43}$$

例 4-2 已知 $x(t) = 7\cos(\omega_0 t) + 3\sin(\omega_0 t) + 5\cos(2\omega_0 t) - 4\sin(2\omega_0 t)$，求其复指数形式的傅里叶级数。

解 给定的 $x(t)$ 是式（4-28）的特例，其系数为 $2B_1 = 7, -2D_1 = 3, 2B_2 = 5, -2D_2 = -4$；而其余系数为 $2B_k = 0, -2D_k = 0$。将它们代入式（4-35）得

$$c_1 = 3.5 - 1.5\text{j}, \quad c_{-1} = 3.5 + 1.5\text{j}$$

$$c_2 = 2.5 + 2\text{j}, \quad c_{-2} = 2.5 - 2\text{j}$$

其余的系数 $c_k = 0$，将它们代入式（4-25）中，得

$$x(t) = (3.5 - 1.5\text{j})e^{j\omega_0 t} + (3.5 + 1.5\text{j})e^{-j\omega_0 t} + $$
$$(2.5 + 2\text{j})e^{j2\omega_0 t} + (2.5 - 2\text{j})e^{-j2\omega_0 t}$$

例 4-3 已知

$$x(t) = (2 + 3\text{j})e^{-j2\omega_0 t} + (5 - 2\text{j})e^{-j\omega_0 t} + $$
$$4 + (5 + 2\text{j})e^{j\omega_0 t} + (2 - 3\text{j})e^{j2\omega_0 t}$$

求其正弦-余弦形式的傅里叶级数。

解 给定的是式（4-25）的特例，其系数为

$$c_{-2} = 2+3\mathrm{j}, c_{-1} = 5-2\mathrm{j}, c_0 = 4, c_1 = 5+2\mathrm{j}, c_2 = 2-3\mathrm{j}$$

而其余的 $c_k = 0$。将它们代入式（4-36）或式（4-37），可得

$$2B_1 = 10, 2B_2 = 4, -2D_2 = -4, -2D_2 = 6$$

而其余的 $2B_k = 0, -2D_k = 0$。将它们代入式（4-28），可得

$$x(t) = 4 + 10\cos(\omega_0 t) - 4\sin(\omega_0 t) + 4\cos(2\omega_0 t) + 6\sin(2\omega_0 t)$$

4.3.2 周期信号的频谱图

如前所述，周期信号可以分解为一系列正弦信号之和，即

$$x(t) = \frac{A_0}{2} + \sum_{n=1}^{\infty} A_n \cos(n\omega_0 t + \varphi_n)$$

它表明一个周期为 $T_0 = \dfrac{2\pi}{\omega_0}$ 的信号，由直流分量（信号在一个周期内的平均值）、频率为原信号频率以及原信号频率的整倍数的一系列正弦信号组成，分别将这些正弦信号称为基波分量 $(n=1)$，二次谐波分量 $(n=2)$，以及三次、四次、……谐波分量，它们的振幅分别为对应的 A_n，相位分别为对应的 φ_n。可见周期信号的傅里叶级数展开式全面地描述了组成原信号的各谐波分量的特征：它们的频率、幅度和相位。因此，对于一个周期信号，只要掌握了信号的基波频率 ω_0、各谐波的幅度 A_n 和相位 φ_n，就等于掌握了该信号所有的特征。

指数形式的傅里叶级数表达式中复数量 $X(n\omega_0) = \dfrac{1}{2} A_n \mathrm{e}^{\mathrm{j}\varphi_n}$ 是离散频率 $n\omega_0$ 的复函数，其模 $|X(n\omega_0)| = \dfrac{1}{2} A_n$ 反映了各谐波分量的幅度，它的相角 φ_n 反映了各谐波分量的相位，因此它能完全描述任意波形的周期信号。复数量 $X(n\omega_0)$ 随频率 $n\omega_0$ 的分布称为信号的频谱，$X(n\omega_0)$ 也称为周期信号的频谱函数，正如波形是信号在时域的表示，频谱是信号在频域的表示。有了频谱的概念，可以在频域描述信号和分析信号，实现从时域到频域的转变。

由于 $X(n\omega_0)$ 包含了幅度和相位的分布，通常把其幅度 $|X(n\omega_0)|$ 随频率的分布称为幅度频谱，简称幅频，相位 φ_n 随频率的分布称为相位频谱，简称相频。为了直观起见，往往以频率为横坐标，各谐波分量的幅度或相位为纵坐标，画出幅频和相频的变化规律，称为信号的频谱图。

周期信号的频谱也可根据其复指数形式的傅里叶级数

$$x(t) = \sum_{k=-\infty}^{\infty} c_k \mathrm{e}^{\mathrm{j}k\omega_0 t} = c_0 + \sum_{k=1}^{\infty}\left(c_k \mathrm{e}^{\mathrm{j}k\omega_0 t} + c_{-k}\mathrm{e}^{-\mathrm{j}k\omega_0 t}\right)$$

绘出。由于

$$c_k = A_k \mathrm{e}^{\mathrm{j}\theta_k}, c_{-k} = c_k^* = A_k \mathrm{e}^{-\mathrm{j}\theta_k} \qquad (4-44)$$

所以

$$|c_k| = |c_{-k}| = A_k, \arg c_k = -\arg c_{-k} = \theta_k, k > 0 \qquad (4-45)$$

即 $|c_k|$ 是 $k\omega_0$ 的偶函数，$\arg c_k$ 是 $k\omega_0$ 的奇函数，$|c_k|$ 是 k 次谐波振幅 $2A_k$ 的 $1/2$，而 $\arg c_k$ $(k>0)$ 是 k 次谐波的相位。由于复指数傅里叶系数 c_k 概括了谐波振幅和相位两个物理量，

所以用复指数傅里叶系数 c_k 表示频谱，在工程上更为有用。这种频谱是根据复系数 c_k 的振幅 $|c_k|$ 和相位 $\arg c_k$ 对 $k\omega_0$ 的函数关系画出的，称为复指数频谱。其中，$|c_k|$ 对 $k\omega_0$ 的关系图形称为振幅频谱，$\arg c_k$ 对 $k\omega_0$ 的关系图形称为相位频谱。图 4-6（b）和图 4-6（a）是由同一周期信号画出的复指数振幅频谱和三角振幅频谱。图 4-6（b）中每一条谱线代表式（4-25）中的一个复指数函数项。由于式（4-25）中不仅包括 $k\omega_0$ 项，还包括 $-k\omega_0$ 项，所以复指数振幅频谱对纵轴是对称的，即双边频谱，而且每一根谱线的长度 $|c_k| = 2A_k/2 = A_k$。

比较图 4-6（a）和图 4-6（b）可以看出，这两种频谱的表示方法实质上是一样的。不同之处仅在于：图 4-6（a）上每一条谱线代表一个谐波分量，而在图 4-6（b）上正负频率相对应的两条谱线合并起来才代表一个谐波分量。即

$$\begin{aligned} c_k \mathrm{e}^{\mathrm{j}k\omega_0 t} + c_{-k}\mathrm{e}^{-\mathrm{j}k\omega_0 t} &= |c_k|\mathrm{e}^{\mathrm{j}\theta_k}\mathrm{e}^{\mathrm{j}k\omega_0 t} + |c_k|\mathrm{e}^{-\mathrm{j}\theta_k}\mathrm{e}^{-\mathrm{j}k\omega_0 t} \\ &= |c_k|\mathrm{e}^{\mathrm{j}(k\omega_0 t + \theta_k)} + |c_k|\mathrm{e}^{-\mathrm{j}(k\omega_0 t + \theta_k)} \\ &= 2|c_k|\cos(k\omega_0 t + \theta_k) \end{aligned} \qquad (4-46)$$

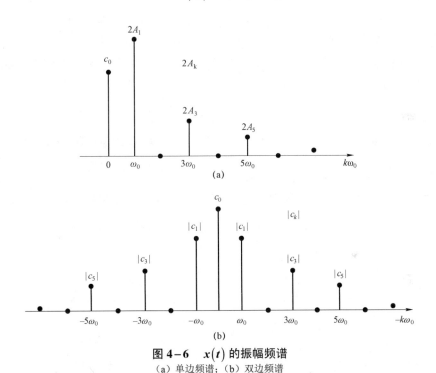

图 4-6　$x(t)$ 的振幅频谱
(a) 单边频谱；(b) 双边频谱

因此，图 4-6（b）上谱线长度是图 4-6（a）上谱线长度的 1/2，且对称地分布在纵轴的两侧。

这里应该解释的是，在复指数傅里叶级数和复指数频谱中出现负频率（$-k\omega_0$）的问题。实际上，这是将 $\cos(k\omega_0 t)$ 或 $\sin(k\omega_0 t)$ 分解为 $\mathrm{e}^{\mathrm{j}k\omega_0 t}$ 和 $\mathrm{e}^{-\mathrm{j}k\omega_0 t}$ 两项时引进的。它的出现完全是数学运算的结果，没有任何物理意义。就复指数傅里叶级数而言，只有当负频率项和相应的正频率成对地组合起来时，才能得到原来的实函数 $\cos(k\omega_0 t)$。

下面仍以例 4-1 中的周期性矩形脉冲为例，讨论周期信号的复指数频谱。在例 4-1 中

已经求得该矩形脉冲的复指数傅里叶系数为

$$c_k = \left[2A/(k\omega_0 T_0)\right]\sin(k\omega_0 T_1/2)$$

并给出了该矩形脉冲在脉冲幅度 A、重复周期 T_0 保持不变,而脉冲宽度 T_1 变化时的频谱图,如图 4-5 所示。下面讨论周期矩形脉冲在脉冲幅度 A、宽度 T_1 保持不变,而重复周期 T_0 变化时的频谱变化规律。

为了便于讨论起见,考虑下式

$$c_k = (AT_1/T_0)\left[\sin(k\omega_0 T_1/2)/(k\omega_0 T_1/2)\right] \qquad (4-47)$$

式中,方括号里的函数具有 $\sin Z/Z$ 的形式,在通信理论中非常有用,称为抽样函数,记以 $\text{sinc}(Z)$,即

$$\text{sinc}(Z) = \sin Z/Z \qquad (4-48)$$

它可看成奇函数 $\sin Z$ 和奇函数 $1/Z$ 的乘积,所以是一个偶函数,如图 4-7 所示。从图 4-7 中可见,函数以周期 2π 起伏,振幅在 Z 的正负两个方向都衰减,并在 $Z=\pm\pi$、$\pm 2\pi$、$\pm 3\pi$、… 处通过零点(函数值为零),而在 $Z=0$ 处函数为不确定,应用洛必达法则可得 $\text{sinc}(0)=1$。由式(4-47)得

$$c_k = (AT_1/T_0)\sin(k\omega_0 T_1/2) \qquad (4-49)$$

将式(4-49)代入式(4-25),可得该矩形脉冲的复指数形式的傅里叶级数为

$$x(t) = (AT_1/T_0)\sum_{k=-\infty}^{\infty}\sin(k\omega_0 T_1/2)\text{e}^{jk\omega_0 t} \qquad (4-50)$$

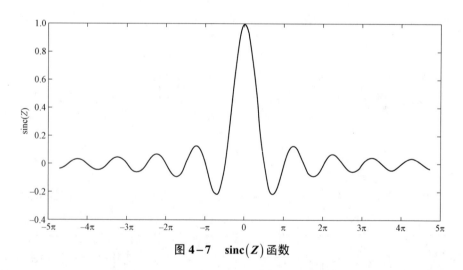

图 4-7　$\text{sinc}(Z)$ 函数

从式(4-49)可见,若把各条谱线 c_k 顶点的连线称为频谱包络线,则该矩形脉冲的频谱包络线与 $\text{sinc}(Z)$ 变化规律相同。其主峰高度为 AT_1/T_0,主峰两侧第一个零点为 $k\omega_0 T_1/2=\pm\pi$,即 $k\omega_0=\pm 2\pi/T_1$,主峰宽度为 $-2\pi/T_1 \sim 2\pi/T$,谱线间隔 $\omega_0=2\pi/T_0$,在 $0\sim$

$2\pi/T_1$ 间的谱线数目为

$$\frac{2\pi/T_1}{2\pi/T_0} - 1 = \frac{T_0}{T_1} - 1$$

当脉冲幅度 A、宽度 T_1 保持不变,而重复周期 T_0 增大时,则主峰高度 AT_1/T_0 减小,各条谱线高度相应地减小;主峰宽度 $-2\pi/T_1 \sim 2\pi/T_1$ 不变,各谱线间隔 $\omega_0 = 2\pi/T_0$ 减小,谱线变密。如果 T_0 减小,则情况相反。图 4-8 画出了当 $A=1, T_1=0.1$ s 保持不变,而 $T_0 = 0.5$ s,1 s 和 2 s 三种情况时的频谱。

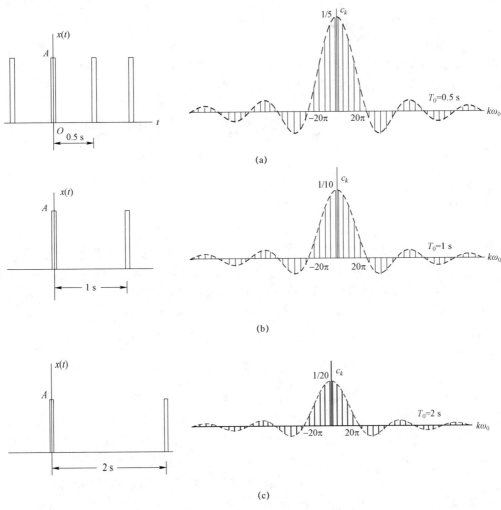

图 4-8 重复周期 T_0 变化对频谱的影响

由此可见:

(1) 周期性矩形脉冲信号的频谱是离散的,谱线间隔为 ω_0,即各次谐波仅存在于基频 ω_0 的整数倍上;而且,谱线长度随谐波次数的增高趋于收敛。至于频谱收敛规律以及谐波含量,则由信号波形决定。因此,离散性、谐波性和收敛性是周期信号的共同特点。

(2)理论上,周期信号的谐波含量是无限多的,其频谱应包括无限多条谱线。但从图4-8中可见,高次谐波虽然有时起伏,但总的趋势是逐渐减小的。由于谐波振幅的这种收敛性,在工程上往往只考虑对波形影响较大的较低频率分量,而把对波形影响不太大的高频分量忽略不计。通常把包含主要谐波分量的 $0 \sim 2\pi/T_1$ 这段频率范围称为矩形脉冲信号的有效频带宽度,简称为有效频宽 B_ω。即

$$B_\omega = 2\pi/T_1$$

(3)随着信号周期 T_0 变得越来越大,基频 $2\pi/T_0$ 就变得越来越小,因此在给定的频段内就有越来越多的频率分量,即频谱越来越密。但是,各个频率分量的振幅随着 T_0 的增大变得越来越小。在极限的情况下,T_0 为无穷大,便得到一个宽度为 T_1 的单个矩形脉冲。单个矩形脉冲可以看作周期 T_0 为无穷大的周期性矩形脉冲,其基频 $\omega_0 = 2\pi/T_0 = 0$,频谱变成连续的了,即在每一频率上都有谱线。但是,值得注意的是,频谱的形状并不随周期 T_0 而变,即频谱的包络仅仅和脉冲的形状有关,而与脉冲的重复周期 T_0 无关。

4.4 非周期信号的频谱分析——傅里叶变换

4.4.1 非周期信号的傅里叶变换

1. 非周期信号傅里叶变换的导出

非周期信号可以看作周期是无穷大的周期信号,从这一思想出发,可以在周期信号频谱分析的基础上研究非周期信号的频谱分析。在之前讨论矩形脉冲信号的频谱时已经指出,当 τ 不变而增大周期 T_0 时,随着 T_0 的增大,谱线越来越密,同时谱线的幅度将越来越小。如果 T_0 趋于无穷大,则周期矩形脉冲信号将演变成非周期的矩形脉冲信号,可以预料,此时谱线会无限密集而演变成非周期的连续的频谱,但与此同时,谱线的幅度将变成无穷小量。为了避免在一系列无穷小量中讨论频谱关系,考虑 $T_0 X(n\omega_0)$ 这一物理量,由于 T_0 因子的存在,克服了 T_0 对 $X(n\omega_0)$ 幅度的影响。这时有 $T_0 X(n\omega_0) = \dfrac{2\pi X(n\omega_0)}{\omega_0}$,即 $T_0 X(n\omega_0)$ 含有单位角频率所具有的复频谱的物理意义,故称为频谱密度函数,简称为频谱。

下面来讨论如图4-9(a)所示的非周期信号 $x(t)$,希望在整个区间 $(-\infty,\infty)$ 内将此信号表示为复指数函数之和。为此目的,构成一个新的周期性函数 $\tilde{x}(t)$,其周期为 T_0,即函数 $x(t)$ 每 T_0 秒重复一次,如图4-9(b)所示。必须注意的是,周期 T_0 必须选得足够大,使得 $x(t)$ 形状的脉冲之间没有重叠。这个新函数 $\tilde{x}(t)$ 是一个周期性函数,因此可以用复指数傅里叶级数表示。在极限的情况下,令 $T_0 \to \infty$,则周期性函数 $\tilde{x}(t)$ 中的脉冲将在无穷远间隔后才重复。因此,在 $T_0 \to \infty$ 的极限情况下,$x(t)$ 和 $\tilde{x}(t)$ 相同,即

$$\lim_{T_0 \to \infty} \tilde{x}(t) = x(t) \tag{4-51}$$

这样,如果在 $\tilde{x}(t)$ 的傅里叶级数里令 $T_0 \to \infty$,则在整个区间内表示 $\tilde{x}(t)$ 的傅里叶级数也能在整个区间内表示 $x(t)$。

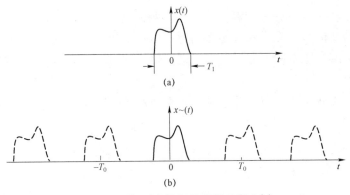

图 4-9 将 $x(t)$ 并拓为周期函数 $\tilde{x}(t)$

$\tilde{x}(t)$ 的复指数傅里叶级数可以写为

$$\tilde{x}(t) = \sum_{k=-\infty}^{\infty} c_k e^{jk\omega_0 t} \tag{4-52}$$

式中，

$$\omega_0 = 2\pi / T_0$$

$$c_k = \frac{1}{T_0} \int_{-T_0/2}^{T_0/2} \tilde{x}(t) e^{-jk\omega_0 t} dt \tag{4-53}$$

式中，c_k 表示频率为 $k\omega_0$ 的分量的振幅。随着 T_0 的增大，基频 ω_0 变小，频谱变密，由式（4-53）可知，各分量振幅也变小，不过频谱的形状是不变的，因为频谱的形状取决于式（4-53）右边的积分，即第一周期 $\tilde{x}(t)$，也即 $x(t)$ 的波形。在 $T_0 = \infty$ 的极限情况下，式（4-53）中每一个分量的振幅 c_k 变为无穷小，为了分析此时的信号频谱特性，将式（4-53）改写为

$$c_k T_0 = \frac{2\pi c_k}{\omega_0} = \int_{-T_0/2}^{T_0/2} \tilde{x}(t) e^{-jk\omega_0 t} dt \tag{4-54}$$

当 $T_0 \to \infty$ 时，式（4-54）中的各变量将作如下改变：

$$\begin{cases} T_0 \to \infty \\ \omega_0 = 2\pi / T_0 \to \Delta\omega \to d\omega \\ k\omega_0 \to k\Delta\omega \to \omega \end{cases} \tag{4-55}$$

这时 $c_k \to 0$，但 $c_k T_0$ 可望趋近于一有限函数。即

$$\lim_{T_0 \to \infty} c_k T_0 = \lim_{T_0 \to \infty} \int_{-T_0/2}^{T_0/2} \tilde{x}(t) e^{-jk\omega_0 t} dt = \int_{-\infty}^{\infty} x(t) e^{-j\omega t} dt \tag{4-56}$$

式（4-56）积分后，将为 ω 的函数用 $X(\omega)$ 表示，则

$$X(\omega) = \lim_{T_0 \to \infty} c_k T_0 = \int_{-\infty}^{\infty} x(t) e^{-j\omega t} dt \tag{4-57}$$

从式（4-57）可见，$X(\omega)$ 是非周期信号 $x(t)$ 的周期开拓 $\tilde{x}(t)$ 的周期和频率为 $\omega = k\omega_0$ 分量复振幅的乘积，即单位频率（角频率）上的复振幅，称为 $x(t)$ 的频谱密度函数，简称为频谱密度或频谱函数。频谱密度函数 $X(\omega)$ 一般为复函数，可以写为 $X(\omega) = |X(\omega)| e^{j\arg X(\omega)}$，频谱密度函数的模 $|X(\omega)|$ 表示非周期信号中各频率分量的相对大小，而辐角 $\arg X(\omega)$ 则表示相应的各频率分量的相位。对照式（4-54）和式（4-57）不难看出，它们的大小虽然不同，但是函数的模样相同。这说明，当信号周期趋于无限大时，虽然各频率分量的振幅趋于无穷

小，但并不为 0，各个频率分量的振幅仍具有比例关系，通过频谱函数可以表示这种信号的频谱特性。而非周期信号的频谱密度函数与相同波形的周期信号的复指数频谱包络线具有相似的形状，只是幅度有所不同。如果给出非周期信号的时域表示形式，就可根据式（4-57）求得它的频谱函数。

将式（4-55）中所列的极限情况代入式（4-52），根据式（4-51）可以导出非周期信号 $x(t)$ 的表示式，即

$$x(t) = \lim_{T_0 \to \infty} \tilde{x}(t) = \lim_{T_0 \to \infty} \sum_{k=-\infty}^{\infty} c_k e^{jk\omega_0 t} \tag{4-58}$$

由于

$$\lim_{T_0 \to \infty} c_k T_0 = \lim_{T_0 \to \infty} c_k \frac{2\pi}{\omega_0} = X(\omega)$$

所以

$$\lim_{T_0 \to \infty} c_k = \lim_{T_0 \to \infty} \frac{X(\omega)\omega_0}{2\pi} \tag{4-59}$$

将上式代入式（4-58），得 $x(t)$ 的表示式为

$$x(t) = \lim_{T_0 \to \infty} \sum_{k=-\infty}^{\infty} \frac{X(\omega)\omega_0}{2\pi} e^{jk\omega_0 t}$$

$$= \frac{1}{2\pi} \int_{-\infty}^{\infty} X(\omega) e^{j\omega t} d\omega$$

上式是由 $\tilde{x}(t)$ 的复指数傅里叶级数取极限得到的，称为傅里叶积分。它可以在整个区间（$-\infty < t < \infty$）内将非周期信号 $x(t)$ 表示为复指数函数的连续和。由前述可知，非周期信号 $x(t)$ 可以分解成无穷多个复指数函数分量之和，每一复指数分量的振幅为 $X(\omega)d\omega/(2\pi)$ 是无穷小，但正比于 $X(\omega)$，所以用 $X(\omega)$ 表示 $x(t)$ 的频谱。不过，要注意的是，此频谱是连续的，即存在于所有频率 ω 值上。

上面推导的式（4-57）和上式是一对很重要的变换式，称为傅里叶变换对，重写如下：

$$x(t) = \frac{1}{2\pi} \int_{-\infty}^{\infty} X(\omega) e^{j\omega t} d\omega \tag{4-60}$$

$$X(\omega) = \int_{-\infty}^{\infty} x(t) e^{-j\omega t} dt \tag{4-61}$$

这里式（4-61）称为 $x(t)$ 的傅里叶正变换，也称正变换式。通过它把信号的时间函数（时域）变换为信号的频谱密度函数（频域），以考察信号的频谱结构。式（4-60）称为 $X(\omega)$ 的傅里叶反变换，也称为反变换式，通过它把信号的频谱密度函数（频域）变换为信号的时间函数（时域）以考察信号的时间特性。总之，通过这两个变换，把信号的时域特性和频域特性联系起来。这两个变换可以用符号分别表示为

$$X(\omega) = \mathcal{F}[x(t)] \tag{4-62}$$

$$x(t) = \mathcal{F}^{-1}[X(\omega)] \tag{4-63}$$

意思是，$X(\omega)$ 是 $x(t)$ 的傅里叶正变换，$x(t)$ 是 $X(\omega)$ 的傅里叶反变换。

式（4-60）和式（4-61）确立了非周期信号 $x(t)$ 和频谱 $X(\omega)$ 之间的关系，记为

$$x(t) \leftrightarrow X(\omega) \qquad (4-64)$$

它们在 $x(t)$ 的连续点上是一一对应的。式（4-60）称为反变换式，它说明当根据式（4-61）计算出 $X(\omega)$ 并将其结果代入式（4-60）时所得的积分就等于 $x(t)$。式（4-61）称为正变换式，它说明当已知 $x(t)$ 时可以根据该式分析出它所含的频谱，即 $x(t)$ 是由怎样的不同频率的正弦信号组成的。

2. 傅里叶变换的收敛

和周期信号一样，要使上述傅里叶变换成立也必须满足一组条件。这一组条件也称为狄里赫利（Dirichlet）条件，即：

（1）$x(t)$ 绝对可积，即

$$\int_{-\infty}^{\infty} |x(t)| dt < \infty \qquad (4-65)$$

（2）在任何有限区间内，$x(t)$ 只有有限个极大值和极小值。

（3）在任何有限区间内，$x(t)$ 的不连续点个数有限，而且在不连续点处，$x(t)$ 值是有限的。

满足上述条件的 $x(t)$，其傅里叶积分将在所有连续点收敛于 $x(t)$，而在 $x(t)$ 的各个不连续点将收敛于 $x(t)$ 的左极限和右极限的平均值。即若 $x(t)$ 在 t_1 点上连续，则

$$\frac{1}{2\pi} \int_{-\infty}^{\infty} X(\omega) e^{j\omega t_1} d\omega = x(t_1) \qquad (4-66)$$

若 $x(t)$ 在 t_1 点不连续，则

$$\frac{1}{2\pi} \int_{-\infty}^{\infty} X(\omega) e^{j\omega t_1} d\omega = \frac{1}{2}\left[x(t_1^-) + x(t_1^+)\right] \qquad (4-67)$$

所有常用的能量信号都满足上述条件，都存在傅里叶变换。而很多功率信号或周期信号虽然不满足绝对可积条件，但若在变换过程中可以使用冲激函数 $\delta(\omega)$，则也可以认为具有傅里叶变换。这样，傅里叶级数和傅里叶变换结合在一起，使周期和非周期信号的分析统一起来。在后续的讨论中，将会发现这样做是非常方便的。

例 4-4 单边指数信号

$$x(t) = e^{-at}u(t), a > 0 \qquad (4-68)$$

的傅里叶变换 $X(\omega)$ 可由式（4-61）得到，即

$$X(\omega) = \int_{-\infty}^{\infty} e^{-at}u(t) e^{-j\omega t} dt = \int_{0}^{\infty} e^{-(a+j\omega)t} dt$$

$$= -\frac{1}{a+j\omega} e^{-(a+j\omega)t} \Big|_{0}^{\infty} = \frac{1}{a+j\omega}, \ a > 0 \qquad (4-69)$$

必须注意，式（4-69）的积分仅当 $a > 0$ 时收敛。当 $a < 0$ 时，$x(t)$ 不是绝对可积，其傅里叶变换是不存在的。另外，从式（4-69）中可见，$e^{-at}u(t)$ 的频谱函数为复数，可以表示为

$$X(\omega) = \frac{1}{\sqrt{a^2 + \omega^2}} e^{-j \arctan\left(\frac{\omega}{a}\right)} \qquad (4-70)$$

$$|X(\omega)| = \frac{1}{\sqrt{a^2 + \omega^2}} \quad (4-71)$$

$$\arg\{X(\omega)\} = -\arctan\left(\frac{\omega}{a}\right) \quad (4-72)$$

其幅度频谱 $|X(\omega)|$ 是 ω 的偶函数，相位频谱 $\arg\{X(\omega)\}$ 是 ω 的奇函数。单边指数幅度谱 $|X(\omega)|$ 和相位谱 $\arg\{X(\omega)\}$ 如图 4-10（a）、(b) 和 (c) 所示。

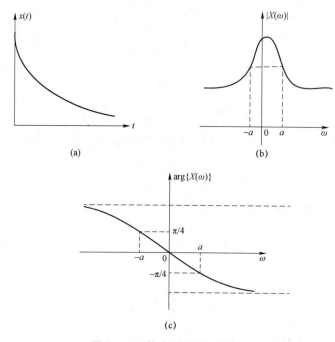

图 4-10 单边指数信号的频谱

例 4-5 门函数。门函数 $G_{T_1}(t)$ 是一个如图 4-11（a）所示的矩形脉冲。其定义为

$$G_{T_1}(t) = \begin{cases} 1, |t| < \dfrac{T_1}{2} \\ 0, |t| > \dfrac{T_1}{2} \end{cases}$$

$AG_{T_1}(t)$ 的傅里叶变换为

$$X(\omega) = \int_{-T_1/2}^{T_1/2} A e^{-j\omega t} dt = AT_1 \frac{\sin\left(\dfrac{\omega T_1}{2}\right)}{\dfrac{\omega T_1}{2}}$$

$$= AT_1 \text{sinc}\left(\frac{\omega T_1}{2}\right)$$

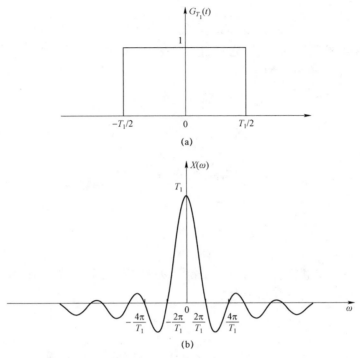

图 4-11 门函数及其频谱

由例 4-5 可见，$X(\omega)$ 为实函数，因此在频域可用一个频谱图表示，如图 4-11（b）所示。从图中可见，$X(\omega)$ 的符号是正负变化的。所以，也可以用两个频谱图即振幅频谱图和相位频谱图表示。即

$$|X(\omega)| = AT_1 \left| \text{sinc}\left(\frac{\omega T_1}{2}\right) \right| \tag{4-73}$$

$$\arg|X(\omega)| = \begin{cases} 0, & X(\omega) > 0 \\ \pi, & X(\omega) < 0 \end{cases} \tag{4-74}$$

比较图 4-11（b）和图 4-8 可见，单个矩形脉冲的频谱函数与形状相同的周期矩形脉冲的频谱包络线的变化规律相同，两者频谱的主峰宽度为 $-2\pi/T_1 \sim 2\pi/T_1$，其有效频带宽度或信号占有频带 B_ω 为

$$B_\omega = \frac{2\pi}{T_1} \tag{4-75}$$

当脉冲宽度或信号持续时间 T_1 增大时，信号占有频带 B_ω 减小；反之，当信号持续时间 T_1 减小时，信号占有频带 B_ω 增加。即信号的持续时间 T_1 与信号占有频带 B_ω 成反比。

例 4-6 求单位冲激函数 $x(t) = \delta(t)$ 的频谱。

解 由式（4-61）得

$$X(\omega) = \int_{-\infty}^{\infty} \delta(t) e^{-j\omega t} dt = 1 \tag{4-76}$$

即
$$\delta(t) \leftrightarrow 1 \tag{4-77}$$

可见，单位冲激函数的频谱为 1，即它不随频率变化，也即其包含振幅相等的所有频率分量。

例 4-7 求频谱为单位冲激函数，即
$$X(\omega) = \delta(\omega) \tag{4-78}$$
的反变换。

解 由式（4-60）得
$$x(t) = \int_{-\infty}^{\infty} \delta(t) e^{j\omega t} d\omega = \frac{1}{2\pi} e^{j\omega t} \bigg|_{\omega=0} = \frac{1}{2\pi} \tag{4-79}$$

即
$$\frac{1}{2\pi} \leftrightarrow \delta(\omega)$$

可见，频谱为单位冲激的时间函数为一个与 t 无关的直流信号。换句话说，直流信号的频谱是一个 $\omega=0$ 处的冲激，其占有频带为零。

4.4.2 周期信号的傅里叶变换

上一节导出非周期信号的傅里叶积分表示时，把非周期信号看成开拓周期在周期 $T_0 \to \infty$ 的极限，因此开拓周期信号 $\tilde{x}(t)$ 的傅里叶级数和非周期信号 $x(t)$ 的傅里叶变换之间是有密切联系的。本节将进一步研究这一关系，并推导出周期信号的傅里叶变换。

1. 傅里叶系数与傅里叶变换的关系

本节要证明，周期信号 $\tilde{x}(t)$ 的傅里叶系数 c_k 可以用其一个周期内信号 $\tilde{x}(t)$ 傅里叶变换的样本来表示。即若
$$\tilde{x}(t) \leftrightarrow c_k, \quad x(t) \leftrightarrow X(\omega)$$
$$x(t) = \begin{cases} \tilde{x}(t), & -T_0/2 \leq t \leq T_0/2 \\ 0, & t < -T_0/2 \text{ 或 } t > T_0/2 \end{cases} \tag{4-80}$$

则
$$c_k = \frac{X(k\omega_0)}{T_0} \tag{4-81}$$

由式（4-26）得
$$c_k = \frac{1}{T_0} \int_{-T_0/2}^{T_0/2} \tilde{x}(t) e^{-jk\omega_0 t} dt$$
$$= \frac{1}{T_0} \int_{-T_0/2}^{T_0/2} x(t) e^{-jk\omega_0 t} dt$$
$$= \frac{1}{T_0} \int_{-\infty}^{\infty} x(t) e^{-jk\omega_0 t} dt$$
$$= \frac{1}{T_0} X(k\omega_0)$$

可见，如果已知周期信号中 $\tilde{x}(t)$ 的一个波形 $x(t)$ 的频谱密度函数 $X(\omega)$，那么应用式（4-81）就可以求得周期信号 $\tilde{x}(t)$ 的傅里叶系数 c_k。即周期信号的傅里叶系数可以从某一周期内信号 $\tilde{x}(t)$ 的傅里叶变换的样本 $X(k\omega_0)$ 中得到。

2. 周期信号的傅里叶变换

前面已经指出，周期信号不满足绝对可积条件式（4-65），按理不存在傅里叶变换。但若允许在傅里叶变换式中含有冲激函数 $\delta(\omega)$，则也具有傅里叶变换。可以直接从周期信号的傅里叶级数得到它的傅里叶变换。该周期信号的傅里叶变换是由一串在频域上的冲激函数组成的，这些冲激的强度正比于傅里叶系数。这是一个很重要的表示方法，因为这样可以很方便地把傅里叶分析方法应用到调制和抽样等问题中去。

例 4-8 求频谱密度函数为 $2\pi\delta(\omega-\omega_0)$，即

$$X(\omega) = 2\pi\delta(\omega-\omega_0) \tag{4-82}$$

的反傅里叶变换。

解 由式（4-60）得

$$x(t) = \frac{1}{2\pi}\int_{-\infty}^{\infty} 2\pi\delta(\omega-\omega_0) e^{j\omega t} d\omega = e^{j\omega_0 t} \tag{4-83}$$

即

$$e^{j\omega_0 t} \leftrightarrow 2\pi\delta(\omega-\omega_0) \tag{4-84}$$

上面结果可推广为，若是一组在频率上等间隔的冲激函数的线性组合，即

$$X(\omega) = \sum_{k=-\infty}^{\infty} 2\pi c_k \delta(\omega-k\omega_0) \tag{4-85}$$

则由式（4-60）可得

$$x(t) = \sum_{k=-\infty}^{\infty} c_k e^{jk\omega_0 t} \tag{4-86}$$

即

$$\sum_{k=-\infty}^{\infty} c_k e^{jk\omega_0 t} \leftrightarrow \sum_{k=-\infty}^{\infty} 2\pi c_k \delta(\omega-k\omega_0) \tag{4-87}$$

按照式（4-25）的定义，可见式（4-86）就是一个周期信号的表示。因此，一个傅里叶系数为 $\{c_k\}$ 的周期信号的傅里叶变换，可以看作出现在等间隔频率上的一串冲激函数。其中间隔频率为 ω_0，出现在 $k\omega_0$ 频率（第 k 次谐波频率）上的冲激函数的强度为第 k 个傅里叶系数 c_k 的 2π 倍。

例 4-9 已知 $x(t) = \sin(\omega_0 t)$ 的傅里叶系数是

$$c_1 = \frac{1}{2j}, c_{-1} = -\frac{1}{2j}; c_k = 0, k \neq \pm 1$$

求其傅里叶变换。

解 由式（4-86）得其傅里叶变换为

$$X(\omega) = j\pi\delta(\omega+\omega_0) - j\pi\delta(\omega-\omega_0)$$

即

$$\sin(\omega_0 t) \leftrightarrow j\pi[\delta(\omega+\omega_0) - \delta(\omega-\omega_0)] \qquad (4-88)$$

其傅里叶变换如图 4-12（a）所示。

同理，可以求得余弦函数 $\cos(\omega_0 t)$ 的傅里叶变换对为

$$\cos(\omega_0 t) \leftrightarrow \pi[\delta(\omega+\omega_0) - \delta(\omega-\omega_0)] \qquad (4-89)$$

其傅里叶变换如图 4-12（b）所示。这两个变换在分析调制系统时非常重要。

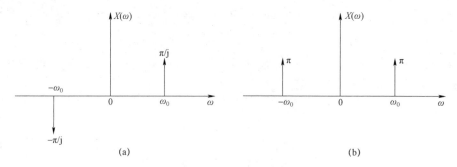

图 4-12 例 4-9 图
（a）$x(t) = \sin(\omega_0 t)$ 的傅里叶变换；（b）$x(t) = \cos(\omega_0 t)$ 的傅里叶变换

例 4-10 已知周期冲激串 $x(t) = \sum_{k=-\infty}^{\infty} \delta(t-kT)$ 如图 4-13（a）所示，其基波周期为 T_0，求其傅里叶变换。

解 为了确定该信号的傅里叶变换，先计算它的傅里叶系数，由式（4-34）得

$$c_k = \frac{1}{T_0}\int_{-T_0/2}^{T_0/2} \delta(t)e^{-jk\omega_0 t}dt = \frac{1}{T_0}$$

代入式（4-85）得其傅里叶变换为

$$X(\omega) = \frac{2\pi}{T_0}\sum_{k=-\infty}^{\infty}\delta\left(\omega - \frac{2\pi k}{T_0}\right)$$

即

$$\sum_{k=-\infty}^{\infty}\delta(t-kT_0) \leftrightarrow \frac{2\pi}{T_0}\sum_{k=-\infty}^{\infty}\delta(\omega-k\omega_0) \qquad (4-90)$$

可见，以 T_0 为周期的周期冲激串信号，其频谱函数 $X(\omega)$ 也是一个周期冲激串，该冲激串的频率间隔 $\omega_0 = \dfrac{2\pi}{T_0}$，如图 4-13（b）所示。从图 4-13 和式（4-90）中可见，在时域中冲激串的时间间隔即重复周期 T_0 越大，则在频域中冲激串的频率 ω_0 间隔越小。这一对变换在抽样系统分析中非常有用。

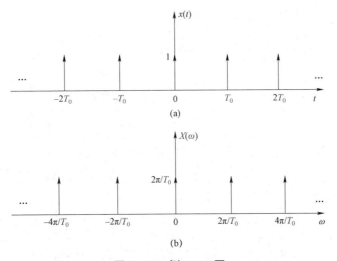

图 4-13 例 4-10 图
（a）周期冲激串；（b）周期冲激串的傅里叶变换

4.5 傅里叶变换的性质

傅里叶变换揭示了信号时域特性和频域特性之间的内在联系。在求信号的傅里叶变换时，如果已知傅里叶变换的某些性质，即信号在一种域中进行某种运算会在另一域中产生什么结果，可以使运算过程简化。

1. 线性

若 $x_1(t) \leftrightarrow X_1(\omega)$，$x_2(t) \leftrightarrow X_2(\omega)$，$a_1$ 和 a_2 为两个任意常数，则

$$a_1 x_1(t) + a_2 x_2(t) \leftrightarrow a_1 X_1(\omega) + a_2 X_2(\omega) \tag{4-91}$$

式（4-91）有两重含义：一是当信号乘以 a，则其频谱函数 $X(\omega)$ 将乘以同一常数 a；二是几个信号和的频谱函数等于各个信号频谱函数的和。

2. 奇偶性

若

$$x(t) \overset{\mathcal{F}}{\leftrightarrow} X(\omega)$$

则有

$$x^*(t) \overset{\mathcal{F}}{\leftrightarrow} X^*(-\omega) \tag{4-92}$$

证明 由傅里叶变换定义，有

$$X(\omega) = \int_{-\infty}^{\infty} x(t) e^{-j\omega t} dt$$

取共轭得

$$X^*(\omega) = \left[\int_{-\infty}^{\infty} x(t) e^{-j\omega t} dt \right]^* = \int_{-\infty}^{\infty} x^*(t) e^{j\omega t} dt$$

以 $-\omega$ 代替 ω，得

$$X^*(-\omega) = \int_{-\infty}^{\infty} x^*(t) e^{-j\omega t} dt = \mathcal{F}[x^*(t)]$$

因此，式（4-92）得证。

当 $x(t)$ 为实函数时，有 $x(t) = x^*(t)$，由式（4-92）得

$$X(\omega) = X^*(-\omega)$$

或

$$X^*(\omega) = X(-\omega) \tag{4-93}$$

表明实函数的傅里叶变换具有共轭对称性。

由傅里叶变换定义，有

$$X(\omega) = \int_{-\infty}^{\infty} x(t) e^{-j\omega t} dt = \int_{-\infty}^{\infty} x(t)\cos(\omega t) dt - j\int_{-\infty}^{\infty} x(t)\sin(\omega t) dt$$
$$= \text{Re}(\omega) + j\text{Im}(\omega) = |X(\omega)| e^{j\varphi(\omega)}$$

显然，频谱函数的实部和虚部分别为

$$\begin{cases} \text{Re}(\omega) = \int_{-\infty}^{\infty} x(t)\cos(\omega t) dt \\ \text{Im}(\omega) = -\int_{-\infty}^{\infty} x(t)\sin(\omega t) dt \end{cases} \tag{4-94}$$

频谱函数的幅度和相位分别为

$$\begin{cases} |X(\omega)| = \sqrt{\text{Re}^2(\omega) + \text{Im}^2(\omega)} \\ \varphi(\omega) = \arctan\left[\dfrac{\text{Im}(\omega)}{\text{Re}(\omega)}\right] \end{cases} \tag{4-95}$$

讨论如下：

（1）当 $x(t)$ 为实函数时，$\cos(\omega t)$ 是 ω 的偶函数，$\sin(\omega t)$ 是 ω 的奇函数；由式（4-94）可知，$\text{Re}(\omega)$ 是 ω 的偶函数，$\text{Im}(\omega)$ 是 ω 的奇函数；进而由式（4-95）可知，$|X(\omega)|$ 是 ω 的偶函数，$\varphi(\omega)$ 是 ω 的奇函数。

（2）当 $x(t)$ 为实偶函数时，$x(t)\cos(\omega t)$ 是 t 的偶函数，$x(t)\sin(\omega t)$ 是 t 的奇函数，显然有 $\text{Im}(\omega) = 0$，而

$$X(\omega) = \text{Re}(\omega) = \int_{-\infty}^{\infty} x(t)\cos(\omega t) dt = 2\int_{0}^{\infty} x(t)\cos(\omega t) dt = X(-\omega)$$

（3）当 $x(t)$ 为实奇函数时，$x(t)\cos(\omega t)$ 是 t 的奇函数，$x(t)\sin(\omega t)$ 是 t 的偶函数，显然有 $\text{Re}(\omega) = 0$，而

$$X(\omega) = j\text{Im}(\omega) = j\int_{-\infty}^{\infty} x(t)\sin(\omega t) dt = -2j\int_{0}^{\infty} x(t)\sin(\omega t) dt$$

这时 $X(\omega)$ 是 ω 的虚奇函数。

3. 时移性

若 $x(t) \leftrightarrow X(\omega)$，则

$$x(t - t_0) \leftrightarrow X(\omega) e^{-j\omega t_0} \tag{4-96}$$

为了证明上述性质，取 $x(t-t_0)$ 的傅里叶变换，并令 $\tau=t-t_0$，得

$$\mathcal{F}\{x(t-t_0)\}=\int_{-\infty}^{\infty}x(\tau)\mathrm{e}^{-\mathrm{j}\omega(\tau+t_0)}\mathrm{d}\tau=\mathrm{e}^{-\mathrm{j}\omega t_0}X(\omega)$$

由此可见，延迟了 t_0 的信号的频谱等于信号的原始频谱乘以延时因子 $\mathrm{e}^{-\mathrm{j}\omega t_0}$，即延时的作用只是改变频谱函数的相位特性而不改变其幅频特性。另外，从式（4-96）中还可以看到，要使信号波形并不因延时而有所变动，那么频谱中所有分量必须沿时间轴同时都向右移一时间 t_0。对不同的频率分量来说，延时 t_0 所造成的相移 $(-\omega t_0)$ 是与频率 ω 成正比的。

同时，可以证明

$$x(t+t_0)\leftrightarrow X(\omega)\mathrm{e}^{\mathrm{j}\omega t_0} \tag{4-97}$$

即信号波形沿时间轴提前 t_0，相当于在频域中将 $X(\omega)$ 乘以 $\mathrm{e}^{\mathrm{j}\omega t_0}$。

在工程中，经常遇到延时问题，并通过时移性求得延时信号的频谱函数。

例 4-11 求移位冲激函数 $\delta(t-t_0)$ 的频谱函数。

解 由式（4-77）知 $\mathcal{F}\{\delta(t)\}=1$，根据时移性质得

$$\delta(t-t_0)\leftrightarrow\mathrm{e}^{-\mathrm{j}\omega t_0} \tag{4-98}$$

4. 尺度变换性质

若 $x(t)\leftrightarrow X(\omega)$，则

$$x(at)\leftrightarrow\frac{1}{|a|}X\left(\frac{\omega}{a}\right) \tag{4-99}$$

式中，a 为一实常数。为了证明此性质，取 $x(at)$ 的傅里叶变换，并令 $\tau=at$，当 $a>0$ 时，

$$\mathcal{F}\{x(at)\}=\frac{1}{a}\int_{-\infty}^{\infty}x(\tau)\mathrm{e}^{-\mathrm{j}\left(\frac{\omega}{a}\right)\tau}\mathrm{d}\tau=\frac{1}{a}X\left(\frac{\omega}{a}\right)$$

当 $a<0$ 时，经过变量置换，积分下限变为 ∞，而上限变为 $-\infty$，交换定积分的上下限等效于将积分号外面的系数写为 $-\dfrac{1}{a}$。因此，不论 $a>0$ 或 $a<0$，积分号外的系数都写成 $\dfrac{1}{|a|}$。

式（4-99）中时间变量乘以常数，相当于改变时间轴的尺度，同样的频率变量除以常数，相当于改变频率轴的尺度。当 $a>1$ 时，式（4-99）中的 $x(at)$ 表示信号 $x(t)$ 在时间轴上压缩 a 倍，则 $X\left(\dfrac{\omega}{a}\right)$ 表示频谱函数 $X(\omega)$ 在频率轴上扩展 a 倍。尺度变换特性表明信号在时域中压缩 a 倍，对应于在频域中频谱扩展 a 倍且幅度减为原来的 $\dfrac{1}{a}$。反之，当 $a<1$ 时，$x(at)$ 表示在时域中展宽，对应的频谱则是压缩且幅度增大。

尺度变换性质的应用例子在实际中经常遇到。例如，一盘已经录好的磁带，在重放时放音速度比录制速度高，相当于信号在时间上受到压缩（即 $a>1$），则其频谱扩展，听起来就会感到声音的频率变高了；反之，若放音速度比原来慢，相当于信号在时间上受到扩展（$a<1$），则其频谱压缩，听起来就会感到声音的频率变低，低频分量比原来丰富多了。

可以证明

$$x(at-t_0) \leftrightarrow \frac{1}{|a|}X\left(\frac{\omega}{a}\right)e^{\frac{-j\omega t_0}{a}} \qquad (4-100)$$

例 4-12 已知 $x(t)$ 为一矩形脉冲，如图 4-14（b）所示，求 $x\left(\dfrac{t}{2}\right)$ 的频谱函数。

解 在例 4-5 中已求得矩形脉冲的频谱函数为

$$X(\omega) = AT_1\mathrm{sinc}\left(\frac{\omega T_1}{2}\right)$$

根据尺度变换性质式（4-99）和 $a = \dfrac{1}{2}$ 可以求得 $x\left(\dfrac{t}{2}\right)$ 的频谱函数为

$$\mathcal{F}\left\{x\left(\frac{t}{2}\right)\right\} = 2X(2\omega) = 2AT_1\mathrm{sinc}(\omega T_1)$$

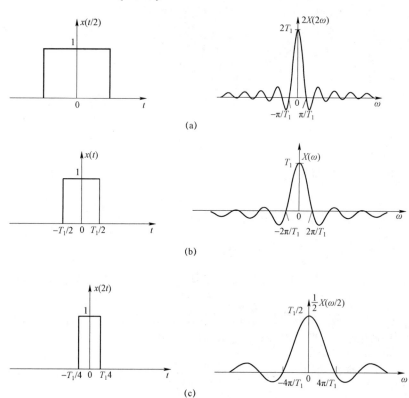

图 4-14 矩形脉冲及其频谱的展缩

该脉冲波形及其对应的频谱如图 4-14（a）所示。从图中可见，$x\left(\dfrac{t}{2}\right)$ 的脉冲波形较 $x(t)$ 扩展了一倍，对应的频谱则较 $X(\omega)$ 压缩一倍。即由 $X(\omega)$ 压缩而成为 $2X(2\omega)$，表现为信号频宽（第一个过零点频率）由 $\dfrac{2\pi}{T_1}$ 减小为 $\dfrac{\pi}{T_1}$。脉冲宽度的增加，意味着信号能量增加，各频率分量的振幅也相应地增加一倍。反之，$x(2t)$ 较 $x(t)$ 压缩一倍，其频谱 $\left(\dfrac{1}{2}\right)X\left(\dfrac{\omega}{2}\right)$ 较 $X(\omega)$ 展扩一倍。即信号频宽增大，振幅减小，如图 4-14（c）所示。

尺度变换特性从理论上论证了信号持续时间和频带宽度的反比关系。为了提高通信速度，缩短通信时间，就必须压缩信号的持续时间，为此在频域内就必须展宽频带，对通信系统的要求也随之提高；为合适地选择信号的持续时间和频带宽度，对通信系统的要求也随之提高。因此，如何合适地选择信号的持续时间和频带宽度是无线技术中的一个重要问题。

5. 反转性质

若 $x(t) \leftrightarrow X(\omega)$，则

$$x(-t) \leftrightarrow X(-\omega) \tag{4-101}$$

反转性质可以看作尺度变换特性在 $a=-1$ 的一个特例。将 $a=-1$ 代入式（4-99），即得

$$\mathcal{F}\{x(-t)\} = X(-\omega)$$

由此可见，将信号波形绕纵轴转动 180°，信号频谱也随之绕纵轴转动 180°。由于振幅频谱具有对称性，所以信号反转后，振幅频谱不变，而只是相位频谱改变绕纵轴转动 180°。

6. 频移性

若 $x(t) \leftrightarrow X(\omega)$，则

$$x(t)\mathrm{e}^{\mathrm{j}\omega_0 t} \leftrightarrow X(\omega-\omega_0) \tag{4-102}$$

式中，ω_0 是一个常数。为了证明此性质，将式（4-61）中的 ω 用 $\omega-\omega_0$ 代替，得

$$X(\omega-\omega_0) = \int_{-\infty}^{\infty} x(t)\mathrm{e}^{-\mathrm{j}(\omega-\omega_0)t}\mathrm{d}t = \int_{-\infty}^{\infty}\left[x(t)\mathrm{e}^{\mathrm{j}\omega_0 t}\right]\mathrm{e}^{-\mathrm{j}\omega t}\mathrm{d}t$$

若把上式仍看成正变换式，则 $x(t)\mathrm{e}^{\mathrm{j}\omega_0 t}$ 为原函数，$X(\omega-\omega_0)$ 为 $x(t)\mathrm{e}^{\mathrm{j}\omega_0 t}$ 的频谱函数。即

$$x(t)\mathrm{e}^{\mathrm{j}\omega_0 t} \leftrightarrow X(\omega-\omega_0)$$

上式说明，$x(t)$ 在时域中乘以 $\mathrm{e}^{\mathrm{j}\omega_0 t}$，等效于 $X(\omega)$ 在频域中平移了 ω_0。换句话说，若 $x(t)$ 的频谱原来在 $\omega=0$ 附近（低频信号），将 $x(t)$ 乘以 $\mathrm{e}^{\mathrm{j}\omega_0 t}$，就可以使频谱平移到 $\omega=\omega_0$ 附近。在通信技术中经常需要搬移频谱，常用的方法是将 $x(t)$ 乘以高频余弦或正弦信号，即

$$x(t)\cos(\omega_0 t) = x(t)\dfrac{\mathrm{e}^{\mathrm{j}\omega_0 t}+\mathrm{e}^{-\mathrm{j}\omega_0 t}}{2}$$

根据频移性可得

$$\mathcal{F}\{x(t)\cos(\omega_0 t)\} = \dfrac{\mathcal{F}\{x(t)\mathrm{e}^{\mathrm{j}\omega_0 t}\}}{2} + \dfrac{\mathcal{F}\{x(t)\mathrm{e}^{-\mathrm{j}\omega_0 t}\}}{2}$$

$$= \dfrac{X(\omega-\omega_0)+X(\omega+\omega_0)}{2} \tag{4-103}$$

式中，右边第一项表示 $\dfrac{X(\omega)}{2}$ 沿频率轴向右平移 ω_0，第二项表示 $\dfrac{X(\omega)}{2}$ 沿频率轴向左平移 ω_0。这个过程称为调制。式（4-103）也称为调制性质。

例 4-13 试求图 4-15（e）所示的高频脉冲信号的频谱函数。

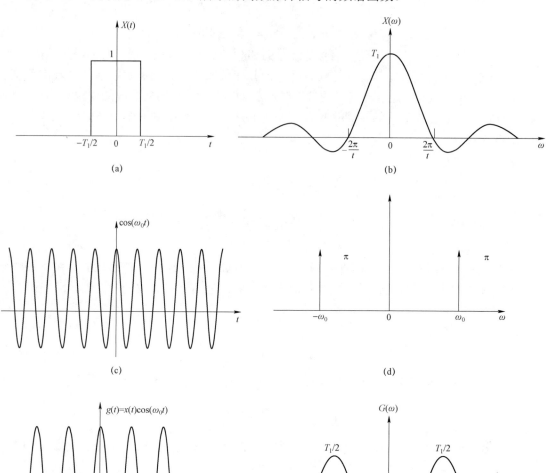

图 4-15 高频脉冲及其频谱

解 从图 4-15 中可见，高频脉冲 $g(t)$ 是矩形脉冲 $x(t)$ 与高频正弦波 $p(t)=\cos(\omega_0 t)$ 的乘积，即

$$g(t)=x(t)\cos(\omega_0 t) \qquad (4-104)$$

式中，矩形脉冲 $g(t)$ 即高频脉冲的包络线，它的频谱已在例 4-11 中求得，为

$$X(\omega)=AT_1\mathrm{sinc}(\omega T_1/2)$$

根据调制性质式（4-103）可得 $g(t)$ 的频谱函数为

$$G(\omega)=AT_1\mathrm{sinc}\left[(\omega-\omega_0)T_1/2\right]+AT_1\mathrm{sinc}\left[(\omega+\omega_0)T_1/2\right] \qquad (4-105)$$

即高频脉冲的频谱 $G(\omega)$ 等于包络线的频谱 $X(\omega)$ 一分为二，各向左右平移一高频 ω_0，如图 4-15 所示。

7. 对偶性

若 $x(t) \leftrightarrow X(\omega)$，则

$$X(t) \leftrightarrow 2\pi x(-\omega) \tag{4-106}$$

由傅里叶反变换式（4-60）经反转后，并将其中的 t 与 ω 互换，即可证明此性质。即

$$x(-t) = \frac{1}{2\pi} \int_{-\infty}^{\infty} X(\omega) e^{-j\omega t} d\omega$$

$$x(-\omega) = \frac{1}{2\pi} \int_{-\infty}^{\infty} X(t) e^{-j\omega t} dt$$

上式右边积分就是时间函数 $X(t)$ 的傅里叶变换，即

$$\mathcal{F}\{X(t)\} = \int_{-\infty}^{\infty} X(t) e^{-j\omega t} dt = 2\pi x(-\omega)$$

可见，若 $x(t)$ 的频谱函数为 $X(\omega)$，则信号 $X(t)$ 的频谱函数就是 $2\pi x(-\omega)$。

若 $x(t)$ 是偶函数，即 $x(-t) = x(t)$ 或 $x(-\omega) = x(\omega)$，则

$$X(t) \leftrightarrow 2\pi x(\omega) \tag{4-107}$$

式（4-107）说明，若 $x(t)$ 是偶函数，其频谱函数为 $X(\omega)$，则形状与 $X(\omega)$ 相同的另一时间函数 $x(t)$ 的频谱函数形状与 $x(t)$ 相同，在大小上仅差一常数 2π。

例 4-14 求抽样函数

$$x(t) = \mathrm{sinc}(\omega_c t)$$

的频谱函数。

解 在例 4-5 中已经得到门函数的傅里叶变换为抽样函数，即

$$G_{T_1}(t) \leftrightarrow T_1 \mathrm{sinc}\left(\frac{\omega T_1}{2}\right)$$

或

$$\left(\frac{1}{T_1}\right) G_{T_1}(t) \leftrightarrow \mathrm{sinc}\left(\frac{\omega T_1}{2}\right) \tag{4-108}$$

因此可以根据对偶性求解抽样函数的频谱函数，即由式（4-107）和式（4-108）并将式（4-108）中的 t 和 ω 互换，$\dfrac{T_1}{2}$ 和 ω_c 互换，即得

$$\mathrm{sinc}(\omega_c t) \leftrightarrow \left(\frac{\pi}{\omega_c}\right) G_{2\omega_c}(\omega) \tag{4-109}$$

如图 4-16 所示。式（4-108）和式（4-109）说明时域为抽样函数，其频谱函数为门函数；反之，时域为门函数，其频谱函数为抽样函数，这就是傅里叶变换的对偶性。

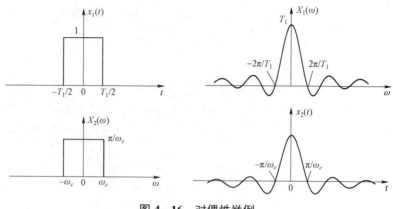

图 4-16 对偶性举例

8. 函数下的面积

函数 $x(t)$ 与 t 轴围成的面积为

$$\int_{-\infty}^{\infty} x(t)\,dt = \int_{-\infty}^{\infty} x(t) e^{-j\omega t}\,dt \bigg|_{\omega=0} = X(\omega)\big|_{\omega=0} = X(0) \tag{4-110}$$

式中，$X(0)$ 为频谱函数 $X(\omega)$ 的零频率值。从式（4-110）中可见，$X(\omega)$ 的零频率值等于时域中 $x(t)$ 下（与 t 轴围成）的面积。

同理，频谱函数 $X(\omega)$ 与 t 轴围成的面积为

$$\int_{-\infty}^{\infty} X(\omega)\,d\omega = \int_{-\infty}^{\infty} X(\omega) e^{j\omega t}\,d\omega \bigg|_{t=0}$$

$$= 2\pi x(t)\big|_{t=0} = 2\pi x(0) \tag{4-111}$$

式中，$x(0)$ 为 $x(t)$ 的零时间值。从式（4-111）中可见，在频域中，频谱函数 $X(\omega)$ 下的面积等于 2π 乘以时间域中时间函数 $x(t)$ 的零时间值。

傅里叶变换对的这些特性为简化计算和检验计算结果提供了有效的途径。同时，也为信号的等效脉冲宽度和（信号）占有频带宽度的计算提供了方便。

例 4-15 求抽样函数 $\mathrm{sinc}(\omega_c t)$ 下的面积。

解 在例 4-14 中已经求得抽样函数的频谱函数为门函数，即

$$\mathrm{sinc}(\omega_c t) \leftrightarrow \left(\frac{\pi}{\omega_c}\right) G_{2\omega_c}(\omega)$$

由式（4-110）得

$$\int_{-\infty}^{\infty} \mathrm{sinc}(\omega_c t)\,dt = \left(\frac{\pi}{\omega_c}\right) G_{2\omega_c}(0) = \frac{\pi}{\omega_c} \tag{4-112}$$

根据图 4-17（a）中实线和虚线所示的两个图形面积相等，即

$$x(0)\tau = \int_{-\infty}^{\infty} x(t)\,dt = X(0) \tag{4-113}$$

等效脉冲宽度 τ 可定义为与 $x(t)$ 面积等效的那一矩形脉冲的宽度，据此由式（4-113）可得

$$\tau = \frac{X(0)}{x(0)} \quad (4-114)$$

同理，根据图 4-17（b）所示两个图形面积相等，即

$$X(0)B_\omega = \int_{-\infty}^{\infty} X(\omega) d\omega = 2\pi x(0) \quad (4-115)$$

等效频带宽度 B_ω 可定义为与 $X(\omega)$ 面积等效的那一矩形频谱的宽度。据此由式（4-115）可得

$$B_\omega = \frac{2\pi x(0)}{X(0)} \quad (4-116)$$

联立式（4-114）和式（4-116）得

$$B_\omega = \frac{2\pi}{\tau} \quad (4-117)$$

或

$$B_f = \frac{B_\omega}{2\pi} = \frac{1}{\tau} \quad (4-118)$$

式（4-117）和式（4-118）说明信号的等效频带宽度和等效脉冲宽度成反比。因此，若要同时具有较窄的脉宽和带宽，就必须选用两者乘积较小的脉冲信号。

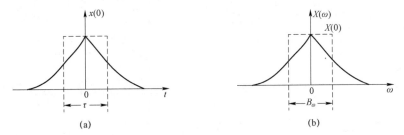

图 4-17 例 4-15 中信号的等效脉冲宽度与频带宽度

9. 时域微分性质

若 $x(t) \leftrightarrow X(\omega)$，则

$$\frac{dx(t)}{dt} \leftrightarrow j\omega X(\omega) \quad (4-119)$$

证明 将傅里叶反变换式

$$x(t) = \frac{1}{2\pi} \int_{-\infty}^{\infty} X(\omega) e^{j\omega t} d\omega$$

两边对 t 微分并交换微积分次序可得

$$\frac{dx(t)}{dt} = \frac{1}{2\pi} \int_{-\infty}^{\infty} (j\omega X(\omega)) e^{j\omega t} d\omega$$

若把上式仍看成是反变换式，则 $\frac{dx(t)}{dt}$ 是原函数，而 $j\omega X(\omega)$ 是 $\frac{dx(t)}{dt}$ 的频谱函数。即

$$\frac{dx(t)}{dt} \leftrightarrow j\omega X(\omega)$$

说明信号在时域中求导,相当于在频域中用 jω 去乘它的频谱函数。

同理可证,信号在时域中取 n 阶导数,等效于在频域中用 $(j\omega)^n$ 乘它的频谱函数。即

$$\frac{d^n x(t)}{dt^n} \leftrightarrow (j\omega)^n X(\omega) \quad (4-120)$$

式(4-119)和式(4-120)即时域微分性质,是一个非常重要的性质,因为它把时域中的微分运算转化为频域中的乘积运算。后面章节中讨论用傅里叶变换来分析由微分方程描述的系统时,就利用到这一重要性质。

利用时域微分性质还可以求出一些在通常意义下不易求得的变换关系,例如由 $\delta(t) \leftrightarrow 1$ 可得

$$\delta'(t) \leftrightarrow j\omega \quad (4-121)$$

$$\delta^{(n)}(t) \leftrightarrow (j\omega)^n \quad (4-122)$$

例 4-16 求图 4-18(a)所示的正负号函数

$$\text{sgn}(t) = \begin{cases} 1, & t > 0 \\ -1, & t < 0 \end{cases} \quad (4-123)$$

的频谱函数。

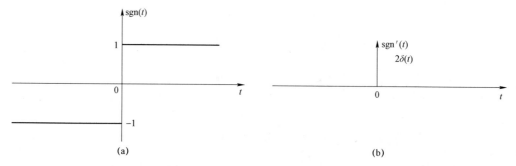

图 4-18 正负号函数及其微分波形

解 用微分性质解题,先将原波形 $x(t)$ 微分,得 $\dfrac{dx(t)}{dt}$ 波形如图 4-18(b)所示。即

$$\frac{dx(t)}{dt} = 2\delta(t)$$

对上式两边取傅里叶变换,该 $x(t) = \text{sgn}(t)$ 的傅里叶变换为 $X(\omega)$,根据时域微分性质得

$$j\omega X(\omega) = 2$$

所以

$$X(\omega) = \frac{2}{j\omega}$$

即

$$\text{sgn}(t) \leftrightarrow \frac{2}{j\omega} \quad (4-124)$$

例 4-17　求单位阶跃函数 $u(t)$ 的频谱函数。

解　单位阶跃函数可分解为偶函数和奇函数两部分，即

$$u(t) = \frac{1}{2} + \frac{1}{2}\text{sgn}(t) \tag{4-125}$$

如图 4-19 所示，对上式两边取傅里叶变换，得

$$\mathcal{F}\{u(t)\} = \mathcal{F}\left\{\frac{1}{2} + \frac{1}{2}\text{sgn}(t)\right\}$$

利用式（4-79）和式（4-124）的结果，可得

$$\mathcal{F}\{u(t)\} = \pi\delta(\omega) + \frac{1}{j\omega} \tag{4-126}$$

上式说明，单位阶跃信号的频谱除了在 $\omega = 0$ 处有一冲激 $\pi\delta(\omega)$ 外，还有其他频率分量。这是因为 $u(t)$ 不同于直流信号，直流信号必须在 $(-\infty, \infty)$ 时间内均为常数。将 $u(t)$ 分解为直流信号 $\frac{1}{2}$ 和幅值为 $\frac{1}{2}$ 的正负信号就不难理解式（4-126）的意义了。

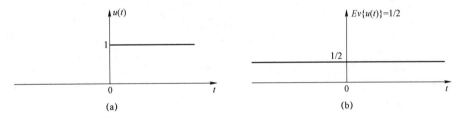

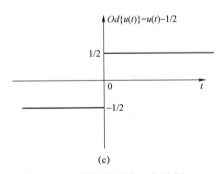

图 4-19　单位阶跃奇、偶分解

10. 频域微分性质

若 $x(t) \leftrightarrow X(\omega)$，则

$$-jtx(t) \leftrightarrow \frac{dX(\omega)}{d\omega} \tag{4-127}$$

证明　将傅里叶变换式（4-61）两边对 ω 微分，并交换微分与积分的次序，可得

$$\frac{dX(\omega)}{d\omega} = \frac{d}{d\omega}\left[\int_{-\infty}^{\infty} x(t)e^{-j\omega t}dt\right]$$

$$= \int_{-\infty}^{\infty}[-jtx(t)]e^{-j\omega t}dt$$

若把上式仍看成是一正变换式，则 $-jtx(t)$ 是原函数，而 $\dfrac{dX(\omega)}{d\omega}$ 是它的频谱函数。即

$$-jtx(t) \leftrightarrow \dfrac{dX(\omega)}{d\omega}$$

说明信号在频域中对频谱函数求导等效于在时域中用 $-jt$ 去乘它的时间函数。

同理可证，在频域中对频谱求 n 阶导数，等效于在时域中用 $(-jt)^n$ 去乘它的时间函数。即

$$(-jt)^n x(t) \leftrightarrow \dfrac{d^n X(\omega)}{d\omega^n} \tag{4-128}$$

利用频域微分性质可以求得一些通常意义下不易求得的变换关系。例如由 $1 \leftrightarrow 2\pi\delta(\omega)$ 可得

$$-jt \leftrightarrow 2\pi\delta'(\omega) \quad \text{或} \quad t \leftrightarrow 2\pi j\delta'(\omega) \tag{4-129}$$

$$(-jt)^n \leftrightarrow 2\pi\delta^{(n)}(\omega) \quad \text{或} \quad t^n \leftrightarrow 2\pi j^n \delta^{(n)}(\omega) \tag{4-130}$$

由

$$u(t) \leftrightarrow \pi\delta(\omega) + \dfrac{1}{j\omega}$$

得

$$tu(t) \leftrightarrow j\pi\delta'(\omega) - \dfrac{1}{\omega^2} \tag{4-131}$$

由 $\operatorname{sgn}(t) \leftrightarrow \dfrac{2}{j\omega}$，得 $|t| = t\operatorname{sgn}(t)$ 的变换对为

$$|t| \leftrightarrow \dfrac{-2}{\omega^2} \tag{4-132}$$

11. 时域积分性质

若 $x(t) \leftrightarrow X(\omega)$，$X(0)$ 为有限值，则

$$\int_{-\infty}^{t} x(t)dt \leftrightarrow \pi X(0)\delta(\omega) + \dfrac{X(\omega)}{j\omega} \tag{4-133}$$

证明 在第 2 章中已经指出，$\int_{-\infty}^{t} x(t)dt = x(t) * u(t)$，根据时域卷积定理和式（4-126）可得

$$\mathcal{F}\{x(t) * u(t)\} = X(\omega)\left[\pi\delta(\omega) + \dfrac{1}{j\omega}\right]$$

$$= \pi X(0)\delta(\omega) + \dfrac{X(\omega)}{j\omega}$$

即

$$\int_{-\infty}^{t} x(t)dt \leftrightarrow \pi X(0)\delta(\omega) + \dfrac{X(\omega)}{j\omega}$$

式中，$X(0) = \int_{-\infty}^{\infty} x(t)dt$，即 $x(t)$ 的面积。

例 4-18 求图 4-20 所示信号 $x(t)$ 的频谱。

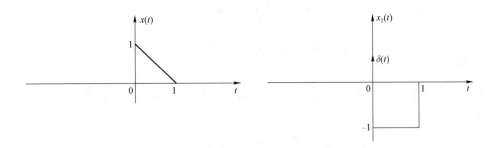

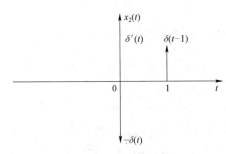

图 4-20 例 4-18 信号 $x(t)$ 及其一、二阶微分波形

解 先对 $x(t)$ 进行两次微分,并令 $x(t)$ 的一、二阶导数分别为 $x_1(t)$ 和 $x_2(t)$,则

$$x_1(t) = \int_{-\infty}^{t} x_2(t)\mathrm{d}t$$

$$x(t) = \int_{-\infty}^{t} x_1(t)\mathrm{d}t$$

由于

$$X_2(0) = \int_{-\infty}^{t} x_2(t)\mathrm{d}t$$
$$= \int_{-\infty}^{\infty} \left[\delta'(t) - \delta(t) + \delta(t-1) \right] \mathrm{d}t$$
$$= 0$$

$$X_2(\omega) = \mathcal{F}\{x_2(t)\} = \mathrm{j}\omega - 1 + \mathrm{e}^{-\mathrm{j}\omega}$$

根据时域积分性质,得

$$X_1(\omega) = \mathcal{F}\{x_1(t)\} = \frac{\mathrm{j}\omega - 1 + \mathrm{e}^{-\mathrm{j}\omega}}{\mathrm{j}\omega}$$

又由于

$$X_1(0) = \int_{-\infty}^{\infty} x_1(t)\mathrm{d}t$$
$$= \int_{-\infty}^{\infty} \delta(t)\mathrm{d}t$$
$$= \int_{0}^{1} (-1)\mathrm{d}t = 0$$

根据时域积分性质,得

$$X(\omega) = \frac{X_1(\omega)}{j\omega} = \frac{j\omega - 1 + e^{-j\omega}}{(j\omega)^2}$$

$$= \frac{(1 - j\omega - e^{-j\omega})}{\omega^2}$$

从本例可见,在用时域积分性质求信号频谱时,虽然也对信号进行微分,但用的是积分性质,即

$$X(\omega) = \frac{X_1(\omega)}{j\omega} + \pi X_1(0)\delta(\omega) \tag{4-134}$$

式中,$X_1(\omega)$ 为信号 $x(t)$ 的一阶导数 $x_1(t)$ 的频谱。在本例中,因为

$$X_1(0) = \int_{-\infty}^{\infty} x_1(t)dt = 0$$

所以

$$X(\omega) = \frac{X_1(\omega)}{j\omega} \tag{4-135}$$

即若 $X_1(0) = 0$,则函数 $x_1(t)$ 积分后的频谱等于积分前的频谱 $X_1(\omega)$ 除以 ω。换句话说,若 $X_1(0) = 0$,则信号 $x_1(t)$ 在时域中积分等效于在频域中将原信号频谱 $X_1(\omega)$ 除以 $j\omega$。

12. 频域积分性质

若 $x(t) \leftrightarrow X(\omega)$,则

$$-\frac{1}{jt}x(t) + \pi x(0)\delta(t) \leftrightarrow \int_{-\infty}^{\omega} X(\eta)d\eta \tag{4-136}$$

上述性质不难由时域积分性质式(4-133)以及时域之间的对偶性推得。

若 $x(0) = 0$,或 $x(t)$ 为奇函数,则

$$-\frac{1}{jt}x(t) \leftrightarrow \int_{-\infty}^{\omega} X(\eta)d\eta \tag{4-137}$$

上式说明,在频域中积分等效于在时域中除以 $-jt$。

13. 时域卷积定理

若 $x_1(t) \leftrightarrow X_1(\omega), x_2(t) \leftrightarrow X_2(\omega)$,则

$$x_1(t) * x_2(t) \leftrightarrow X_1(\omega)X_2(\omega) \tag{4-138}$$

证明

$$\mathcal{F}\{x_1(t) * x_2(t)\} = \int_{-\infty}^{\infty}\left[\int_{-\infty}^{\infty} x_1(\tau)x_2(t-\tau)d\tau\right]e^{-j\omega t}dt$$

$$= \int_{-\infty}^{\infty} x_1(\tau)\left[\int_{-\infty}^{\infty} x_2(t-\tau)e^{-j\omega t}dt\right]d\tau$$

由时移性可知,上式方括号里的积分为 $X_2(\omega)e^{-j\omega\tau}$,所以

$$\mathcal{F}\{x_1(t)*x_2(t)\} = \int_{-\infty}^{\infty} x_1(\tau) X_2(\omega) e^{-j\omega\tau} d\tau$$

$$= X_2(\omega) \int_{-\infty}^{\infty} x_1(\tau) e^{-j\omega\tau} d\tau$$

$$= X_1(\omega) X_2(\omega)$$

上述定理说明，在时域中两个函数的卷积，等效于频域中各个函数频谱函数的乘积，即时域中的卷积运算等效于频域中的乘积运算。这个定理在系统分析中非常重要，是用频谱分析方法研究 LTI 系统响应和滤波的基础。

例 4-19 求图 4-21 所示的三角脉冲的频谱函数。

解 三角脉冲可看成两个门函数的卷积，如图 4-21（a）所示。根据时域卷积定理，其频谱函数等于两个门函数频谱函数的乘积，即抽样函数的平方。即

$$G_{T_1}(t) * G_{T_1}(t) \leftrightarrow T_1^2 \text{sinc}^2\left(\frac{\omega T_1}{2}\right) \tag{4-139}$$

如图 4-21（b）所示。

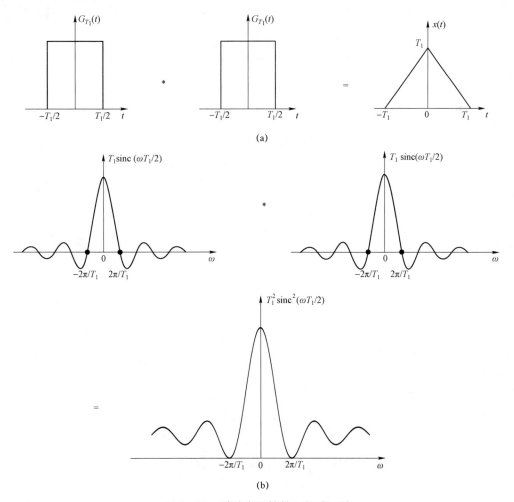

图 4-21 时域卷积等效于频域相乘

14. 频域卷积定理

时域卷积定理说明，时域内的卷积对应于频域内的乘积。由于时域与频域之间的对称性，不难预期其一定有一个相应的对偶性质存在，即时域内的乘积对应于频域内的卷积。

若 $x(t) \leftrightarrow X(\omega), p(t) \leftrightarrow P(\omega), g(t) \leftrightarrow G(\omega)$，则

$$g(t) = x(t)p(t) \leftrightarrow G(\omega) = \frac{X(\omega)*P(\omega)}{2\pi} \quad (4-140)$$

上述定理可以利用上节讨论的对偶性和时域卷积定理来证明；也可通过傅里叶反变换式，用类似于证明时域卷积定理的方法得到。

在讨论频移性时已经指出，两个信号相乘，可以理解为用一个信号去调制另一信号的振幅，因此两个信号相乘，就称为幅度调制。频域卷积定理式（4-140）也称为调制定理。这个定理在无线电工程中非常有用，是用频域分析方法研究调制、解调和抽样系统的基础。

例 4-20 已知信号的频谱如图 4-22（a）所示。另有一信号 $p(t) = \cos(\omega_0 t)$ 的频谱为

$$P(\omega) = \pi\delta(\omega - \omega_0) + \pi\delta(\omega + \omega_0)$$

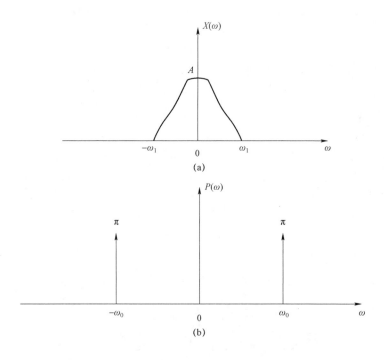

图 4-22 时域相乘等效于频域卷积

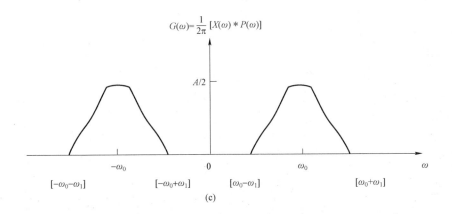

图 4-22 时域相乘等效于频域卷积（续）

如图 4-22（b）所示。试求这两个信号相乘即 $g(t)=x(t)p(t)$ 的频谱。

解 $g(t)=x(t)p(t)$ 的频谱可以由频域卷积定理得到，即

$$G(\omega)=\left[X(\omega)*P(\omega)\right]/(2\pi)$$
$$=X(\omega)*\delta(\omega-\omega_0)+X(\omega)*\delta(\omega+\omega_0)/2$$
$$=X(\omega-\omega_0)/2+X(\omega+\omega_0)/2 \quad (4-141)$$

如图 4-22（c）所示，图中已假定 $\omega_0>\omega_1$，所以 $G(\omega)$ 中两个非零部分无重叠。即 $g(t)$ 的频谱是两个各向左右平移 ω_0、幅度减半的 $X(\omega)$ 的和。

从式（4-141）和图 4-22 中可以直观地看到，当信号 $x(t)$ 乘以高频余弦波以后，该信号的全部信息 $X(\omega)$ 都被保留下来了，只是这些信息被平移到较高的频率上，这就是幅度调制的基本思想。在下一例子中，我们将要看到如何从一个幅度已调制高频信号 $g(t)$ 中，将原始信号恢复出来。

例 4-21 已知 $g(t)=x(t)p(t)$ 的频谱 $G(\omega)$ 如图 4-22（c）和图 4-23（a）所示，$p(t)=\cos(\omega_0 t)$ 的频谱如图 4-23（b）所示，试求 $r(t)=g(t)p(t)$ 的频谱。

解 $r(t)=g(t)p(t)$ 的频谱可以由频域卷积定理式（4-140）得到，即

$$R(\omega)=\left[G(\omega)*P(\omega)\right]/(2\pi)$$

式中，

$$G(\omega)=X(\omega-\omega_0)/2+X(\omega+\omega_0)/2$$
$$P(\omega)=\pi\left[\delta(\omega-\omega_0)+\delta(\omega+\omega_0)\right]$$

所以

$$R(\omega)=\left[X(\omega-\omega_0)+X(\omega+\omega_0)\right]*\left[\delta(\omega-\omega_0)+\delta(\omega+\omega_0)\right]/4$$
$$=\left[X(\omega-2\omega_0)\right]/4+X(\omega)/2+\left[X(\omega+2\omega_0)\right]/4 \quad (4-142)$$

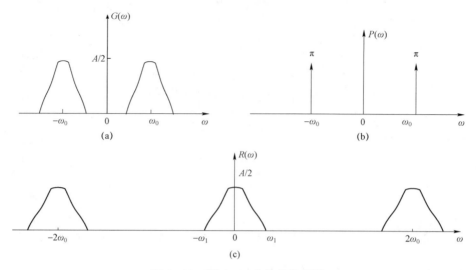

图 4-23 例 4-21 中信号的频谱

如图 4-22（c）所示。可见已调信号 $g(t)$ 与高频余弦波 $p(t)$ 相乘信号 $r(t)$ 的频谱中包含原始信号 $x(t)/2$ 和频率为 $2\omega_0$ 高频已调信号 $\left[x(t)\cos(2\omega_0 t)\right]/2$ 的频谱，即

$$r(t)=\left[x(t)+x(t)\cos(2\omega_0 t)\right]/2 \tag{4-143}$$

现在假定将 $r(t)$ 作为一个 LTI 系统的输入，如图 4-24 所示。

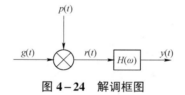

图 4-24 解调框图

该系统的频率响应 $H(\omega)$ 在低频段，即 $|\omega|<\omega_1$ 时为一常数，而在高频段，即 $|\omega|\geqslant\omega_1$ 时为零，即

$$H(\omega)=\begin{cases}2, & |\omega|<\omega_1 \\ 0, & |\omega|\geqslant\omega_1\end{cases} \tag{4-144}$$

则该系统的输出频谱

$$Y(\omega)=R(\omega)H(\omega)=X(\omega)$$

即系统输出

$$y(t)=\mathcal{F}^{-1}\{Y(\omega)\}=\mathcal{F}^{-1}\{X(\omega)\}=x(t) \tag{4-145}$$

可见，幅度已调信号 $g(t)$ 与一频率为 ω_0 的余弦波 $\cos(2\omega_0 t)$ 相乘，再将其输出通过一频率响应 $H(\omega)$ 如式（4-144）所示的 LTI 系统（低通滤波器）就可恢复出原始信号。这个过程称为解调，这就是解调的一个基本思想。

到此为止，讨论了傅里叶变换的相关性质。为了便于查用，先把这些性质和后面即将讨论的几个性质汇总于表 4-1 中。傅里叶变换的很多性质在傅里叶级数中都能找到对应的性质，现把这些性质汇总于表 4-2 中。在表 4-3 中，还汇总了前面已讨论过的一些基本又重要的傅里叶变换对。这些变换对在用傅里叶分析法研究信号与系统时经常会遇到。

表 4-1 傅里叶变换的性质

性质	时域 $x(t)$	频域 $X(\omega)$
1. 线性	$ax_1(t)+bx_2(t)$	$aX_1(\omega)+bX_2(\omega)$
2. 共轭对称性	$x(t)$ 为实函数	$X(-\omega)=X^*(\omega)$
3. 时移性	$x(t-t_0)$	$X(\omega)e^{-j\omega t_0}$
4. 频移性	$x(t)e^{j\omega_0 t}$	$X(\omega-\omega_0)$
5. 尺度变换	$x(at)$	$(1/|a|)X(\omega/a)$
6. 反转	$x(-t)$	$X(-\omega)$
7. 对偶性	$X(t)$	$2\pi x(-\omega)$
8. 时域微分	$\dfrac{dx(t)}{dt}$	$j\omega X(\omega)$
9. 频域微分	$-jtx(t)$	$\dfrac{dX(\omega)}{d\omega}$
10. 时域卷积	$x_1(t)*x_2(t)$	$X_1(\omega)X_2(\omega)$
11. 频域卷积	$x_1(t)x_2(t)$	$[X_1(\omega)*X_2(\omega)]/(2\pi)$
12. 时域积分	$\int_{-\infty}^{t}x(\tau)d\tau$	$X(\omega)/(j\omega)+\pi X(0)\delta(\omega)$
13. 频域积分	$[-1/(jt)]x(t)+\pi x(0)\delta(t)$	$\int_{-\infty}^{\omega}X(\eta)d\eta$
14. 相关定理	$x_1(t)\circ x_2(t)$	$X_1(\omega)X_2^*(\omega)$
15. 函数下面积	$\int_{-\infty}^{\infty}x(t)dt$	$X(0)$
	$2\pi x(0)$	$\int_{-\infty}^{\infty}X(\omega)d\omega$
16. 帕色伐尔定理	$\int_{-\infty}^{\infty}x^2(t)dt$	$=\dfrac{1}{2\pi}\int_{-\infty}^{\infty}|X(\omega)|^2d\omega$

表 4-2 傅里叶级数的性质

性质	时域 $x(t)$	频域 c_k
1. 线性	$ax_1(t)+bx_2(t)$	$ac_{1k}+bc_{2k}$
2. 共轭对称性	$x(t)$ 为实函数	$c_{-k}=c_k^*$
3. 时移性	$x(t-t_0)$	$c_k e^{-jk\left(\frac{2\pi}{T_0}\right)t_0}$

续表

性质	时域 $x(t)$	频域 c_k
4. 频移性	$x(t)\mathrm{e}^{jm\omega_0 t}$	c_{k-m}
5. 尺度变换	$x(at), a>0$，周期 $\dfrac{T_0}{a}$	c_k
6. 反转	$x(-t)$	c_{-k}
7. 时域微分	$\dfrac{\mathrm{d}x(t)}{\mathrm{d}t}$	$jk\left(\dfrac{2\pi}{T_0}\right)c_k$
8. 时域积分	$\displaystyle\int_{-\infty}^{t}x(\tau)\mathrm{d}\tau$（仅当 $c_0=0$ 时，才是有限值）	$\left(\dfrac{1}{jk\left(\dfrac{2\pi}{T_0}\right)}\right)c_k$
9. 时域卷积	$\displaystyle\int_{T_0}x_1(\tau)x_2(t-\tau)\mathrm{d}\tau$	$T_0 c_{1k}c_{2k}$
10. 频域卷积	$x_1(t)x_2(t)$	$\displaystyle\sum_{l=-\infty}^{\infty}c_{1l}c_{2(k-l)}$
11. 帕色伐尔定理	$\displaystyle\int_{T_0}x^2(t)\mathrm{d}t$	$\displaystyle\sum_{k=-\infty}^{\infty}\left|c_k\right|^2$
12. 函数下面积	$x(0)$	$\displaystyle\sum_{k=-\infty}^{\infty}c_k$

表 4–3　常用傅里叶变换对

时间函数 $x(t)$	傅里叶变换 $X(\omega)$
1. 复指数信号　$\mathrm{e}^{j\omega_0 t}$ $\mathrm{e}^{-j\omega_0 t}$	$2\pi\delta(\omega-\omega_0)$ $2\pi\delta(\omega+\omega_0)$
2. 余弦波　$\cos(\omega_0 t)$	$\pi\left[\delta(\omega-\omega_0)+\delta(\omega+\omega_0)\right]$
3. 正弦波　$\sin(\omega_0 t)$	$-j\pi\left[\delta(\omega-\omega_0)-\delta(\omega+\omega_0)\right]$
4. 常数　　1	$2\pi\delta(\omega)$
5. 周期波　$\displaystyle\sum_{k=-\infty}^{\infty}c_k\mathrm{e}^{j k\omega_0 t}$	$2\pi\displaystyle\sum_{k=-\infty}^{\infty}c_k\delta(\omega-k\omega_0)$
6. 周期矩形脉冲　$\begin{cases}1, & \lvert t\rvert<\dfrac{T_1}{2}\\ 0, & \dfrac{T_1}{2}<\lvert t\rvert<\dfrac{T_2}{2}\end{cases}$	$\displaystyle\sum_{k=-\infty}^{\infty}\dfrac{2A\sin\left(\dfrac{k\omega_0 T_1}{2}\right)}{k}\delta(\omega-k\omega_0)$
7. 冲激串　$\displaystyle\sum_{k=-\infty}^{\infty}\delta(t-nT)$	$\dfrac{2\pi}{T}\displaystyle\sum_{k=-\infty}^{\infty}\delta\left(\omega-\dfrac{2\pi k}{T}\right)$

续表

时间函数 $x(t)$		傅里叶变换 $X(\omega)$
8. 门函数	$G_{T_1}(t) = \begin{cases} 1, & |t| < \dfrac{T_1}{2} \\ 0, & |t| > \dfrac{T_1}{2} \end{cases}$	$T_1 \text{sinc}\left(\dfrac{\omega T_1}{2}\right)$
9. 抽样函数	$\dfrac{\omega_c}{\pi} \text{sinc}(\omega_c t)$	$G_{2\omega_c}(\omega) = \begin{cases} 1, & |\omega| < \omega_c \\ 0, & |\omega| > \omega_c \end{cases}$
10. 单位冲激	$\delta(t)$	1
11. 延迟冲激	$\delta(t-t_0)$	$e^{-j\omega t_0}$
12. 正负号函数	$\text{sgn}(t)$	$\dfrac{2}{j\omega}$
13. 单位阶跃	$u(t)$	$\dfrac{1}{j\omega} + \pi\delta(\omega)$
14. 单位斜坡	$tu(t)$	$j\pi\delta'(\omega) - \dfrac{1}{\omega^2}$
15. 单边指数脉冲	$e^{-at}u(t), \text{Re}\{a\} > 0$	$\dfrac{1}{a+j\omega}$
16. 双边指数脉冲	$e^{-a|t|}, \text{Re}\{a\} > 0$	$\dfrac{2a}{a^2+\omega^2}$
17. 高斯脉冲	$e^{-(at)^2}$	$\dfrac{\sqrt{\pi}}{a} e^{-\left(\frac{\omega}{2a}\right)^2}$
18. 三角脉冲	$x(t) = \begin{cases} 1 - \dfrac{|t|}{T}, & |t| < T \\ 0, & \text{其他} \end{cases}$	$T_1 \left[\text{sinc}\left(\dfrac{\omega T_1}{2}\right)\right]^2$
19. $te^{-at}u(t), \text{Re}\{a\} > 0$		$\dfrac{1}{(a+j\omega)^2}$
20. $\dfrac{t^{n-1}}{(n-1)!} e^{-at} u(t), \text{Re}\{a\} > 0$		$\dfrac{1}{(a+j\omega)^n}$
21. 减幅余弦	$e^{-at}\cos(\omega_0 t)u(t)$	$\dfrac{a+j\omega}{(a+j\omega)^2 + \omega_0^2}$
22. 减幅正弦	$e^{-at}\sin(\omega_0 t)u(t)$	$\dfrac{\omega_0}{(a+j\omega)^2 + \omega_0^2}$
23. $\dfrac{1}{a^2+t^2}$		$\dfrac{\pi}{a} e^{-a|\omega|}$

续表

时间函数 $x(t)$		傅里叶变换 $X(\omega)$
24. 余弦脉冲	$G_{T_1}(t)\cos(\omega_0 t)$	$T_1\left\{\operatorname{sinc}\left[(\omega-\omega_0)\dfrac{T_1}{2}\right] + \operatorname{sinc}\left[(\omega-\omega_0)\dfrac{T_1}{2}\right]\right\}/2$

4.6 系统的频域分析及响应

4.6.1 频域分析原理

第 2 章讨论的用时域分析法求解系统的零状态响应，其过程是首先将激励信号分解为许多冲激函数，然后求每一个冲激函数的系统响应，最后将所有的冲激函数响应相叠加，用卷积的方法求得系统的零状态响应，即

$$y(t) = h(t) * x(t) \quad (4-146)$$

频域分析法的基本思想与时域分析法是一致的，求解过程也类似。在频域分析法中，首先将激励信号分解为一系列不同幅度、不同频率的等幅正弦信号，然后求出每一正弦信号单独通过系统的响应，并将这些响应在频域叠加，最后再变换回时域表示，即得到系统的零状态响应。图 4-25 给出了线性系统频域分析法的原理说明框图，其中 $X(\omega)$、$Y(\omega)$ 分别为 $x(t)$、$y(t)$ 的频谱函数。

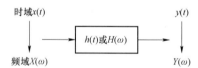

图 4-25 线性系统频域分析法

具体做法是，在系统的输入端，把系统的激励信号 $x(t)$ 通过傅里叶变换转换到频域 $X(\omega)$，在输出端，则将频域的输出响应 $Y(\omega)$ 转换回时域 $y(t)$，而中间所有运算都是在频域进行的。现在的问题就是它们在频域是如何计算的，为此设 $H(\omega)$ 表示系统冲激响应 $h(t)$ 的傅里叶变换，即

$$H(\omega) = \mathcal{F}[h(t)]$$

或

$$h(t) = \mathcal{F}^{-1}[H(\omega)]$$

根据傅里叶变换的时域卷积定理，可得出

$$Y(\omega) = H(\omega)X(\omega) \quad (4-147)$$

式中，$H(\omega)$ 称为系统的系统函数，它与系统的单位冲激响应是一对傅里叶变换对。

从物理概念来说，如果系统激励信号的频谱密度函数为 $X(\omega)$，则系统响应信号的频谱密度函数就为 $H(\omega)X(\omega)$。也就是说，通过系统 $H(\omega)$ 的作用改变了激励信号的频谱 $X(\omega)$，系统的功能就是对激励信号的各频率分量幅度进行加权，并对每个频率分量都产生各自的相位移，而加权值的大小和相位移的多少完全取决于系统函数 $H(\omega)$。

例如对于频率分量 ω_0，则有

$$Y(\omega_0) = H_0(\omega)X_0(\omega) = |H(\omega_0)|e^{\varphi_h(\omega_0)}|X(\omega_0)|e^{\varphi_e(\omega_0)} = |Y(\omega_0)|e^{\varphi_r(\omega_0)} \quad (4-148)$$

其中，

$$|Y(\omega_0)| = |H(\omega_0)||X(\omega_0)|$$

$$\varphi_r(\omega_0) = \varphi_h(\omega_0) + \varphi_e(\omega_0)$$

4.6.2 频域响应的求取

对于如下 N 阶微分方程描述的系统

$$\sum_{k=0}^{N} a_k y^{(k)}(t) = \sum_{k=0}^{M} b_k x^{(k)}(t)$$

在系统起始松弛条件下（以保证该系统是因果的、线性时不变的），对上述方程两侧取傅里叶变换，可得

$$Y(\omega)\sum_{k=0}^{N} a_k (j\omega)^k = X(\omega)\sum_{k=0}^{N} b_k (j\omega)^k$$

按频率响应的定义，得系统频率响应为

$$H(\omega) = \frac{Y(\omega)}{X(\omega)} = \frac{\sum_{k=0}^{M} b_k (j\omega)^k}{\sum_{k=0}^{N} a_k (j\omega)^k} \quad (4-149)$$

上式表明了用微分方程描述系统的一个重要特性，即它的频率响应是复变量 $j\omega$ 的有理函数。

用微分方程描述的频率响应还有一个重要特性，即满足共轭对称性

$$H(\omega) = H^*(-\omega)$$

这个特性可以解释如下：以连续时间系统为例，其线性常系数微分方程的特征根是实数或共轭复数。从第 2 章知道，由这样的特征根决定的系统单位冲激响应 $h(t)$ 一定是时间常数的实函数，则实函数的傅里叶变换 $H(\omega)$ 必然满足共轭对称性。

4.6.3 利用频域分析求系统零状态响应

这里主要研究两种类型的频率响应计算，一种是已知 LTI 系统的微分方程，采用傅里叶变换的微分性质，把微分方程变为代数方程，再由定义求出其频率响应；另一种是已知 LTI 系统的电路模型，采用类似正弦稳态电路分析的方法，先把电路元件换成以频率 $j\omega$ 为变量的等效阻抗，然后利用电路的定律求出输出和输入信号傅里叶变换的联系式，再用定义求得其频率响应。

下面通过具体实例来说明 LTI 连续时间系统频率响应的求法。

例 4-22 已知某 LTI 系统由下列微分方程描述：
$$y''(t) + 3y'(t) + 2y(t) = x(t)$$
求该系统对激励 $x(t) = e^{-3t}u(t)$ 的响应。

解 设 $x(t)$、$y(t)$ 的傅里叶变换分别为 $x(t) \leftrightarrow X(j\omega)$，$y(t) \leftrightarrow Y(j\omega)$，对微分方程两边同时取傅里叶变换，得
$$(j\omega)^2 Y(j\omega) + 3(j\omega) Y(j\omega) + 2Y(j\omega) = X(j\omega)$$
所以频率响应 $H(j\omega)$ 为
$$H(j\omega) = \frac{Y(j\omega)}{X(j\omega)} = \frac{1}{(j\omega)^2 + 3(j\omega) + 2}$$
而 $x(t) = e^{-3t}u(t)$，其频谱为
$$X(j\omega) = \frac{1}{j\omega + 3}$$
所以有
$$Y(j\omega) = H(j\omega) X(j\omega) = \frac{1}{(j\omega+1)(j\omega+2)(j\omega+3)}$$
$$= \frac{\frac{1}{2}}{j\omega+1} + \frac{-1}{j\omega+2} + \frac{\frac{1}{2}}{j\omega+3}$$
对上式求其傅里叶逆变换，得
$$y(t) = \left(\frac{1}{2}e^{-t} - e^{-2t} + \frac{1}{2}e^{-3t}\right)u(t)$$

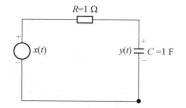

图 4-26 例 4-23 的图

例 4-23 已知如图 4-26 所示的电路，若激励电压源 $x(t) = u(t)$，求电容两端电压 $y(t)$ 的零状态响应。

解 由于系统的频率响应函数为
$$H(j\omega) = \frac{Y(j\omega)}{X(j\omega)} = \frac{\frac{1}{j\omega C}}{R + \frac{1}{j\omega C}} = \frac{1}{j\omega + 1}$$

激励 $x(t) = u(t)$ 的傅里叶变换为
$$X(j\omega) = \pi\delta(\omega) + \frac{1}{j\omega}$$
$$Y(j\omega) = H(j\omega)X(j\omega) = \frac{1}{j\omega+1}\left[\pi\delta(\omega) + \frac{1}{j\omega}\right]$$
$$= \pi\delta(\omega) + \frac{1}{j\omega} - \frac{1}{j\omega+1}$$

因此有

$$y(t) = \frac{1}{2} + \frac{1}{2}\text{sgn}(t) - e^{-t}u(t) = (1-e^{-t})u(t)$$

4.7 信号的传输与滤波

系统对于信号的作用大致分为两类：一类是传输；另一类是滤波。其中传输要求信号尽可能不失真，但滤波则要求滤除或削弱不希望有的频率分量，也就是有条件地产生失真。

4.7.1 无失真传输

一个给定的 LTI 系统，在激励 $x(t)$ 的驱动下，将会产生输出 $y(t)$。LTI 系统的这种功能，在时域和频域中分别表示为

$$y(t) = h(t) * x(t)$$
$$Y(\omega) = H(\omega)X(\omega)$$

也就是说，信号通过系统之后，将会改变原来的形状，成为新的波形。从频率来讲，就是系统改变了原有信号的频谱结构，成为新的频谱。显然波形的改变或者频谱的改变，取决于系统的单位冲激响应 $h(t)$ 或者系统函数 $H(\omega)$。

线性系统的失真有两种类型：一种是幅度失真，即系统对信号中各频率分量的幅度产生不同程度的衰减，使各频率分量幅度的相对比例发生变化；另一种是相位失真，即系统对各频率分量产生的相移不与频率成正比，使得各频率分量在时间轴上的相对位置产生变化。由于幅度失真和相位失真都不会产生新的频率分量，所以称之为线性失真。在非线性系统中，由于在传输过程中可能会产生新的频率分量，所以又称这种失真为非线性失真。

所谓信号无失真传输，指的是系统的输出信号和输入信号相比，只是幅度大小和出现的时间先后不同，而无波形上的变化。

设输入信号为 $x(t)$，输出为 $y(t)$，则无失真传输的条件是

$$y(t) = Kx(t-t_\text{d}) \tag{4-150}$$

式中，K 和 t_d 均为常数。当满足式（4-150）的条件时，$y(t)$ 的波形与 $x(t)$ 的波形形状相同，只是幅度有 K 倍的变化，并且在时间上滞后了 t_d。设 $y(t)$ 的频谱函数为 $Y(\omega)$，$x(t)$ 的频谱函数为 $X(\omega)$，对式（4-150）两边取傅里叶变换，则有

式中 $|\omega| < \omega_c$，ω_c 叫做低通滤波器的截止频率。

因此，无失真传播时，系统的频率响应满足

$$Y(\omega) = Ke^{-j\omega t_\text{d}}X(\omega) \tag{4-151}$$

其幅频特性和相频特性分别为

$$\begin{cases} |H(\omega)| = K \\ \phi(\omega) = -\omega t_\text{d} \end{cases} \tag{4-152}$$

显然，要想使信号通过线性系统后不产生失真，则要求在整个频带内系统的幅频特性是一个常数，而相频特性是一条通过原点的直线。无失真传输的幅频和相频特性如图 4-27 所示。

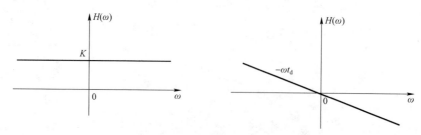

图 4-27 无失真传输的幅频和相频特性

可以看出，信号通过系统的延迟时间 t_d 为相频特性 $\varphi(\omega)$ 的斜率，即

$$t_d = -\frac{d\varphi(\omega)}{d\omega} \qquad (4-153)$$

若 $t_d = 0$，即信号的延迟时间为 0，则相频特性为一条斜率为零的直线，即横坐标轴，此时系统对任何频率的信号都不产生相移，称这种系统为即时系统。由纯电阻元件组成的系统就属于即时系统。

对式（4-151）求傅里叶逆变换，得

$$h(t) = K\delta(t - t_d) \qquad (4-154)$$

式（4-154）表明，无失真传输系统的冲激响应也是冲激函数，它只是输入冲激函数的 K 倍并延时了 t_d 秒。

式（4-151）为信号无失真传输的理想条件，在实际中不可能实现。实际系统只要具有足够大的频宽，以保证含绝大多数能量的频率分量能通过，就可以获得比较满意的无失真传输。因此，只要系统的频率响应的相移特性在一定范围内为一条直线即可。无失真传输在通信技术中具有重要的意义。

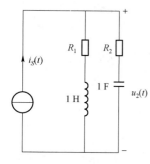

图 4-28 例 4-24 图

例 4-24 如图 4-28 所示电路中，输出电压 $u_2(t)$ 对输入电流 $i_S(t)$ 的频率响应为 $H(\omega) = \dfrac{U_2(\omega)}{I_S(\omega)}$，为了能无失真地传输，试确定 R_1 和 R_2 的值。

解 利用阻抗的串、并联关系，得到该系统的频率响应为

$$H(\omega) = \frac{U_2(\omega)}{I_S(\omega)} = \frac{(R_1 + j\omega L)\left(R_2 + \dfrac{1}{j\omega C}\right)}{R_1 + j\omega L + R_2 + \dfrac{1}{j\omega C}}$$

$$= \frac{R_2(j\omega)^2 + (1 + R_1 R_2)(j\omega) + R_1}{(j\omega)^2 + (R_1 + R_2)(j\omega) + 1}$$

若该电路为一个无失真系统，则 $H(\omega)$ 应满足

$$\begin{cases} |H(\omega)| = K \\ \phi(\omega) = -\omega t_d \end{cases}$$

则必有
$$\frac{R_2}{1} = \frac{1+R_1R_2}{R_1+R_2} = \frac{R_1}{1}$$
解得
$$R_1 = R_2 = 1\,\Omega$$

4.7.2 信号的滤波与理想滤波器

LTI 系统频率响应的另一个重要特性在于建立信号和滤波器的概念。在信号处理中，一个常用的方法是改变一个信号中各频率分量的大小，称这种方法为信号的滤波，实现滤波功能的系统就称为滤波器。"理想滤波器"就是将滤波器的某些特性理想化而定义的滤波网络。理想滤波器可按不同的实际需要，分为低通滤波器（LPF）、高通滤波器（HPF）、带通滤波器和带阻滤波器等。本节主要讨论具有矩形频谱特性和线性相移特性的理想低通滤波器。

1. 理想低通滤波器及其频率特性

具有如图 4-29 所示的幅频、相频特性的系统称为理想低通滤波器，即有

$$H(\omega) = \begin{cases} \mathrm{e}^{-\mathrm{j}\omega t_0}, & |\omega| < \omega_c \\ 0, & |\omega| > \omega_c \end{cases} \tag{4-155}$$

式中，ω_c 为低通滤波器的截止频率；$|\omega| < \omega_c$ 的频率范围为滤波器的通带，$|\omega| > \omega_c$ 的频率范围为阻带。只有在通带内理想低通滤波器才满足无失真传输条件。

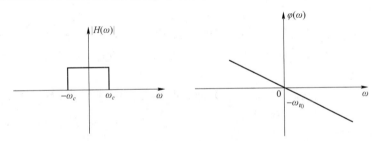

图 4-29 理想低通滤波器的幅频、相频特性

可以看出，理想低通滤波器能对低于某一角频率 ω_c 的信号无失真地进行传送，而阻止角频率高于 ω_c 的信号通过。它可看成是在频域中宽度为 $2\omega_c$ 的门函数，即

$$H(\omega) = \mathrm{e}^{-\mathrm{j}\omega t_0} \cdot g_{2\omega_c}(\omega) \tag{4-156}$$

2. 理想低通滤波器的冲激响应

对式（4-155）求傅里叶反变换，就可得到理想低通滤波器的冲激响应，即

$$h(t) = \frac{1}{2\pi}\int_{-\omega_c}^{\omega_c} \mathrm{e}^{-\mathrm{j}\omega t_0} \cdot \mathrm{e}^{\mathrm{j}\omega t}\mathrm{d}\omega$$

$$= \frac{\omega_c}{\pi}\mathrm{sinc}\big[\omega_c(t-t_0)\big] \tag{4-157}$$

其波形如图 4-30（b）所示。冲激响应是一个峰值位于 t_0 时刻的抽样函数。对于理想低通滤波器，其冲击函数 $h(t)$ 的波形不同于激励信号 $\delta(t)$（图 4-30（a））的波形，产生了严重的失真。这是因为理想低通滤波器是通频带有限系统，而冲激响应 $\delta(t)$ 的频带宽度是无限宽的，

经过理想低通滤波器的处理，它必然会对信号波形产生影响。

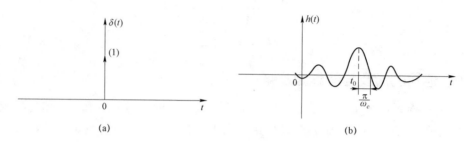

图 4-30　理想低通滤波器的冲激响应

从图 4-30 中可以看出：

（1）$\delta(t)$ 在 $t=0$ 时刻作用于系统，而系统响应 $h(t)$ 在 $t=t_0$ 时刻才达到最大峰值，这说明系统有延时作用。

（2）$h(t)$ 的波形比 $\delta(t)$ 的波形展宽了很多，这表示 $\delta(t)$ 的高频分量被滤波器衰减掉了。

（3）当 $t<0$ 时，有 $h(t) \neq 0$，因此理想低通滤波器是个非因果系统，是一个物理上不可实现的系统。实际上，只要滤波器的特性能够接近理想滤波器的特性即可。

4.8　抽样定理

如果一个离散时间信号包含了连续时间信号的所有信息，在进行信号传输和处理时，就可以用这个离散时间信号代替连续时间信号了。抽样定理就是用于解决连续时间信号和离散时间信号传输间的等效问题的。

由于离散时间信号的处理更为灵活、方便，在许多实际应用中（如数字通信系统等），首先可将连续时间信号转换为相应的离散时间信号，并经过加工处理，然后再把处理后的离散时间信号转换回连续时间信号。

4.8.1　有关定义

1. 带限信号

信号 $x(t)$ 频谱只在区间 $(-\omega_m, \omega_m)$ 为有限值，而在此区间外为零，这样的信号称为频带有限信号，简称带限信号。频谱密度函数 $X(\omega)$ 满足

$$X(\omega) = 0, |\omega| > \omega_m \tag{4-158}$$

式中，ω_m 为信号 $x(t)$ 的最高频率。本节即讨论带限信号的抽样问题。

2. 抽样信号

抽样信号是指利用抽样脉冲序列 $s(t)$，从连续时间信号 $x(t)$ 中"抽取"一系列离散样本值而得到的离散信号，用 $x_s(t)$ 表示。如图 4-31 所示为抽样的模型，$x_s(t)$ 可以表示为

$$x_s(t) = x(t) \cdot s(t) \tag{4-159}$$

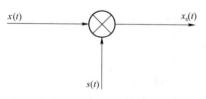

图 4-31　抽样模型

式中，$s(t)$ 也称为开关函数，若其各脉冲间隔的时间相同，均为 T_s，则称之为均匀抽样，并称 T_s 为抽样周期，称 $f_s = \dfrac{1}{T_s}$ 为抽样频率，称 $\omega_s = 2\pi f_s$ 为抽样角频率。

4.8.2 抽样信号的频谱

如果 $x(t) \leftrightarrow X(\omega)$，$s(t) \leftrightarrow S(\omega)$，则由频域卷积定理可得抽样信号 $x_s(t)$ 的频谱密度函数为

$$X_s(j\omega) = \frac{1}{2\pi} X(j\omega) * S(j\omega) \tag{4-160}$$

可以看出，抽样信号的频谱与抽样脉冲 $s(t)$ 有着密切关系。

1. 冲激抽样

如果抽样脉冲序列 $s(t)$ 是周期为 T_s 的冲激函数序列 $\delta_{T_s}(t)$，则称之为均匀冲激抽样，即

$$s(t) = \delta_{T_s}(t) = \sum_{n=-\infty}^{\infty} \delta(t - nT_s) \tag{4-161}$$

可知 $\delta_{T_s}(t)$ 的频谱密度函数也是周期冲激序列，则有

$$S(j\omega) = F[\delta_{T_s}(t)] = F\left[\sum_{n=-\infty}^{\infty} \delta(t - nT_s)\right] = \omega_s \sum_{n=-\infty}^{\infty} \delta(\omega - n\omega_s) \tag{4-162}$$

式中，$\omega_s = \dfrac{2\pi}{T_s}$。

将式（4-162）代入式（4-160）得

$$X_s(\omega) = \frac{1}{2\pi} X(\omega) * \omega_s \sum_{n=-\infty}^{\infty} \delta(\omega - n\omega_s) = \frac{1}{T_s} \sum_{n=-\infty}^{\infty} X(\omega - n\omega_s) \tag{4-163}$$

冲激抽样过程及频谱如图 4-32 所示。

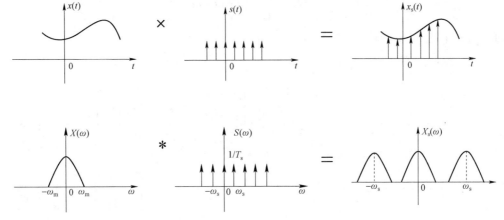

图 4-32 冲激抽样过程及频谱

由抽样信号 $x_s(t)$ 的频谱 $X_s(j\omega)$ 可以看出以下两点：

（1）如果 $\omega_s > 2\omega_m$，则各相邻频移后的频谱不会发生重叠，如图 4-32 所示。这时就能设法（如利用低通滤波器）从抽样信号频谱 $X_s(\omega)$ 中得到原信号的频谱，即可从抽样信号 $x_s(t)$

中恢复出原信号 $x(t)$。

（2）如果 $\omega_s < 2\omega_m$，则频移后的各相邻频谱将相互重叠，如图 4-33 所示。这样就无法将它们分开，因而也不再能恢复出原信号。称频谱重叠的这种现象为混叠现象。

因此，为了不发生混叠现象，必须满足 $\omega_s \geqslant 2\omega_m$。

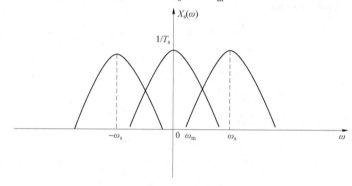

图 4-33 混叠现象

2. 矩形脉冲抽样

如果抽样脉冲序列 $s(t)$ 是幅度为 1，脉宽为 $\tau(\tau < T_s)$ 的矩形脉冲序列 $p_{T_s}(t)$，则称之为矩形脉冲抽样。由表 4-3 知，$s(t)$ 的频谱密度函数为

$$S(\omega) = X\left[p_{T_s}(t)\right] = \frac{2\pi\tau}{T_s} \sum_{n=-\infty}^{\infty} \operatorname{sinc}\left(\frac{n\omega_s\tau}{T_s}\right) \delta(\omega - n\omega_s) \quad (4-164)$$

将式（4-164）代入式（4-160），得到的频谱密度函数为

$$X_s(\omega) = \frac{1}{2\pi} X(\omega) * \frac{2\pi\tau}{T_s} \sum_{n=-\infty}^{\infty} \operatorname{sinc}\left(\frac{n\omega_s\tau}{T_s}\right) \delta(\omega - n\omega_s) \quad (4-165)$$

$$= \frac{\tau}{T_s} \sum_{n=-\infty}^{\infty} \operatorname{sinc}\left(\frac{n\omega_s\tau}{T_s}\right) X(\omega - n\omega_s)$$

矩形抽样的过程如图 4-34 所示。

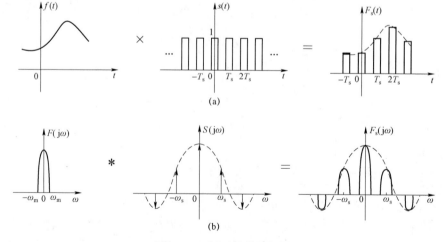

图 4-34 矩形抽样的过程

从图 4-34 中可以看出，当 $\omega_s > 2\omega_m$ 时，抽样信号的频谱是由原信号的频谱的无限个频移构成的，因此可以利用低通滤波器从中恢复出原信号。

当 $\omega_s < 2\omega_m$ 时，$x_s(t)$ 的频谱 $X_s(\omega)$ 将发生混叠，无法恢复出原信号。

4.8.3 时域抽样定理

一个最高频率为 ω_m 的带限信号 $x(t)$，可以由均匀等间隔 $T_s\left(T_s \leqslant \dfrac{1}{2f_m}\right)$ 上的样点值 $x(nT_s)$ 唯一确定。为了能从抽样信号 $x_s(t)$ 中恢复原信号 $x(t)$，需要满足以下两个条件：

（1）$x(t)$ 必须是带限信号，其频谱函数在 $|\omega| > \omega_m$ 各处为零。

（2）抽样频率不能过低，必须满足 $\omega_s \geqslant 2\omega_m$（或 $x_s \geqslant 2x_m$，$T_s \leqslant \dfrac{1}{2x_m}$），否则将会发生混叠。通常称最低允许抽样频率 $x_s = 2x_m$ 为奈奎斯特（Nyquist）频率，称最低允许抽样间隔 $T_s = \dfrac{1}{2x_m}$ 为奈奎斯特间隔。

如果让频谱图 $X_s(\omega)$ 通过一个低通滤波器，设滤波器的截止频率为 $\omega_c\left(\omega_m < \omega_c \leqslant \dfrac{\omega_s}{2}\right)$，只要滤波器的系统函数满足

$$H(\omega) = \begin{cases} T_s, & |\omega| < \omega_c \\ 0, & |\omega| > \omega_c \end{cases}$$

则可以无失真地恢复出原信号 $x(t)$。

因为

$$X_s(\omega) \cdot H(\omega) = X(\omega) \qquad (4-166)$$

根据时域卷积定理，可知式（4-166）对应于

$$x(t) = x_s(t) * h(t) \qquad (4-167)$$

由于

$$x_s(t) = x(t)s(t) = x(t)\sum_{n=-\infty}^{\infty}\delta(t-nT_s) = \sum_{n=-\infty}^{\infty} x(nT_s)\delta(t-nT_s) \qquad (4-168)$$

而

$$h(t) = F^{-1}[H(\omega)] = T_s \dfrac{\omega_c}{\pi}\text{sinc}(\omega_c t) \qquad (4-169)$$

为简便，选 $\omega_c = \dfrac{\omega_s}{2}$，则 $T_s = \dfrac{2\pi}{\omega_s} = \dfrac{\pi}{\omega_c}$，得

$$h(t) = \text{sinc}\left(\dfrac{\omega_s t}{2}\right)$$

将式（4-168）和式（4-169）代入式（4-160）得

$$x(t) = \left[\sum_{n=-\infty}^{\infty} x(nT_s)\delta(t-nT_s)\right] * \mathrm{sinc}\left(\frac{\omega_s t}{2}\right) \quad (4-170)$$

$$= \sum_{n=-\infty}^{\infty} x(nT_s)\mathrm{sinc}\left[\frac{\omega_s}{2}(t-nT_s)\right]$$

式（4–170）表明，连续时间信号 $x(t)$ 可以展开为正交抽样函数（sinc 函数）的无穷级数，该级数的系数等于抽样值 $x(nT_s)$。因此，只要已知各抽样值 $x(nT_s)$，就能唯一地确定原信号。

习　题

4.1　求信号的基波频率、周期及其傅里叶级数表示。

$$\cos(4t) + \sin(8t)$$

4.2　求出图 4–35 所示周期函数的傅里叶级数，并画出其频谱图。

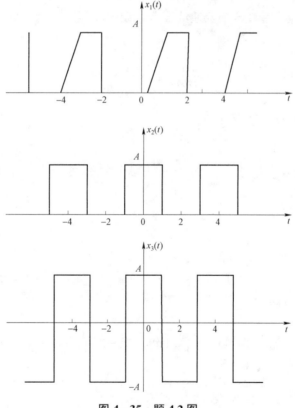

图 4–35　题 4.2 图

4.3　$x(t)$ 是以 2 为周期的信号，且 $x(t) = e^{-t}$，$-1 < t < 1$，求 $x(t)$ 的傅里叶级数表达式。

4.4　若已知 $x(t)$ 的傅里叶变换 $X(\omega)$，试求下列函数的频谱：

（1）$tx(2t)$；　　　　　　　　　　（2）$(t-2)x(t)$；

（3）$t\dfrac{\mathrm{d}x(t)}{\mathrm{d}t}$；

（4）$x(1-t)$；

（5）$(1-t)x(1-t)$；

（6）$x(2t-5)$；

（7）$\displaystyle\int_{-\infty}^{1-0.5t}x(\tau)\mathrm{d}\tau$；

（8）$\mathrm{e}^{\mathrm{j}t}x(3-2t)$；

（9）$\dfrac{\mathrm{d}x(t)}{\mathrm{d}t}*\dfrac{1}{\pi t}$。

4.5 求图 4-36 所示函数的傅里叶变换。

4.6 求图 4-37 所示各信号的傅里叶变换。

4.7 求下列信号的傅里叶变换：

（1）$x(t)=\mathrm{e}^{-\mathrm{j}t}\delta(t-2)$；

（2）$x(t)=\mathrm{e}^{-3(t-1)}\delta'(t-1)$；

（3）$x(t)=\mathrm{sgn}(t^2-9)$；

（4）$x(t)=\mathrm{e}^{-2t}u(t+1)$；

（5）$x(t)=u\left(\dfrac{t}{2}-1\right)$。

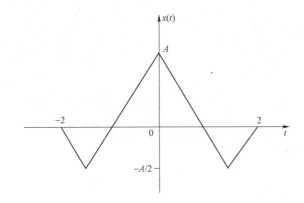

图 4-36 题 4.5 图

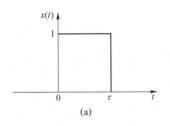 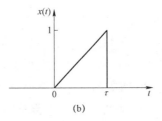

图 4-37 题 4.6 图

4.8 求图 4-38 所示函数的傅里叶反变换。

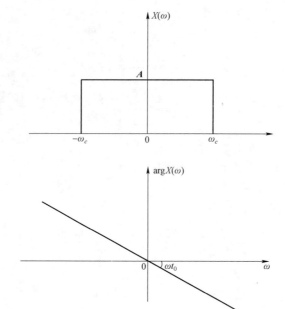

图 4-38 题 4.8 图

4.9 求下列函数的傅里叶反变换：

（1） $X(\omega) = \begin{cases} 1, & |\omega| < \omega_0 \\ 0, & |\omega| > \omega_0 \end{cases}$；

（2） $X(\omega) = \delta(\omega + \omega_0) - \delta(\omega - \omega_0)$；

（3） $X(\omega) = 2\cos(3\omega)$；

（4） $X(\omega) = [u(\omega) - u(\omega - 2)]e^{-j\omega}$。

4.10 若已知 $x(t) \leftrightarrow X(\omega)$，试确定下列信号的傅里叶变换及傅里叶反变换：

（1） $x(1-t)$；

（2） $(1-t)x(1-t)$；

（3） $x(2t-5)$；

（4） $tx(2t)$；

（5） $(t-2)x(t)$；

（6） $(t-2)x(-2t)$；

（7） $t\dfrac{\mathrm{d}x(t)}{\mathrm{d}t}$；

（8） $x(t)\cos(200t)$；

（9） $x(t-\tau)\cos(\omega_0 t)$；

（10） $x(t)\sum\limits_{n=-\infty}^{\infty}\delta(t-nT_1)$。

4.11 写出幅谱和相谱如图 4-39（a）和（b）所示的信号表达式 $x(t)$，并绘出信号波形。

4.12 求图 4-40 所示函数的傅里叶反变换 $x(t)$。

4.13 若 $x(t) \leftrightarrow X(\omega)$，求以下函数的傅里叶变换：

（1） $x(-t+3)$；

（2） $x\left(\dfrac{t}{2} - 3\right)$；

（3） $x(3t-2)$。

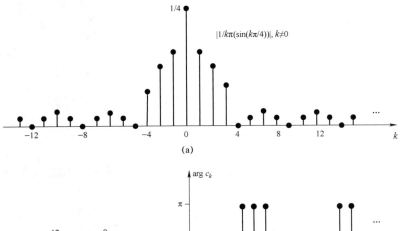

图 4-39 题 4.11 图

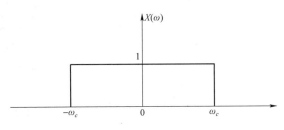

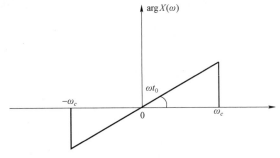

图 4-40 题 4.12 图

4.14 已知图 4-41 所示信号 $x(t)$ 的傅里叶变换为

$$\mathcal{F}\{x(t)\} = X(\omega) = |X(\omega)| e^{j\phi(\omega)}$$

试用傅里叶变换的性质（不作积分运算）求下列函数的图形：

(1) $\varphi(\omega)$；

(2) $X(0)$；

(3) $\int_{-\infty}^{\infty} X(\omega) d\omega$；

(4) $\mathcal{F}^{-1}\{\text{Re}[X(\omega)]\}$。

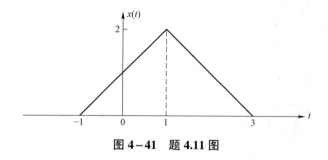

图 4-41 题 4.11 图

4.15 如图 4-42 所示,已知 $x(t)$ 的频谱密度函数为 $X(\omega)$,试根据傅里叶变换的性质(不作积分运算)求:

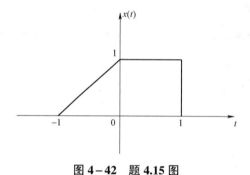

图 4-42 题 4.15 图

(1) $X(\omega)\big|_{\omega=0}$;

(2) $\int_{-\infty}^{\infty} X(\omega) \mathrm{d}\omega$;

(3) $\int_{-\infty}^{\infty} |X(\omega)|^2 \mathrm{d}\omega$ 。

4.16 一个因果 LTI 系统的输出 $y(t)$ 和输入 $x(t)$ 由下列微分方程联系:

$$\frac{\mathrm{d}y(t)}{\mathrm{d}t} + 2y(t) = x(t)$$

(1) 求该系统的频率响应 $H(\omega) = Y(\omega)/X(\omega)$,并概略画出它的波特图;
(2) 如果 $x(t) = \mathrm{e}^{-t}u(t)$,试求其输出 $y(t)$;
(3) 如果输入的傅里叶变换为:

(i) $X(\omega) = \dfrac{1+\mathrm{j}\omega}{2+\mathrm{j}\omega}$; (ii) $X(\omega) = \dfrac{2+\mathrm{j}\omega}{1+\mathrm{j}\omega}$;

(iii) $X(\omega) = \dfrac{1}{(2+\mathrm{j}\omega)(1+\mathrm{j}\omega)}$

分别求出相应的输出 $y(t)$ 。

4.17 一个因果系统的输入和输出由如下微分方程描述:

$$\frac{\mathrm{d}^2 y(t)}{\mathrm{d}t^2} + 6\frac{\mathrm{d}y(t)}{\mathrm{d}t} + 8y(t) = 2x(t)$$

(1) 求该系统的冲激响应和阶跃响应;

（2）若 $x(t) = t\mathrm{e}^{-2t}u(t)$，该系统的响应是什么？

（3）对如下表征因果 LTI 系统的方程，重做（1）：

$$\frac{\mathrm{d}^2 y(t)}{\mathrm{d}t^2} + \sqrt{2}\frac{\mathrm{d}y(t)}{\mathrm{d}t} + y(t) = 2\frac{\mathrm{d}^2 y(t)}{\mathrm{d}t^2} - 2x(t)$$

4.18 如图 4-43（a）所示系统，已知输入信号 $x(t)$ 的傅里叶变换为 $X(\omega) = G_4(\omega)$，子系统函数 $H(\omega) = \mathrm{j}\mathrm{sgn}(\omega)$，$H(\omega)$ 的图形如图 4-43（b）所示。求系统的零状态响应 $y(t)$。

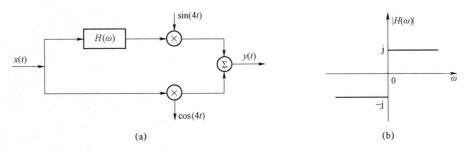

图 4-43 题 4.18 图

4.19 如图 4-44（a）所示系统，带通滤波器的 $H(\omega)$ 如图 4-44（b）所示，$\varphi(\omega) = 0$，$x(t) = \dfrac{\sin(2t)}{2\pi t}, t \in \mathbf{R}, s(t) = \cos(1\,000t), t \in \mathbf{R}$。求零状态响应 $y(t)$。

4.20 如图 4-45（a）所示系统，已知 $x(t)$ 的频谱 $X(\omega)$ 如图 4-45（b）所示，带通滤波器 $H_1(\omega)$ 和低通滤波器 $H_2(\omega)$ 的图形如图 4-45（c）、（d）所示。试画出 $Y_1(\omega)$、$Y_2(\omega)$、$Y_3(\omega)$ 和 $Y(\omega)$ 的图形。

4.21 试确定下列信号的最小抽样率和最大抽样间隔：

（1）$\mathrm{sinc}(100t)$；

（2）$\left[\mathrm{sinc}(100t)\right]^2$。

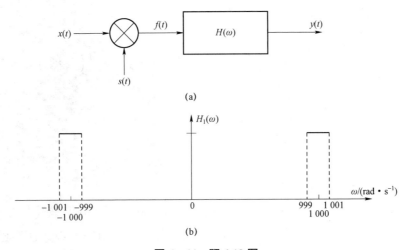

图 4-44 题 4.19 图

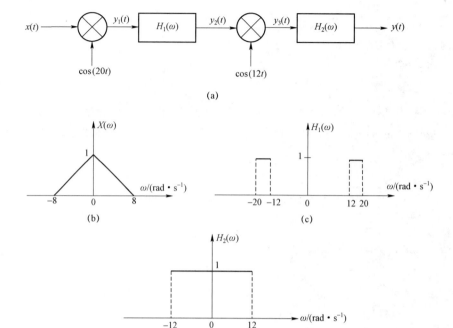

图 4-45 题 4.20 图

4.22 图 4-46 所示系统,已知 $x_1(t) = \dfrac{\sin t}{t}$, $p(t) = 1 + \cos(1\,000t)$。

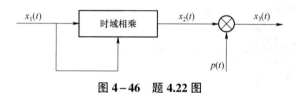

图 4-46 题 4.22 图

(1) 画出 $x_2(t)$ 的时域波形;
(2) 求 $x_2(t)$ 的频谱函数,并画出频谱图;
(3) 画出 $x_3(t)$ 的频谱图。

4.23 已知信号 $x(t) = \dfrac{\sin(2\pi t)}{2\pi t}$,用单位冲激序列 $\delta_T(t) = \sum\limits_{n=-\infty}^{+\infty} \delta(t - nT_s)$ 对其进行抽样,抽样周期 $T_s = 0.25\,\text{s}$。

(1) 画出 $x(t)$ 及 $x_s(t) = f(t)\delta_T(t)$ 的波形;
(2) 求抽样后信号 $x_s(t)$ 的频谱函数,并画出频谱图;
(3) 从该抽样信号 $x_s(t)$ 能否恢复原信号 $x(t)$? 并说明理由。

4.24 求下列各种情况的奈奎斯特抽样频率:

(1) 已知 $X_1(\omega) = \mathcal{F}[x_1(t)]$, $X_2(\omega) = \mathcal{F}[x_2(t)]$,其中 $X_1(\omega)$ 的最高频率分量为 ω_1, $X_2(\omega)$ 的最高频率分量为 ω_2,若对 $x_1(t)x_2(t)$ 进行理想抽样,则奈奎斯特抽样频率 f_s 应为多

少（$\omega_2 > \omega_1$）？若对 $x(t) = x_1(t) + f_2^2(t)$ 进行抽样，则奈奎斯特抽样周期为多少？

（2）已知信号 $x(t) = Sa(100t) + Sa^2(60t)$，则奈奎斯特抽样频率 f_s 应为多少？若信号 $x(t) = Sa(100t)$，其最低抽样频率 f_s 为多少？（其中，$Sa(t) = \dfrac{\sin t}{t}$）

（3）若对 $x(t)$ 进行理想抽样，其奈奎斯特抽样频率为 f_s，则对 $x\left(\dfrac{1}{3}t - 2\right)$ 进行抽样，其奈奎斯特频率为多少？

4.25 信号 $x(t) = \dfrac{\sin t}{\pi t}$ 通过如图 4-47 所示的系统，在 $p(t) = \cos(1\,000t)$ 和 $p(t) = \sum\limits_{n=-\infty}^{+\infty} \delta(t - 0.1n)$ 两种情况下，分别求系统 A 点的频谱 $Y_A(\omega)$ 以及输出信号的频谱 $Y(\omega)$ 和 $y(t)$（其中，$H(\omega) = \mathrm{e}^{-\mathrm{j}\omega t_0}\left[u(\omega+2) - u(\omega-2)\right]$）。

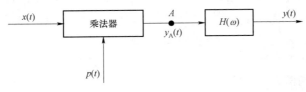

图 4-47 题 4.25 图

4.26 系统如图 4-48 所示，已知 $x(t) = \dfrac{\sin t}{\pi t}$，$s(t) = \cos(1\,000t)$，系统传输函数为 $H(\omega) = \mathrm{e}^{-\mathrm{j}\omega}\left[u(\omega+2) - u(\omega-2)\right]$。

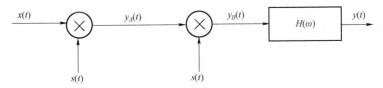

图 4-48 题 4.26 图

（1）画出 $y_A(t)$ 的频谱 $Y_A(\omega)$ 及 $y_B(t)$ 的频谱 $Y_B(\omega)$；

（2）求输出信号 $y(t)$，并画出 $y(t)$ 的波形。

4.27 已知连续时间信号 $x(t) = 2\sin(2\pi \times 2 \times 10^3 t) + \sin(2\pi \times 4 \times 10^3 t)$，以 $T = 0.1\,\mathrm{ms}$ 的间隔进行抽样。

（1）试画出 $x(t)$ 抽样前后的频谱图；

（2）由 $x[n]$ 能否重建 $x(t)$？若以 $T = 0.2\,\mathrm{ms}$ 进行抽样怎样？

（3）由 $x[n]$ 重建 $x(t)$，应通过何种滤波器，其截止频率如何选择？

第 5 章

离散时间信号及系统的频域分析

5.1 引　言

前面已经讨论了 LTI 连续时间系统的时域分析,本章将讨论 LTI 离散时间系统的时域分析。离散时间系统是将离散时间输入信号 $x[n]$ 变换为离散时间输出信号 $y[n]$,在实际中可以设计一套硬件或软件对离散信号进行预定的加工或处理。

描述连续时间系统的数学模型是微分方程,而描述离散时间系统的数学模型为差分方程,与连续系统相对应,离散系统也有其频域分析方法。本章重点介绍离散信号的傅里叶分析方法,包括傅里叶级数、离散时间信号的傅里叶变换以及快速傅里叶变换等内容。利用这些变换方法,计算机可以快速对离散信号进行分析和处理。

5.2 周期信号的频谱分析——离散傅里叶级数

5.2.1 用复指数序列表示周期的离散时间信号

在前面已经讨论过,一个周期的离散时间信号必须满足

$$x[n] = x[n+N] \tag{5-1}$$

式中,N 为某一正整数,是 $x[n]$ 的周期。例如,复指数序列 $\mathrm{e}^{j(2\pi/N)n}$ 是周期序列,其周期为 N,基波频率为

$$\Omega_0 = 2\pi/N \tag{5-2}$$

呈谐波关系的复指数序列集

$$\phi_k[n] = \mathrm{e}^{jk2\pi n/N}, k = 0, \pm 1, \pm 2 \cdots \tag{5-3}$$

也是周期序列,其中每个分量的频率是 Ω_0 的整数倍。

值得注意的是,在一个周期为 N 的复指数序列中,只有 N 个复指数序列是独立的,即只有 $\phi_0[n]$,$\phi_1[n]$,$\cdots$,$\phi_{N-1}[n]$ 等 N 个是互不相同的。这是因为 $\phi_N[n] = \phi_0[n]$,$\phi_{N+1}[n] = \phi_1[n]$,$\cdots$。这与连续时间复指数函数集 $\{\mathrm{e}^{jk\omega_0 t}, k = 0, \pm 1, \pm 2, \cdots, \pm\infty\}$ 中有无限多个互不相同的复指数函数是不同的。

因为

$$\phi_k[n] = \phi_{k+N}[n] = \phi_{k+rN}[n], r \text{ 为整数} \tag{5-4}$$

即当 k 变化一个 N 的整数倍时,可以得到一个完全一样的序列,所以基波周期为 N 的周期序列 $x[n]$ 可以用 N 个呈谐波关系的复指数序列的加权和表示。即

$$x[n] = \sum_{k=\langle N \rangle} c_k \phi_k[n] = \sum_{k=\langle N \rangle} c_k e^{jk2\pi n/N} \qquad (5-5)$$

其中,求和限 $k=\langle N \rangle$ 表示求和仅需包括 N 项,k 既可取 $k=0,1,2,\cdots,N-1$,也可以取 $k=3,4,\cdots,N+1,N+2$ 等,无论哪种取法,由于式(5-4)关系存在,式(5-5)右边求和结果都是相同的。将周期序列表示成式(5-5)的形式,即一组呈谐波关系的复指数序列的加权和,称为离散时间傅里叶级数(Discrete Time Fourier Series),而系数 c_k 则称为离散傅里叶系数。正如前面所说,在离散时间情况下这个级数是一个有限项级数,这与连续时间情况下是一个无限项级数是不同的。

5.2.2 离散傅里叶系数的确定

正交函数系数法:

与连续傅里叶系数求法类似,将式(5-5)两边同乘 $e^{-jr(2\pi/N)n}$,并在周期 N 内求和,即

$$\sum_{n=\langle N \rangle} x[n] e^{-jr(2\pi/N)n} = \sum_{n=\langle N \rangle} \sum_{k=\langle N \rangle} c_k e^{j(k-r)(2\pi/N)n} \qquad (5-6)$$

$$= \sum_{k=\langle N \rangle} c_k \sum_{n=\langle N \rangle} e^{j(k-r)\left(\frac{2\pi}{N}\right)n}$$

因为

$$\sum_{n=\langle N \rangle} e^{j(k-r)(2\pi/N)n} = \begin{cases} N, & k-r=0,\pm N,\pm 2N \\ 0, & \text{其他} \end{cases} \qquad (5-7)$$

所以式(5-6)右边内层对 n 求和当且仅当 $k-r=0$ 或 N 的整倍数时不为零。如果把 r 值的变化范围选成与外层求和 k 值的变化范围一样,而在该范围内选择 r 值,则式(5-6)右边在 $k=r$ 时,就等于 Nc_k,在 $k \neq r$ 时就等于零,即

$$\sum_{n=\langle N \rangle} x[n] e^{-jk(2\pi/N)n} = c_k N \qquad (5-8)$$

所以

$$x[n] = \sum_{k=\langle N \rangle} c_k e^{jk(2\pi/N)n} \qquad (5-9)$$

$$c_k = \frac{1}{N} \sum_{n=\langle N \rangle} x[n] e^{-jk(2\pi/N)n} \qquad (5-10)$$

式(5-9)和式(5-10)确立了周期离散时间信号 $x[n]$ 和其傅里叶系数 c_k 之间的关系,记为

$$x[n] \leftrightarrow c_k \qquad (5-11)$$

式(5-9)称为反变换式。它说明当根据式(5-10)计算出 c_k 值并将其结果代入式(5-9)时所得的和就等于 $x[n]$。式(5-10)称为正变换式,它说明当已知 $x[n]$ 时可以根据该式分析出它所含的频谱。

傅里叶系数 c_k 也称为 $x[n]$ 的频谱系数。这些系数说明了 $x[n]$ 可分解成 N 个呈谐波关系

的复指数序列的和。从式（5-4）可见，若在 $0 \sim N-1$ 范围内取 k，则

$$x[n] = c_0\phi_0[n] + c_1\phi_1[n] + \cdots + c_{N-1}\phi_{N-1}[n] \tag{5-12}$$

类似地，若在 $1 \sim N$ 范围内取 k，则

$$x[n] = c_1\phi_1[n] + c_2\phi_2[n] + \cdots + c_N\phi_N[n] \tag{5-12a}$$

由式（5-3）可知，$\phi_0[n] = \phi_N[n]$，因此只要把式（5-12）和式（5-12a）比较，就可以得出 $c_0 = c_N$。同理可得

$$c_k = c_{k+N} \tag{5-13}$$

它是以 N 为周期的离散频率序列。说明周期的离散时间函数对应于频域为周期的离散频率函数。

例 5-1 已知 $x[n] = \sin(\Omega_0 n)$，求其频谱系数。

解 根据其 $2\pi/\Omega_0$ 比值是一个整数、两个整数的比或一个无理数，可能出现三种不同的情况。由前面的知识可知，在前两种情况下，$x[n]$ 是周期性的，但在第三种情况下就不是周期性的。因此，这一信号的离散傅里叶级数仅适用于前两种情况。

① 当 $2\pi/\Omega_0$ 是一个整数 N，即 $\Omega_0 = 2\pi/N$ 时，$x[n]$ 是周期性的，其基波周期为 N，所得结果与在连续时间情况下类似。这时

$$x[n] = \frac{1}{2j}e^{j(2\pi/N)n} - \frac{1}{2j}e^{-j(2\pi/N)n}$$

与式（5-9）比较，可直接得

$$C_1 = \frac{1}{2j}, \quad C_{-1} = -\frac{1}{2j}$$

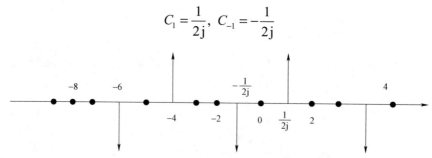

图 5-1　$x[n] = \sin[(2\pi/5)n]$ 的离散傅里叶系数

其余系数均为 0。正如前面所说的，与连续时间情况不同，这些系数以 N 为周期重复，所以在频率轴上还会出现 $C_{N+1} = \frac{1}{2j}$，$C_{N-1} = -\frac{1}{2j}$ 等。当 $N = 5$ 时，其离散傅里叶系数如图 5-1 所示。由图中可见，这些系数是以 $N = 5$ 为周期无限重复的，但在反变换式（5-9）中仅用到其中的一个周期。

② 当 $2\pi/\Omega_0$ 是两个整数的比 N/m，即 $\Omega_0 = 2\pi m/N$ 时，假定 m 和 N 没有公因子，这时 $x[n]$ 的基波周期也是 N。

$$x[n] = \frac{e^{jm(2\pi/N)n} - e^{-jm(2\pi/N)n}}{2j}$$

与式（5-9）比较，可得

$$C_m = \frac{1}{2\mathrm{j}}, \quad C_{-m} = -\frac{1}{2\mathrm{j}}$$

而在一个长度为 N 的周期内，其余系数均为 0。当 $m=3$，$N=5$ 时，其离散傅里叶系数如图 5-2 所示。图中再次指出这些数的周期性，即除了 $C_3 = \frac{1}{2\mathrm{j}}$，$C_{-3} = -\frac{1}{2\mathrm{j}}$ 外，还有 $c_{-2} = c_8 = \frac{1}{2\mathrm{j}}$，$c_2 = c_7 = -\frac{1}{2\mathrm{j}}$，等等。但应注意，在长度为 $N=5$ 的任意周期内，仅有两个非零的离散傅里叶系数，所以在反变换式中仅有两个非零项。

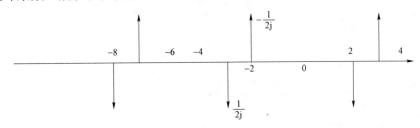

图 5-2　$x[n] = \sin[3(2\pi/5)n]$ 的离散傅里叶系数

5.3　非周期信号的频谱分析——离散时间傅里叶变换

5.3.1　非周期序列的表示

下面讨论图 5-3（a）所示的非周期序列 $x[n]$，该序列具有有限持续期 $2N_1$，N_1 是一个正整数，即在 $|n| > N_1$ 时 $x[n] = 0$。希望在整个区间 $(-\infty, \infty)$ 内，将此序列表示为复指数序列之和。为此目的，可以构成一个新的周期序列 $\tilde{x}[n]$，其周期为 N，如图 5-3（b）所示。周期 N 必须选得足够大，使得相邻的 $x[n]$ 间不产生重叠。这个新序列 $\tilde{x}[n]$ 是一个周期的离散时间函数，因此可用离散傅里叶级数表示。在极限的情况下，令 $N \to \infty$，则周期序列 $\tilde{x}[n]$ 中的序列将在无穷远处重复出现。因此在 $N \to \infty$ 的极限情况下，$\tilde{x}[n]$ 和 $x[n]$ 相同，即对任何 n 值有

$$\tilde{x}[n] = x[n], \quad N \to \infty \tag{5-14}$$

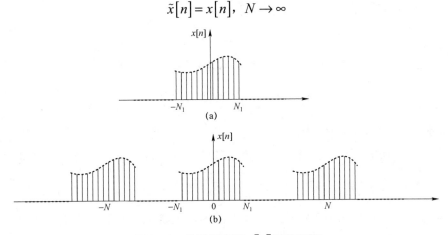

图 5-3　非周期序列 $x[n]$ 及其开拓

这样，若在 $\tilde{x}[n]$ 的离散傅里叶级数里令 $N \to \infty$，则此级数的极限也就是 $x[n]$。

根据式（5-9）和式（5-10），得 $\tilde{x}[n]$ 的离散傅里叶级数对为

$$\tilde{x}[n] = \sum_{k=-N/2}^{N/2} c_k e^{jk(2\pi/N)n} \tag{5-15}$$

$$c_k = \frac{1}{N} \sum_{k=-N/2}^{N/2} \tilde{x}[n] e^{-jk(2\pi/N)n} \tag{5-16}$$

因为在区间 $(-N/2, N/2)$ 内，$\tilde{x}[n] = x[n]$，在极限的情况下，$N \to \infty$，

$$\Omega_0 = \frac{2\pi}{N} \to d\Omega, \quad k\Omega_0 \to \Omega \tag{5-17}$$

$$Nc_k = \sum_{n=-\infty}^{\infty} x[n] e^{-j\Omega n} \tag{5-18}$$

与连续时间情况一样，定义 Nc_k 的包络 $X(e^{j\Omega})$ 为

$$X(e^{j\Omega}) = \sum_{n=-\infty}^{\infty} x[n] e^{-j\Omega n} \tag{5-19}$$

称为非周期序列 $x[n]$ 的离散时间傅里叶变换，而周期序列的离散傅里叶系数 c_k 等于包络函数 $X(e^{jk\Omega_0})$ 的抽样值，即

$$c_k = \frac{1}{N} X(e^{jk\Omega_0}) \tag{5-20}$$

将式（5-20）代入式（5-15）得

$$\tilde{x}[n] = \sum_{k=\langle N \rangle} \frac{1}{N} X(e^{jk\Omega_0}) e^{-jk\Omega_0 n} \Omega_0 \tag{5-21}$$

因为 $\Omega_0 = 2\pi/N$ 或 $1/N = \Omega_0/(2\pi)$，所以式（5-21）可以重写为

$$\tilde{x}[n] = \frac{1}{2\pi} \sum_{k=\langle N \rangle} X(e^{jk\Omega_0}) e^{jk\Omega_0 n} \Omega_0 \tag{5-22}$$

随着 $N \to \infty$，对任何有限 n 值，$\tilde{x}[n] = x[n]$，并且

$$\Omega_0 = 2\pi/N \to d\Omega, \quad k\Omega_0 \to \Omega$$

式（5-22）就过渡为一个积分，其积分限为 $N\Omega_0 = 2\pi$，即

$$x[n] = \frac{1}{2\pi} \int_{2\pi} X(e^{j\Omega}) e^{j\Omega n} d\Omega$$

上式积分是由 $\tilde{x}[n]$ 取极限得到的，称为离散时间傅里叶积分。它成功地把非周期序列 $x[n]$ 表示为一组复指数序列的连续和。从式中可见，$x[n]$ 可分解为无穷多个复指数序列分量的和，每一个复指数序列的振幅 $X(e^{j\Omega}) d\frac{\Omega}{2\pi}$ 是无穷小，但正比于 $X(e^{j\Omega})$，所以用 $X(e^{j\Omega})$ 表示 $x[n]$ 的频谱。不过要注意的是，此频谱是连续、周期性的，其频谱周期为 $N\Omega_0 = 2\pi$。

上式和式（5-19）是在离散时间情况下一对重要的变换式，称为离散时间傅里叶变换对，

重写为

$$x[n] = \frac{1}{2\pi} \int_{2\pi} X(e^{j\Omega}) e^{j\Omega n} d\Omega \qquad (5-23)$$

$$X(e^{j\Omega}) = \sum_{n=-\infty}^{\infty} x[n] e^{-j\Omega n} \qquad (5-24)$$

式(5-23)和式(5-24)确立了非周期离散时间信号 $x[n]$ 及其离散时间傅里叶变换 $X(e^{j\Omega})$ 之间的关系，记为

$$x[n] \leftrightarrow X(e^{j\Omega}) \qquad (5-25)$$

式（5-23）称为反变换式，它说明当根据式（5-24）计算出 $X(e^{j\Omega})$ 并将其结果代入式（5-23）时所得的积分就等于 $x[n]$。式（5-24）称为正变换式，它说明当已知 $x[n]$ 时可以根据该式分析出它所含的频谱。$X(e^{j\Omega})$ 是连续频率 Ω 的函数，又称为频谱函数。可见，非周期的离散时间函数对应于频域中是一个连续的、周期性的频率函数。

5.3.2 离散时间傅里叶变换的收敛

由于周期序列在一个周期内仅有有限个序列和，即 $\sum_{n=\langle N \rangle} |\tilde{x}[n]| < \infty$，所以离散傅里叶级数不存在任何收敛问题。现在来讨论离散时间傅里叶变换的收敛问题。正如前面所述，非周期序列 $x[n]$ 可以看作周期为无限长的周期序列，如果序列的长度（持续期）有限，则因在有限持续期内序列绝对可和，因此也不存在任何收敛问题。但若序列长度（持续期）为无限长，那么就必须考虑式（5-11）无限项求和的收敛问题了。显然，如果 $x[n]$ 绝对可和，即

$$\sum_{n=-\infty}^{\infty} |x[n]| < \infty \qquad (5-26)$$

则式（5-24）一定收敛。所以离散时间傅里叶变换的收敛条件为序列绝对可和，这与连续时间傅里叶变换要求函数绝对可积是相似的。

5.3.3 离散时间和连续时间傅里叶变换的差别

离散时间傅里叶变换和连续时间傅里叶变换相比，除了有很多相似外，还有很大差别。其主要差别有：

（1）反变换式中频率积分区间为 $N\Omega_0 = 2\pi$ 而不是无穷。

（2）离散时间傅里叶变换 $X(e^{j\Omega})$ 是周期的连续频率函数，其周期为 2π，其频率相差 2π，$X(e^{j\Omega})$ 相同。

上述两个主要差别是因为周期为 N 的复指数序列中只有 N 个复指数序列是独立的，其频率区间为 $N\Omega_0 = 2\pi$，即在频率上相差 2π 的复指数序列是完全相同的。对周期序列而言，这就意味着傅里叶系数是周期的，而离散傅里叶级数是有限项级数的和。对非周期序列而言，这就意味着 $X(e^{j\Omega})$ 的周期性，而反变换式只是在一个频率区间内积分，这个频率区间就是 $N\Omega_0 = 2\pi$。在前面已经指出过复指数序列 $e^{j\Omega n}$ 的周期性性质，即 $\Omega = 0$ 和 $\Omega = 2\pi$ 都是同一信号。因此位于 $\Omega = 0, \pm 2\pi$ 或其他 π 的偶数倍附近都相应于低频；而 $\Omega = \pm \pi, \pm 3\pi$ 或其他 π 的奇数倍附近都相应于高频。例如，图 5-4（a）中的序列 $x_1[n]$，其序列值变化较慢，所以其

频谱 $X_1(e^{j\Omega})$ 集中在 $\Omega=0,\pm2\pi,\cdots$ 附近；再看图 5-4（b）中序列 $x_2[n]$，其序列值正负交替，变化较快，所以其频谱 $X_2(e^{j\Omega})$ 集中在 $\Omega=\pm\pi,\pm3\pi,\cdots$ 附近。

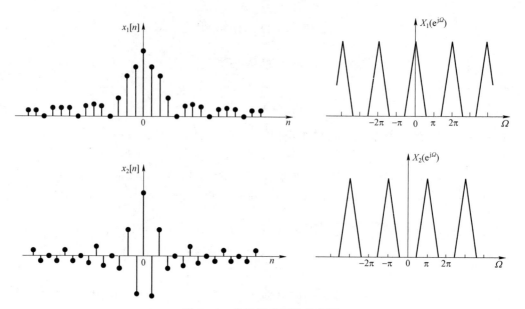

图 5-4 非周期序列及其频谱

5.3.4 离散时间傅里叶变换计算举例

例 5-2 已知非周期序列

$$x[n]=\alpha^n u[n],\quad |\alpha|<1 \tag{5-27}$$

求其频谱。

解 由式（5-24）得

$$X(e^{j\Omega})=\sum_{n=-\infty}^{\infty}\alpha^n u[n]e^{-j\Omega n}=\sum_{n=-\infty}^{\infty}(\alpha e^{-j\Omega})^n$$

$$=\frac{1}{1-\alpha e^{-j\Omega}}=\frac{1}{1-\alpha(\cos\Omega-j\sin\Omega)}$$

$$=\frac{1}{1-\alpha\cos\Omega+j\alpha\sin\Omega} \tag{5-28}$$

$$|X(e^{j\Omega})|=\frac{1}{\sqrt{1+\alpha^2-2\alpha\cos\Omega}} \tag{5-29}$$

$$\arg X(e^{j\Omega})=-\arctan\left(\frac{\alpha\sin\Omega}{1-\alpha\sin\Omega}\right) \tag{5-30}$$

（1）$\alpha>0$，即 $0<\alpha<1$，这时 $x[n]$ 的频谱的模和相位如图 5-5（a）所示。

（2）$\alpha<0$，即 $-1<\alpha<0$，这时 $x[n]$ 的频谱的模和相位如图 5-5（b）所示。

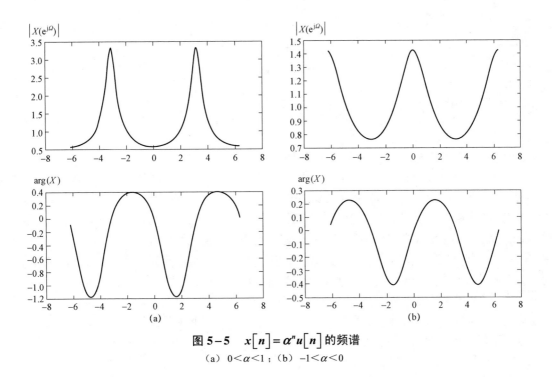

图 5-5　$x[n]=\alpha^n u[n]$ 的频谱
(a) $0<\alpha<1$；(b) $-1<\alpha<0$

例 5-3　一矩形脉冲序列

$$x[n]=\begin{cases}1, & |n|\leqslant N_1 \\ 0, & |n|\geqslant N_1\end{cases} \tag{5-31}$$

如图 5-6（a）所示，$N_1=2$，求其频谱。

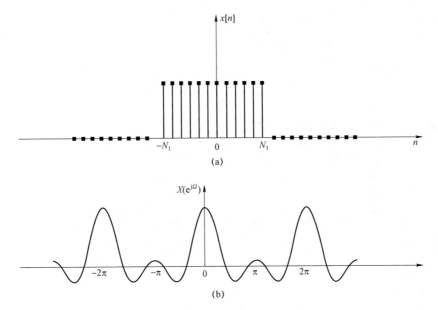

图 5-6　矩形脉冲序列及其频谱

解 由式（5-24）得

$$X(e^{j\Omega}) = \sum_{n=-N_1}^{N_1} e^{-j\Omega n} \qquad (5-32)$$

$$X(e^{j\Omega}) = \frac{\sin\left[\Omega\left(N_1 + \frac{1}{2}\right)\right]}{\sin(\Omega/2)} \qquad (5-33)$$

当 $N_1 = 2$ 时，由式（5-33）作图得其频谱 $X(e^{j\Omega})$，如图 5-6（b）所示。可见，矩形脉冲序列的频谱 $X(e^{j\Omega})$ 与由它开拓的周期方波序列的频谱 Nc_k 包络线的形状完全相同，两者都是周期性的且周期为 2π。这是因为两者都是离散序列，正如前面所指出的，时域的离散性对应于频域中的周期性，即两者频谱都是周期性的。不同的是周期方波序列的频谱 Nc_k 是离散的，而非周期的矩形脉冲序列的频谱 $X(e^{j\Omega})$ 是连续的。这是因为在时域中前者是周期性的，后者是非周期性的。正如前面指出的，时域的周期性对应于频域的离散性，时域的非周期性对应于频域的连续性，即周期信号的频谱是离散的，非周期信号的频谱是连续的。

在上一节已经指出，由于反变换式（5-23）是一个有限项的和，因此周期序列的离散傅里叶级数不存在任何收敛问题。类似地，对离散时间傅里叶变换来说，由于其反变换式（5-21）中积分区间是有限的，因此非周期序列的离散时间傅里叶积分也不存在任何收敛问题。另外，如果取频率区间 $|\Omega| \leq \omega$ 内的复指数序列的积分来近似表示一个非周期序列，即

$$\tilde{x}[n] = \frac{1}{2\pi}\int_{-\omega}^{\omega} X(e^{j\Omega})e^{j\Omega n} d\Omega \qquad (5-34)$$

如果 $\omega = \pi$，则 $\tilde{x}[n] = x[n]$，说明非周期序列不会出现任何吉伯斯现象。这一点还可用下例说明。

例 5-4 求单位抽样序列

$$x[n] = \delta[n]$$

的频谱。

解 由式（5-24）得

$$X(e^{j\Omega}) = 1 \qquad (5-35)$$

即在所有频率上都是相等的。这与连续时间情况一样。

下面把式（5-35）代入式（5-34）得

$$\tilde{x}[n] = \frac{1}{2\pi}\int_{-\omega}^{\omega} e^{j\Omega n} d\Omega = \frac{\sin(\omega n)}{\pi n} \qquad (5-36)$$

取 $\omega = \pi/4, 3\pi/8, \pi/2, 3\pi/4, 7\pi/8$ 和 π 时 $\tilde{x}[n]$ 的波形如图 5-7（a）～（f）所示。从图中可见，随着 ω 的增大，其振荡幅度相对于 $x[0]$ 减小；当 $\omega = \pi$ 时，振荡消失，$\tilde{x}[n] = x[n]$。

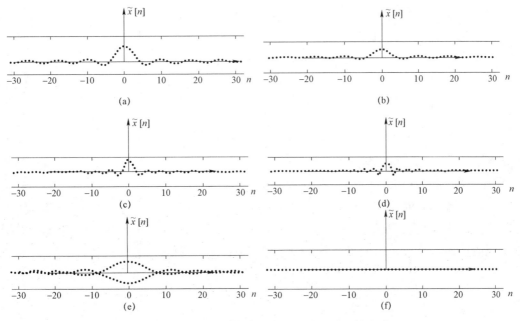

图 5-7 单位抽样序列在不同积分区间时的综合波形

5.4 离散时间傅里叶变换的性质

离散时间傅里叶变换揭示了离散时间序列时域特性和频域特性之间的内在联系。掌握离散时间傅里叶变换的性质,一方面可以进一步了解变换的本质;另一方面可以简化序列傅里叶正变换和反变换的运算。由于离散时间傅里叶变换与离散傅里叶级数以及离散傅里叶变换之间的紧密联系,离散时间傅里叶变换的很多性质在离散傅里叶级数和离散傅里叶变换中都能找到对应的性质。

1. 周期性

在前面几节中已经多次提到,时域的离散性对应于频域的周期性。所以,序列的离散时间傅里叶变换 $X(e^{j\Omega})$ 对 Ω 总是周期的,其周期为 2π。同理,周期序列的离散傅里叶系数 c_k 也是周期的,其频率周期也是 2π。这一点与连续时间傅里叶变换和级数都是不同的,必须特别注意。

2. 线性

$x_1[n] \leftrightarrow (x_1 e^{j\Omega})$,$x_2[n] \leftrightarrow (x_2 e^{j\Omega})$,$a_1$ 和 a_2 为两个常数,则

$$a_1 x_1[n] + a_2 x_2[n] \leftrightarrow a_1 x_1 e^{j\Omega} + a_2 x_2 e^{j\Omega} \tag{5-37}$$

即 n 个序列的频谱等于各个序列频谱的和,这个性质对离散傅里叶级数(记为 DFS)和离散傅里叶变换(记为 DFT)同样成立。

3. 共轭对称性

若 $x[n]$ 是一个实数序列,则

$$X(e^{j\Omega}) = X^*(e^{j\Omega}) \tag{5-38}$$

称 $X(e^{j\Omega})$ 具有共轭对称性。

在一般情况下，$X(e^{j\Omega})$ 是复数，即

$$X(e^{j\Omega}) = \text{Re}\{X(e^{j\Omega})\} + j\text{Im}\{X(e^{j\Omega})\} \quad (5-39)$$

$$X(e^{-j\Omega}) = \text{Re}\{X(e^{-j\Omega})\} + j\text{Im}\{X(e^{-j\Omega})\} \quad (5-40)$$

由式（5-38）得

$$X(e^{-j\Omega}) = \text{Re}\{X(e^{j\Omega})\} - j\text{Im}\{X(e^{j\Omega})\} \quad (5-41)$$

比较式（5-40）和式（5-41），可得

$$\text{Re}\{X(e^{-j\Omega})\} = \text{Re}\{X(e^{j\Omega})\}, \quad \text{Im}\{X(e^{-j\Omega})\} = -\text{Im}\{X(e^{j\Omega})\} \quad (5-42)$$

可见，与连续时间情况一样，离散时间信号频谱的实部是 Ω 的偶函数，虚数是 Ω 的奇函数。类似地，$X(e^{j\Omega})$ 的模是 Ω 的偶函数，而 $X(e^{j\Omega})$ 的相位是 Ω 的奇函数。在 DFS 和 DFT 中也有类似的性质，即若 $\tilde{x}[n]$ 是实周期序列，则 c_k 也具有共轭对称的性质，即

$$c_{-k} = c_k^* \quad (5-43)$$

同理

$$X[-k] = X^*[k] \quad (5-44)$$

若将 $x[n]$ 分解为偶、奇两部分，即

$$x[n] = Ev\{x[n]\} + Od\{x[n]\} \quad (5-45)$$

则

$$Ev\{x[n]\} \leftrightarrow \text{Re}\{X(e^{j\Omega})\}, \quad Od\{x[n]\} \leftrightarrow j\text{Im}\{X(e^{j\Omega})\} \quad (5-46)$$

即 $x[n]$ 偶部的频谱是 Ω 的实偶函数，$x[n]$ 奇部的频谱是 Ω 的虚奇函数。若 $x[n]$ 为实偶函数，则其 $X(e^{j\Omega})$ 也是实偶函数。

4. 位移性

若 $x[n] \leftrightarrow X(e^{j\Omega})$，则

$$x[n-m] \leftrightarrow X(e^{j\Omega})e^{-jm\Omega} \quad (5-47)$$

在 DFS 和 DFT 中也有类似的性质。即若 $\tilde{x}[n] \leftrightarrow c_k$，则

$$\tilde{x}[n-m] \leftrightarrow c_k e^{-\frac{jk2\pi m}{N}} \quad (5-48)$$

同理，

$$x[n-m] \leftrightarrow X[k]W^{kM} \quad (5-49)$$

5. 频移性

若 $x[n] \leftrightarrow X(e^{j\Omega})$，则

$$x[n]e^{j\Omega_0 n} \leftrightarrow X(e^{j(\Omega-\Omega_0)}) \quad (5-50)$$

在 DFS 中也有类似的性质，即若 $\tilde{x}[n] \leftrightarrow c_k$，则

$$\tilde{x}[n]e^{jm\Omega_0 n} \leftrightarrow c_{k-m} \quad (5-51)$$

6. 时域差分

若 $x[n] \leftrightarrow X(e^{j\Omega})$，则

$$x[n] - x[n-1] \leftrightarrow X(e^{j\Omega}) - X(e^{j\Omega})e^{-j\Omega} = (1 - e^{-j\Omega})X(e^{j\Omega}) \qquad (5-52)$$

说明序列在时域求一次差分，等效于在频域中用 $(1 - e^{-j\Omega})$ 去乘它的频谱。

7. 时域求和

若 $x[n] \leftrightarrow X(e^{j\Omega})$，且 $X(e^{j0}) = 0$，则

$$y[n] = \sum_{m=-\infty}^{n} x[m] \leftrightarrow Y(e^{j\Omega}) = \frac{X(e^{j\Omega})}{1 - e^{-j\Omega}} \qquad (5-53)$$

这是因为对上式两边取傅里叶变换，得

$$Y(e^{j\Omega}) - Y(e^{j\Omega})e^{-j\Omega} = X(e^{j\Omega})$$

所以

$$Y(e^{j\Omega}) = \frac{X(e^{j\Omega})}{1 - e^{-j\Omega}}$$

与连续时间积分性质类似，当 $X(e^{j0}) \neq 0$ 时，有

$$\sum_{m=-\infty}^{n} x[m] \leftrightarrow \frac{X(e^{j\Omega})}{1 - e^{-j\Omega}} + \pi X(e^{j0}) \sum_{k=-\infty}^{\infty} \delta(\Omega - 2\pi k) \qquad (5-54)$$

式中右边出现冲激串，反映求和中可能出现的直流或平均值。

例 5-5 求单位阶跃序列 $y[n] = u[n]$ 的频谱。

解 由第 1 章已知

$$u[n] = \sum_{m=-\infty}^{\infty} \delta[m]$$

根据时域求和性质和 $\delta[n] \leftrightarrow 1$，$X(e^{j0}) = \delta[0] = 1$ 可得

$$u[n] \leftrightarrow \frac{1}{1 - e^{-j\Omega}} + \pi \sum_{k=-\infty}^{n} \delta(\Omega - 2\pi k) \qquad (5-55)$$

8. 反转性质

若 $x[n] \leftrightarrow X(e^{j\Omega})$，则

$$x[-n] \leftrightarrow X(e^{-j\Omega}) \qquad (5-56)$$

在 DFS 和 DFT 中也有类似的性质，即若 $\tilde{x}[n] \leftrightarrow c_k$，则

$$\tilde{x}[-n] \leftrightarrow c_{-k} \qquad (5-57)$$

同理，若 $x[n] \leftrightarrow X[k]$，则

$$x[-n] \leftrightarrow X[-k] \qquad (5-58)$$

9. 尺度变换性质

若 $x[n] \leftrightarrow X(e^{j\Omega})$，且定义

$$x_k[n] = \begin{cases} x[n/k], & n \text{是} k \text{的倍数} \\ 0, & n \text{不是} k \text{的倍数} \end{cases} \qquad (5-59)$$

则
$$x_{(k)}[n] \leftrightarrow X(e^{jk\Omega}) \quad (5-60)$$

根据式(5-23)，$x_{(k)}[n]$是在 n 的连续整数值之间插入 $k-1$ 个零而得到的序列。在图 5-8 左边画出了 $x[n]$、$x_{(2)}[n]$ 和 $x_{(3)}[n]$ 的波形。从图中可见，$x_{(k)}[n]$ 相当于 $x[n]$ 的扩展。由式(5-24)并令 $r=(n/k)$ 可得 $x_{(k)}[n]$ 的傅里叶变换为

$$X_{(k)}(e^{j\Omega}) = \sum_{n=-\infty}^{\infty} x_{(k)}[n]e^{-j\Omega n} = \sum_{r=-\infty}^{\infty} x_{(k)}[rk]e^{-j\Omega rk}$$

$$= \sum_{r=-\infty}^{\infty} x[r]e^{-j(k\Omega)r} = X(e^{jk\Omega})$$

图 5-8 分别绘出了序列 $x[n]$、$x_{(2)}[n]$ 和 $x_{(3)}[n]$ 及其频谱的图形。从式(5-60)和图 5-8 中，又一次看到时域和频域间的相反关系。如当取 $k>1$ 时，信号在时域中拉开（扩展）了，而其傅里叶变换 $X(e^{j\Omega})$ 在频域中压缩了。例如，$x[n]$ 的频谱 $X(e^{j\Omega})$ 是周期的，其周期为 2π；而 $x[n/k]$ 的频谱 $X(e^{j\Omega})$ 也是周期的，但其周期为 $2\pi/|k|$。

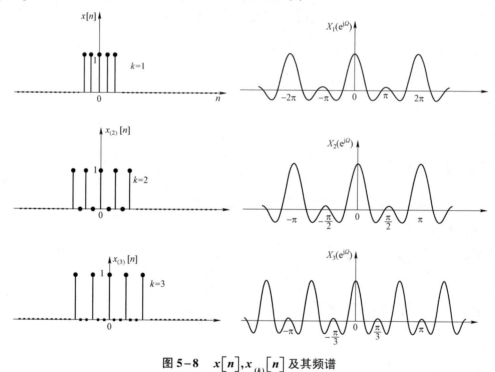

图 5-8　$x[n], x_{(k)}[n]$ 及其频谱

在 DFS 和 DFT 中也有类似的性质，即若

$$\tilde{x}_{(m)}[n] = \begin{cases} \tilde{x}[n/m], & n \text{ 是 } m \text{ 的倍数} \\ 0, & n \text{ 不是 } m \text{ 的倍数} \end{cases} \quad (5-61)$$

周期为 mN，则

$$\tilde{x}_{(m)}[n] \leftrightarrow (1/m)c_k, \quad \text{频域周期为} 2\pi/m \quad (5-62)$$

同理

$$x_{(m)}[n] \leftrightarrow (1/m)X_k \tag{5-63}$$

10. 频域微分

若 $x[n] \leftrightarrow X(e^{j\Omega})$，则

$$nx[n] \leftrightarrow j\frac{dX(e^{j\Omega})}{d\Omega} \tag{5-64}$$

11. 帕色伐尔定理

若 $x[n] \leftrightarrow X(e^{j\Omega})$，则

$$\sum_{n=-\infty}^{\infty} |x[n]|^2 = \frac{1}{2\pi}\int_{2\pi} |X(e^{j\Omega})|^2 d\Omega \tag{5-65}$$

证明

$$\sum_{n=-\infty}^{\infty} |x[n]|^2 = \sum_{n=-\infty}^{\infty} x(n)x^*(n) = \sum x[n]\left[\frac{1}{2\pi}\int_{-\pi}^{\pi} X(e^{j\Omega})e^{j\Omega n}d\Omega\right]^*$$

$$= \frac{1}{2\pi}\int_{-\pi}^{\pi} X^*(e^{j\Omega})\sum x[n]e^{-j\Omega n}d\Omega$$

$$= \frac{1}{2\pi}\int_{-\pi}^{\pi} X^*(e^{j\Omega})X(e^{j\Omega})d\Omega$$

$$= \frac{1}{2\pi}\int_{2\pi} |X(e^{j\Omega})|^2 d\Omega$$

式（5-65）左边是在时域中求得的信号能量，右边是在频域中求得的信号能量。该定理说明，对于非周期序列，在时域中求得的信号能量和在频域中求得的信号能量相等。

5.5 利用频域分析求系统零状态响应

在 LTI 连续时间系统的分析中，傅里叶变换法占有重要的地位。它不仅可以用来分析系统的频谱，为信号的进一步加工处理提供理论根据，还可以用来求解系统的响应，在频域里对系统的特性进行分析。同样，在 LTI 离散时间系统中，利用离散信号的傅里叶变换也可以使系统的分析变得比较简便。

设某 LTI 离散时间系统，其单位序列响应为 $h[k]$，则其零状态响应 $y_x[k]$ 可表示为

$$y_x[k] = x[k] * h[k] \tag{5-66}$$

设 $x[k] \leftrightarrow X(e^{j\Omega})$，$h[k] \leftrightarrow H(e^{j\Omega})$，$y_x[k] \leftrightarrow Y_x(e^{j\Omega})$，则根据离散傅里叶变换的卷积性质，有

$$Y_x(e^{j\Omega}) = X(e^{j\Omega})H(e^{j\Omega}) \tag{5-67}$$

所以有

$$H(e^{j\Omega}) = \frac{Y_x(e^{j\Omega})}{X(e^{j\Omega})} \tag{5-68}$$

它们之间的关系如图 5-9 所示。

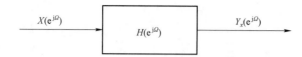

图 5-9 LTI 离散系统的频域响应

$H(e^{j\Omega})$ 称为离散时间系统的频域响应。式（5-67）表明，LTI 离散时间系统的作用可以理解为按其频域响应 $H(e^{j\Omega})$ 的特性，改变输入信号中各频率分量的幅度大小和相位。在离散时间系统中，$H(e^{j\Omega})$ 可以完全表征系统的特性。

$H(e^{j\Omega})$ 通常作为复函数，可以用极坐标表示，即有

$$H(e^{j\Omega}) = |H(e^{j\Omega})| e^{j\phi(\Omega)} \tag{5-69}$$

式中，$|H(e^{j\Omega})|$ 称为系统的幅频特性，用于表征系统对输入信号的放大特性；$\phi(\Omega)$ 称为系统的相频特性，用于表征系统对输入信号的延时特性。

例 5-6 某 LTI 离散系统，初始状态为零，其差分方程为

$$y[k] - \frac{3}{4}y[k-1] + \frac{1}{8}y[k-2] = 2x[k]$$

求系统的频域响应和单位序列响应。

解 将方程两边取离散时间傅里叶变换，得

$$Y_{zs}(e^{j\Omega}) - \frac{3}{4}e^{-j\Omega}Y_{zs}(e^{j\Omega}) + \frac{1}{8}e^{-2j\Omega}Y_{zs}(e^{j\Omega}) = 2X(e^{j\Omega})$$

整理得系统的频域响应为

$$H(e^{j\Omega}) = \frac{Y_{zs}(e^{j\Omega})}{X(e^{j\Omega})} = \frac{2}{1 - \frac{3}{4}e^{-j\Omega} + \frac{1}{8}e^{-2j\Omega}}$$

将 $H(e^{j\Omega})$ 部分分式展开，得

$$H(e^{j\Omega}) = \frac{2}{1 - \frac{3}{4}e^{-j\Omega} + \frac{1}{8}e^{-2j\Omega}} = \frac{4}{1 - \frac{1}{2}e^{-j\Omega}} - \frac{2}{1 - \frac{1}{4}e^{-j\Omega}}$$

对上式求离散时间傅里叶反变换，得

$$h[k] = 4\left(\frac{1}{2}\right)^k x[k] - 2\left(\frac{1}{4}\right)^k x[k]$$

5.6 离散傅里叶变换

5.6.1 从离散傅里叶级数到离散傅里叶变换

离散时间信号的分析和处理主要是利用计算机来实现的，然而由于序列 $x[k]$ 的离散时间傅里叶变换 $X(e^{j\Omega})$ 是 Ω 的连续周期函数，而其逆变换为积分变换，所以无法用计算机直接去

实现。

借助于离散傅里叶级数的概念,把有限长序列作为周期离散信号的一个周期来处理,从而定义了离散傅里叶变换(DFT)。这样,在允许一定近似的条件下,有限长序列的离散时间傅里叶变换可以用计算机来实现。

到现在为止,讨论了四种信号的傅里叶变换(图 5-10):周期连续时间信号的傅里叶级数,其傅里叶系数在频域是离散的、非周期的;非周期连续时间信号的傅里叶变换,它在频域内是连续的、非周期的;非周期离散时间信号的傅里叶变换,它在频域是连续的、周期的;周期离散时间信号的离散傅里叶级数,其傅里叶系数在频域是离散的、周期的。

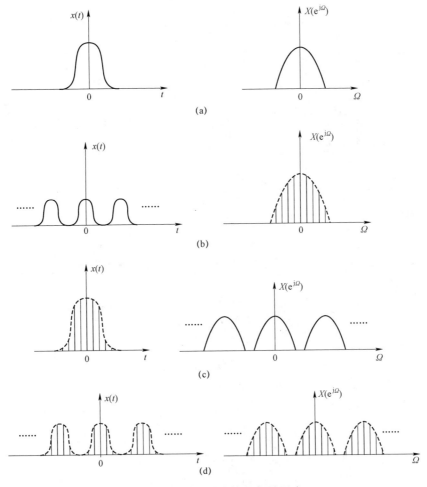

图 5-10 傅里叶变换的各种形式
(a)非周期连续信号及其傅里叶变换;(b)周期连续信号及其傅里叶变换;
(c)非周期离散信号及其离散时间傅里叶变换;(d)周期离散信号及其离散时间傅里叶变换

在实际中经常遇到的是有限长的非周期序列。例如在生物医学工程中经常通过人体不同部位施加一个电刺激产生诱发响应来观测病变或穴位,这种诱发响应是逐渐衰减到零的,整个过程是一个短暂的过渡过程,因此它是一个非周期的有限持续期的时间函数。如果对它进行抽样,则得一个有限长的非周期序列 $x[n]$,对这个序列进行计算机处理时,由于它的傅里叶变换是个连续的频率函数 $X(e^{j\Omega})$，它在频域不能直接进行数字处理，需要设法将 $X(e^{j\Omega})$ 变为一个频域中的有限长序列。从离散傅里叶级数变换对中可以得到一个新的想法，即若把给定的有限长序列 $x[n], 0 \leqslant n \leqslant N-1$ 作周期开拓得 $\tilde{x}[n]$，则 $\tilde{x}[n]$ 就是一个以 N 为周期的离散时间序列，其傅里叶系数为

$$c_k = \frac{1}{N} \sum_{n=\langle N \rangle} \tilde{x}[n] e^{-jk(2\pi/N)n}$$

$$= \frac{1}{N} \sum_{n=0}^{N-1} x[n] e^{-jk(2\pi/N)n} = \frac{1}{N} X(k\Omega_0) \quad (5-70)$$

取 $Nc_k = X(k\Omega_0)$ 中的一个周期，记以 $X[k]$，则得 N 点 $X[k]$ 序列

$$X[k] = Nc_k = \sum_{n=0}^{N-1} x[n] e^{-jk(2\pi/N)n}$$

$$k = 0,1,2,\cdots,N-1 \quad (5-71)$$

称为有限长序列 $x[n]$ 的离散傅里叶变换（Discrete Fourier Transform，DFT）。

取 $\tilde{x}[n]$ 的一个周期即 $x[n]$，即

$$x[n] = \tilde{x}[n] = \frac{1}{N} \sum_{k=0}^{N-1} X[k] e^{jk(2\pi/N)n}$$

$$n = 0,1,2,\cdots,N-1 \quad (5-72)$$

称为离散傅里叶反变换（Inverse Discrete Fourier Transform，IDFT）。

式（5-71）和式（5-72）在离散时间情况下是一对非常重要的变换式，称为离散傅里叶变换对，把它重写如下：

$$x[n] = \frac{1}{N} \sum_{k=0}^{N-1} X[k] e^{jk(2\pi/N)n}, \ n = 0,1,2,\cdots,N-1 \quad (5-73)$$

$$X[k] = \sum_{n=0}^{N-1} x[n] e^{-jk(2\pi/N)n}$$

$$n = 0,1,2,\cdots,N-1 \quad (5-74)$$

式（5-73）和式（5-74）确立了有限长非周期序列 $x[n]$ 和其离散傅里叶变换 $X[k]$ 之间的关系，记为

$$x[n] \leftrightarrow X[k] \quad (5-75)$$

式（5-73）称为反变换式，它说明当根据式（5-74）计算出 $X[k]$ 值并将其结果代入式（5-73）时所得的和就是 $\tilde{x}[n]$ 的第一周期，即 $x[n]$。式（5-74）称为正变换式，它说明当已知 $x[n]$ 时，可以根据该式分析出该序列 $x[n]$ 的频谱 $X(e^{j\Omega})$ 的 N 个样点值，即 $X[k]$ 是 $x[n]$ 的离散近似谱。

从离散傅里叶变换的引出，可以看到，离散傅里叶变换是将有限长非周期序列作了周期开拓，再作离散傅里叶级数变换，然后在离散傅里叶级数中截取一个周期定义的。因此，离散傅里叶变换和离散傅里叶级数、离散时间傅里叶变换之间有着紧密的联系。

5.6.2 DFT 与 DTFT 的关系

最后，讨论一下有限长序列 $x[n]$ 的离散傅里叶变换 $X[k]$（DFT）与其离散时间傅里叶变换 $X(e^{j\Omega})$（DTFT）的关系。

已知长度为 N（$0 \leq n \leq N-1$）的有限长序列 $x[n]$，其离散傅里叶变换 $X[k]$ 为

$$X[k] = \sum_{n=0}^{N-1} x[n] e^{-j\frac{2\pi}{N}nk} \tag{5-76}$$

而其离散时间傅里叶变换 $X(e^{j\Omega})$ 为

$$X(e^{j\Omega}) = \sum_{n=-\infty}^{\infty} x[n] e^{-j\Omega n} \tag{5-77}$$

由于当 $n<0$ 和 $n \geq N$ 时 $x[n]=0$，所以式（5-73）可以简化为

$$X(e^{j\Omega}) = \sum_{n=0}^{N-1} x[n] e^{-j\Omega n} \tag{5-78}$$

比较式（5-76）和式（5-78）可见

$$X[k] = X(e^{j\Omega})\big|_{\Omega=\frac{2\pi k}{N}} \tag{5-79}$$

这样离散傅里叶变换 $X(e^{j\Omega})$（DFT）可以看作离散时间傅里叶变换 $X(e^{j\Omega})$（DTFT）的频率抽样，更准确地说，$X[k]$ 等于频率点 $\Omega=\dfrac{2\pi k}{N}$（$k=0,1,2,\cdots,N-1$）处 $X(e^{j\Omega})$ 的离散值。

例 5-7 求矩形脉冲序列 $x[n]=G_N[n]$ 的 DTFT 和 DFT。

解 由 DFT 定义式可写出

$$X(e^{j\Omega}) = \sum_{n=-\infty}^{\infty} x[n] e^{-j\Omega n} = \sum_{n=0}^{N-1} e^{-j\Omega n} = \frac{1-(e^{-j\Omega})^N}{1-e^{-j\Omega}} = \frac{1-e^{-j\Omega N}}{1-e^{-j\Omega}}$$

$$= \frac{\sin\left(\dfrac{N\Omega}{2}\right)}{\sin\left(\dfrac{\Omega}{2}\right)} e^{-j\Omega\left(\frac{N-1}{2}\right)}$$

注意这里的幅度频谱 $|X(e^{j\Omega})|$ 是以 2π 为周期的连续函数。再由 DFT 定义式可写出

$$X[k] = \sum_{n=0}^{N-1} x[n] e^{-j\frac{2\pi}{N}nk} = \sum_{n=0}^{N-1} W^{nk} = \sum_{n=0}^{N-1} (e^{-j\frac{2\pi}{N}k})^n =$$

$$\frac{1-(e^{-j\frac{2\pi k}{N}})^N}{1-e^{-j\frac{2\pi k}{N}}} = \begin{cases} N, & k=0 \\ 0, & k \neq 0 \end{cases} = N\delta(k)$$

可见，矩形脉冲序列的离散频谱 $X[k]$ 是一个幅度为 N 的单位样值函数。当然，$X[k]$ 的计算也可以根据式（5-79）的关系，由 $X(e^{j\Omega})$ 在抽样点 $\Omega=\dfrac{2\pi k}{N}$（$k=0,1,2,\cdots,N-1$）的值得到。

注意，在 $k=1,2,\cdots,N-1$ 时，$X[k]=0$，对应的 k 等于这些值时 $X(\mathrm{e}^{\mathrm{j}\Omega})$ 的抽样值 $X[2\pi k/N]$ 也都等于零，这是由于在 $X(\mathrm{e}^{\mathrm{j}\Omega})$ 的旁瓣之间的零点对 $X(\mathrm{e}^{\mathrm{j}\Omega})$ 进行抽样的结果。只有在 $k=0$ 时，$X[k]$ 不等于零，所以 $X[k]$ 与矩形脉冲的频谱 $X(\mathrm{e}^{\mathrm{j}\Omega})$ 有较大差别。只有增大 N，使抽样频率 $2\pi k/N$ 更加靠近，$X[k]$ 才能更好地表达 $X(\mathrm{e}^{\mathrm{j}\Omega})$。

5.7 快速傅里叶变换

快速傅里叶变换（Fast Fourier Transformation，FFT），是计算离散傅里叶变换（DFT）的快速算法。它的出现和发展对推动信号的数字处理技术起着关键作用。本节重点阐明 DFT 运算的内在规律，在此基础上提出快速傅里叶变换（FFT）的基本思路，同时介绍一种常见的 FFT 算法——基 2FFT 算法。

5.7.1 快速傅里叶变换的基本思路

已知 N 点有限长序列 $x(n)$ 的 DFT 为

$$X[k] = \sum_{n=0}^{N-1} x[n] \mathrm{e}^{-\mathrm{j}\frac{2\pi}{N}nk}$$

$$k = 0,1,2,\cdots,N-1$$

通常 $X[k]$ 为复数，给定的数据 $x[n]$ 可以是实数也可以是复数。为了简化，令指数因子（也有称为旋转因子或加权因子的）

$$W_N = \mathrm{e}^{-\mathrm{j}2\pi/N} \tag{5-80}$$

当 N 给定时，W_N 是一个常数，则 $X[k]$ 可写成

$$X[k] = \sum_{n=0}^{N-1} x[n] W_N^{nk}$$

$$k = 0,1,2,\cdots,N-1 \tag{5-81}$$

因而 DFT 可以看作以 W_N^{nk} 为加权系数的一组样点 $x[n]$ 的线性组合，是一种线性变换。其中 W_N^{nk} 的上标为 n,k 的乘积。

将式（5-81）展开，得

$$X(0) = W_N^{0\cdot 0} x(0) + W_N^{1\cdot 0} x(1) + \cdots + W_N^{(N-1)\cdot 0} x(N-1)$$
$$X(1) = W_N^{0\cdot 1} x(0) + W_N^{1\cdot 1} x(1) + \cdots + W_N^{(N-1)\cdot 1} x(N-1)$$
$$X(2) = W_N^{0\cdot 2} x(0) + W_N^{1\cdot 2} x(1) + \cdots + W_N^{(N-1)\cdot 2} x(N-1)$$
$$\vdots$$
$$X(N-1) = W_N^{0\cdot(N-1)} x(0) + W_N^{1\cdot(N-1)} x(1) + \cdots + W_N^{(N-1)\cdot(N-1)} x(N-1)$$

或写成矩阵表示式（为便于讨论，写出 $N=4$ 的情况）

$$\begin{pmatrix} X(0) \\ X(1) \\ X(2) \\ X(3) \end{pmatrix} = \begin{pmatrix} W_4^0 & W_4^0 & W_4^0 & W_4^0 \\ W_4^0 & W_4^1 & W_4^2 & W_4^3 \\ W_4^0 & W_4^2 & W_4^4 & W_4^6 \\ W_4^0 & W_4^3 & W_4^6 & W_4^9 \end{pmatrix} \begin{pmatrix} x(0) \\ x(1) \\ x(2) \\ x(3) \end{pmatrix} \tag{5-82}$$

可见，每完成一个频谱样点的计算，需要做 N 次复数乘法和 $N-1$ 次复数加法。每个 $X[k]$ 序列的 N 个频谱样点的计算，就得做 N^2 次复数乘法和 $N(N-1)$ 次复数加法。而且每一次复数乘法又含有 4 次实数乘法和 2 次实数加法，每一次复数加法包含 2 次实数加法。这样的运算过程对于一个实际的信号，当样点数较多时，势必占用很长的计算时间。即使是目前运算速度较快的计算机，往往也难免会失去信号处理的实时性。例如 $N=1\,024$，$N^2 \approx 10^6$，设进行一次复数乘法运算为 1 μs，则仅仅乘法运算就得花 1 s，况且复数加法和运算控制的时间都是不能忽略的。可见，DFT 虽然给出了利用计算机进行信号分析的基本原理，但由于 DFT 计算量大，计算费时多，在实际应用中有其局限性。要解决这个问题就要寻找实现 DFT 的高效、快速的算法。

DFT 运算时间能否减少，关键在于实现 DFT 运算是否存在规律性以及如何去利用这些规律。由于在计算 $X[k]$ 时，需要大量地计算 W_N^{nk}，首先来分析一下 W_N^{nk} 所具有的一些有用的特点。由 $W_N = \mathrm{e}^{-\mathrm{j}2\pi/N}$，很显然有

$$W_N^0 = 1,\ W_N^N = 1,\ W_N^{N/2} = 1,\ W_N^{N/4} = -\mathrm{j},\ W_{2N}^k = W_N^{k/2}$$

此外，它具有如下特性：

（1）W_N^{nk} 具有周期性，其周期为 N。很容易证明：

$$W_N^k = W_N^{k+lN},\quad l\ 为整数 \tag{5-83}$$

及

$$W_N^{nk} = W_N^{(n+mN)(k+lN)},\quad l, m\ 为整数 \tag{5-84}$$

所以有

$$W_N^{lN} = 1$$

例如，对于 $N=4$，有 $W_4^6 = W_4^2,\ W_4^9 = W_4^1$ 等。于是式（5-84）可写为

$$\begin{pmatrix} X(0) \\ X(1) \\ X(2) \\ X(3) \end{pmatrix} = \begin{pmatrix} W_4^0 & W_4^0 & W_4^0 & W_4^0 \\ W_4^0 & W_4^1 & W_4^2 & W_4^3 \\ W_4^0 & W_4^2 & W_4^0 & W_4^2 \\ W_4^0 & W_4^3 & W_4^2 & W_4^1 \end{pmatrix} \begin{pmatrix} x(0) \\ x(1) \\ x(2) \\ x(3) \end{pmatrix} \tag{5-85}$$

上述计算利用了 W_N^{nk} 的周期性，原来需要求 7 个 W_N^{nk} 的值，现减少为求 4 个 W_N^{nk} 的值。

（2）W_N^{nk} 具有对称性。由于 $W_N^{N/2} = -1$，可以得到

$$W_N^{(nk+N/2)} = -W_N^{nk} \tag{5-86}$$

结合 $W_N^{N/4} = -\mathrm{j}$，有

$$W_N^{3N/4} = \mathrm{j}$$

仍以 $N=4$ 为例，利用对称性，有 $W_4^3 = -W_4^1,\ W_4^2 = -W_4^0$ 等。于是式（5-85）进一步可写为

$$\begin{pmatrix} X(0) \\ X(1) \\ X(2) \\ X(3) \end{pmatrix} = \begin{pmatrix} W_4^0 & W_4^0 & W_4^0 & W_4^0 \\ W_4^0 & W_4^1 & -W_4^0 & -W_4^1 \\ W_4^0 & -W_4^0 & W_4^0 & -W_4^0 \\ W_4^0 & -W_4^1 & -W_4^0 & W_4^1 \end{pmatrix} \begin{pmatrix} x(0) \\ x(1) \\ x(2) \\ x(3) \end{pmatrix} \tag{5-87}$$

求 W_N^{nk} 的个数更是减少到了 2 个。

（3）由于求 DFT 时所做的复数乘法和复数加法次数都与 N^2 成正比，若把长序列分解为

短序列，例如把 N 点的 DFT 分解为 2 个 $N/2$ 点 DFT 之和时，其结果使复数乘法次数减少到 $2\times(N/2)^2 = N^2/2$，即分解前的一半。

一种高效、快速实现 DFT 的算法是把原始的 N 点序列，依次分解成一系列短序列，并充分利用 W_N^{nk} 所具有的对称性质和周期性质，求出这些短序列相应的 DFT，然后进行适当组合，最终达到删除重复运算、减少乘法运算、提高速度的目的。这就是快速傅里叶变换的基本思想。

5.7.2 基 2 FFT 算法

最基本的 FFT 算法是将 $x[n]$ 按时间分解（抽取）成较短的序列，然后从这些短序列的 DFT 中求得 $X[k]$。

设序列 $x[n]$ 的长度为 $N = 2^v$（v 为整数），先按 n 的奇、偶将序列分成两部分，则可写出序列 $x[n]$ 的 DFT 为

$$X[k] = \sum_{n=0}^{N-1} x[n] W_N^{nk} = \sum_{n_{\text{偶}}} x[n] W_N^{nk} + \sum_{n_{\text{奇}}} x[n] W_N^{nk}$$

当 n 为偶数时，令 $n = 2l$；n 为奇数时，令 $n = 2l+1$，其中 l 为整数。则上式为

$$X(k) = \sum_{l=0}^{\frac{N}{2}-1} x(2l) W_N^{2lk} + \sum_{l=0}^{\frac{N}{2}-1} x(2l+1) W_N^{(2l+1)k} \tag{5-88}$$

可见，这时序列 $x[n]$ 先被分解（抽取）成两个子序列，每个子序列长度为 $N/2$，如图 5-11 所示，第一个序列 $x[2l]$ 由 $x[n]$ 的偶数项组成，第二个序列 $x[2l+1]$ 由 $x[n]$ 的奇数项组成。

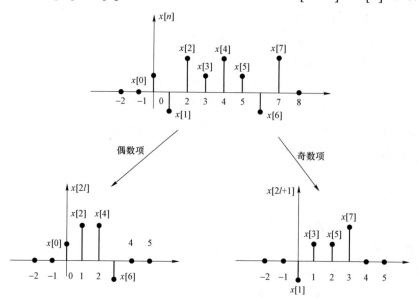

图 5-11 以因子 2 分解长度为 8 的序列

由于

$$W_N^2 = \mathrm{e}^{-\mathrm{j}2\frac{2\pi}{N}} = \mathrm{e}^{-\mathrm{j}\frac{2\pi}{N/2}} = W_{N/2}^1$$

式（5-88）可以表示为

$$X(k) = \sum_{l=0}^{\frac{N}{2}-1} x[2l] W_{\frac{N}{2}}^{lk} + W_N^k \sum_{l=0}^{\frac{N}{2}-1} x[2l+1] W_{N/2}^{lk}$$

注意到上式第一项是 $x[2l]$ 的 $N/2$ 点 DFT，第二项是 $x[2l+1]$ 的 $N/2$ 点 DFT，若分别记

$$G(k) = \sum_{l=0}^{\frac{N}{2}-1} x(2l) W_{N/2}^{lk}, \quad H(k) = \sum_{l=0}^{\frac{N}{2}-1} x(2l+1) W_{N/2}^{lk}$$

则有

$$X(k) = G(k) + W_N^k H(k), \quad k = 0,1,2,\cdots,N-1 \tag{5-89}$$

显然，$G(k)$、$H(k)$ 是长度为 $N/2$ 点的 DFT，它们的周期都应是 $N/2$，即

$$G\left(k+\frac{N}{2}\right) = G(k), \quad H\left(k+\frac{N}{2}\right) = H(k)$$

再利用式（5-84）$W_N^{k+N/2} = -W_N^k$ 的对称性，式（5-89）又可表示为

$$X(k) = G(k) + W_N^k H(k), \quad k = 0,1,2,\cdots,N/2-1 \tag{5-90}$$

$$X(k+N/2) = G(k) - W_N^k H(k), \quad k = 0,1,2,\cdots,N/2-1 \tag{5-91}$$

前 $N/2$ 个 $X[k]$ 由式（5-90）求得，后 $N/2$ 个 $X(k)$ 由式（5-91）求得，而二者只差一个符号。

一个 8 点序列按时间抽取的 FFT，第一次分解进行运算的框图如图 5-12 所示。

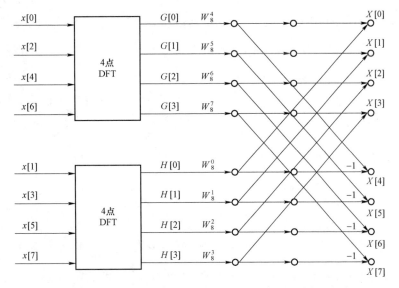

图 5-12 一个 8 点序列按时间抽取 FFT 算法的第一次分解

如果 $N/2$ 是偶数，$x[2l]$ 和 $x[2l+1]$ 还可以被再分解（抽取）。在计算 $G[k]$ 时可以将序列 $x[2l]$ 按 l 的奇偶分为两个子序列，每个子序列长度为 $N/4$。当 l 为偶数时，令 $l=2r$；l 为奇数时，令 $l=2r+1$，其中 r 为整数。于是，可得 $G[k]$ 为

$$G(k) = \sum_{l=0}^{\frac{N}{2}-1} x(2l)W_{N/2}^{lk} = \sum_{l\text{偶}} x(2l)W_{N/2}^{lk} + \sum_{l\text{奇}} x(2l)W_{N/2}^{lk}$$

$$= \sum_{l=0}^{\frac{N}{4}-1} x(4r)W_{N/2}^{2rk} + \sum_{l=0}^{\frac{N}{4}-1} x(4r+2)W_{N/2}^{(2r+1)k}$$

$$= \sum_{l=0}^{\frac{N}{4}-1} x(4r)W_{N/4}^{rk} + W_{N/2}^{k} \sum_{l=0}^{\frac{N}{4}-1} x(4r+2)W_{N/4}^{rk}$$

$$= A(k) + W_N^{2k} B(k), \quad k = 0,1,2,\cdots,\frac{N}{2}-1 \quad (5-92)$$

式（5-92）的推导过程中应用了等式 $W_{N/2}^{k} = W_N^{2k}$。显然 $A[k]$、$B[k]$ 是长度为 $N/4$ 点的 DFT，它们的周期都应是 $N/4$，若再利用等式 $W_N^{2(k+N/4)} = W_N^{2k+N/2} = -W_N^{2k}$，式（5-13）可写为

$$G(k) = A(k) + W_N^{2k} B(k), \quad k = 0,1,2,\cdots,\frac{N}{4}-1 \quad (5-93)$$

$$G\left(k+\frac{N}{4}\right) = A(k) - W_N^{2k} B(k), \quad k = 0,1,2,\cdots,\frac{N}{4}-1 \quad (5-94)$$

式中，$A(k) = \sum_{r=0}^{\frac{N}{4}-1} x(4r)W_{N/4}^{rk}, B(k) = \sum_{r=0}^{\frac{N}{4}-1} x(4r+2)W_{N/4}^{rk}, k = 0,1,2,\cdots,\frac{N}{4}-1$，前 $N/4$ 点。

$G[k]$ 由式（5-14）求得，后 $N/4$ 点 $G[k]$ 由式（5-15）求得，而二者也只差一个符号。这是第二次按时间抽取的 FFT，图 5-13 所示为这次分解的 $G[k]$ 的运算框图。

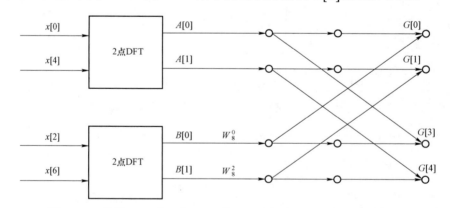

图 5-13　将图 5-2 中 4 点 DFT 求 $G(k)$ 分解为两个 2 点 DFT 求 $G(k)$

同样的处理方法也应用于计算 $H[k]$，得到计算 $H[k]$ 的式子为

$$H(k) = C(k) + W_N^{2k} D(k), \quad k = 0,1,2,\cdots,\frac{N}{4}-1 \quad (5-95)$$

$$H\left(k+\frac{N}{4}\right) = C(k) - W_N^{2k} D(k), \quad k = 0,1,2,\cdots,\frac{N}{4}-1 \quad (5-96)$$

式中,$C(k)=\sum_{r=0}^{\frac{N}{4}-1}x(4r+1)W_{N/4}^{rk}$,$D(k)=\sum_{r=0}^{\frac{N}{4}-1}x(4r+3)W_{N/4}^{rk}$,$k=0,1,2,\cdots,\frac{N}{4}-1$。

于是,对于一个 8 点序列 $x[n]$,根据式(5-95)与式(5-96),可计算得到

$$A(0)=x(0)+W_8^0x(4),A(1)=x(0)-W_8^0x(4)$$

$$B(0)=x(2)+W_8^0x(6),B(1)=x(2)-W_8^0x(6)$$

$$C(0)=x(1)+W_8^0x(5),C(1)=x(1)-W_8^0x(5)$$

$$D(0)=x(3)+W_8^0x(7),D(1)=x(3)-W_8^0x(7)$$

进一步求得

$$G(0)=A(0)+W_8^0B(0),G(1)=A(1)+W_8^2B(1)$$

$$G(2)=A(0)-W_8^0B(0),G(3)=A(1)-W_8^2B(1)$$

$$H(0)=C(0)+W_8^0D(0),H(1)=C(1)+W_8^2D(1)$$

$$H(2)=C(0)-W_8^0D(0),H(3)=C(1)-W_8^2D(1)$$

再由式(5-90)和式(5-91),求得

$$X(0)=G(0)+W_8^0H(0),X(1)=G(1)+W_8^1H(1)$$

$$X(2)=G(2)+W_8^2H(2),X(3)=G(3)+W_8^3H(3)$$

$$X(4)=G(0)-W_8^0H(0),X(5)=G(1)-W_8^1H(1)$$

$$X(6)=G(2)-W_8^2H(2),X(7)=G(3)-W_8^3H(3)$$

一个完整的 8 点基 2 按时间抽取的 FFT 运算流程如图 5-14 所示,它自左至右分为三级:第一级是 4 个 2 点 DFT,计算 $A[k]$、$B[k]$、$C[k]$、$D[k]$,$k=0,1$;第二级是 2 个 4 点 DFT,计算 $G[k]$、$H[k]$,$k=0\sim3$;第三级是 1 个 8 点 DFT,计算 $X[k]$,$k=0\sim7$。而每一级的运算都由 4 个如图 5-14 所示的称为蝶形运算的基本运算单元组合而成,每一蝶形运算单元有 2 个输入数据和 2 个输出数据。

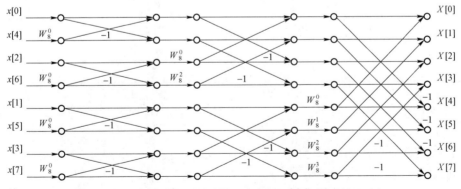

图 5-14 一个完整的 8 点基 2 按时间抽取的 FFT 算法流程

实际上,基 2FFT 算法是一种不断将数据序列进行抽取,每抽取一次就把 DFT 的计算宽度降为原来的 1/2,最后成为 2 点 DFT 运算的算法。因此,一个长度为 $N=2^v$ (v 为整数)

的序列 $x[n]$，通过基 2 按时间抽取可以分解为 $\log_2 N = v$ 级运算，每级运算由 $N/2$ 个蝶形运算单元完成。每一蝶形运算单元只需进行 1 次与指数因子 W_N^r 的复数乘法和 2 次复数加法，所以整个运算过程共有 $\frac{1}{2}N\log_2 N$ 次复数乘法和 $N\log_2 N$ 次复数加法，极大地提高了计算的效率。例如，对于 $N = 1\,024$ 的序列，采用 FFT 比直接计算 DFT 提高运算速度 200 倍以上，而且随着 N 的增加，运算效率的提高更加显著。

由按时间抽取 FFT 算法的结构可以看出，一旦进行完一个蝶形运算，一对输入数据就不需要再保留，这样，输出数据对可以放至对应输入数据对的一组存储单元中，实现同址运算，大大减少了计算机的存储开支。但是为了进行同址运算，输入序列不能按原来自然顺序排列（见图 5-14），而要进行变址，变址的规律是：把原来按自然顺序表示序列（正序）的十进制数先换成二进制数，然后把这些二进制数的首位至末位的顺序进行顺倒（码位倒置），再重新换成十进制，这样得到的序列称为反序。表 5-1 列出了 $N = 8$ 时的正序及反序序列。

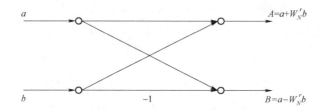

图 5-15 蝶形运算单元示意图

表 5-1 自然顺序与相应的码位倒置

n	二进制	码位倒置二进制	n'
0	000	000	0
1	001	100	4
2	010	010	2
3	011	110	6
4	100	001	1
5	101	101	5
6	110	011	3
7	111	111	7

归纳上面的推导过程，对于 $N = 2^v$（v 为整数），输入反序、输出正序的 FFT 运算流程可表示如下：

（1）将运算过程分解为 v 级（也称 v 次迭代）。

（2）把输入序列 $x[n]$ 进行码位倒置，按反序排列。

（3）每级都包含了 $N/2$ 个蝶形运算单元，但它们的几何图形各不相同。自左至右第 1 级的 $N/2$ 个蝶形运算单元组成 $N/2$ 个"群"（蝶形运算单元之间有交叉的称为"群"），第 2 级的 $N/2$ 个蝶形运算单元组成 $N/4$ 个"群"，……，第 i 级的 $N/2$ 个蝶形运算单元组成 $N/2^i$ 个"群"，最末级为 $N/2^v = 1$ 个"群"。

(4) 每个蝶形运算单元完成如图 5-15 所示的 1 次与指数因子 W_N^r 的复数乘法和 2 次复数加（减）法。

(5) 同级各"群"的指数因子 W_N^r 分布规律相同，各级每"群"的指数因子 W_N^r 为

第 1 级：W_N^0

第 2 级：W_N^0，$W_N^{N/4}$

$\vdots$

第 i 级：W_N^0，$W_N^{N/2^i}$，$W_N^{2N/2^i}$，$\cdots$，$W_N^{(2^{i-1}-1)N/2^i}$

$\vdots$

也可以把输入序列按自然顺序排列（正序）进行 FFT 运算，这时所执行的运算内容与前面介绍的相同，只是输出变成了码位倒置后的序列。因此，输入反序时，输出为正序；输入正序时，输出为反序。

还可以构成输入、输出都按自然顺序排列（正序）的 FFT 运算，但这时每级的蝶形运算发生"变形"，不能再实现"原址运算"而需要较多的存储单元，所以在实际中很少使用。

以上介绍的是按时间抽取的基 2FFT 算法，也称 Cooley-Tukey（库利-图基）算法；与此对应的另一种算法是在频域把 $X[k]$ 按 k 的奇、偶分组来计算 DFT，称为按频率抽取的 FFT 算法，也称 Sande-Tukey（桑德-图基）算法。

FFT 算法也可以用于离散傅里叶变换（DFT）的反变换，即由信号的频谱序列 $X[k]$ 求出信号的时间数据序列 $x[n]$，通常把它称为 FFT 反变换。

如果序列长度 N 不是 2 的整数幂次，也可以排出 FFT 算法程序，称为任意因子的 FFT 算法。从基本的 FFT 算法诞生以来，各种改进的或派生的 FFT 算法层出不穷，它们都以快速、高效地计算数据序列的 DFT 为目的。本书只介绍关于 FFT 算法的初步概念，使大家认识到通过有效地利用指数因子 W_N^{nk} 的特性以及合理地分解数据序列 $x[n]$，就能极大地提高计算 DFT 的效率。有关 FFT 及其反变换的各种算法在《数字信号处理》教材或专著中有详细的介绍，实际上，现在已有许多成熟的 FFT 计算机程序可以直接使用。

习 题

5.1 求下列周期序列的数字频率、周期和离散傅里叶系数，并画出其振幅频谱和相位频谱图：

(1) $x[n] = \sin[\pi(n-1)/4]$； (2) $x[n] = \cos(2\pi n/3x) + \sin(2\pi n/7)$。

5.2 已知周期序列如图 5-16 所示，试确定其周期 N，写出离散傅里叶级数表达式。

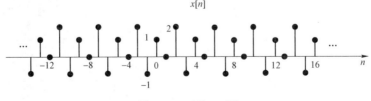

图 5-16 题 5.2 图

5.3 在下列小题中已知周期序列的离散傅里叶系数，其周期为 8，试分别求其周期序列

$x[n]$。

（1）$c_k = \cos(k\pi/4) + \sin(3k\pi/4)$；（2）$c_k$ 如图 5-17 所示。

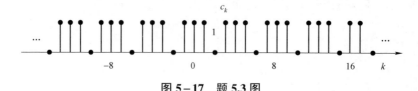

图 5-17 题 5.3 图

5.4 计算 $2^n u[-n]$ 的离散时间傅里叶变换

5.5 计算下列序列的离散时间傅里叶变换：

（1）$(1/4)^n u[n+2]$；

（2）$(1/2)^n \{u[n+3] - u[n-2]\}$；

（3）$\delta[4-2n]$。

5.6 下面是离散时间信号的傅里叶变换，试确定与变换相对应的信号。

$$X(e^{j\Omega}) = \cos^2 \Omega$$

5.7 设 $X(e^{j\Omega})$ 代表图 5-18 所示信号 $x[n]$ 的傅里叶变换，请完成下列运算：

（1）求 $X(e^{j\Omega})$ 的值；（2）求 $\arg X(e^{j\Omega})$；（3）求 $\int_{-\pi}^{\pi} X(e^{j\Omega}) d\Omega$ 的值；（4）求 $X(e^{j\pi})$ 的值。

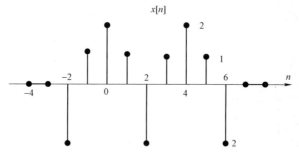

图 5-18 题 5.7 图

5.8 下列是离散时间信号的傅里叶变换，试确定与变换相对应的信号。

$$X(e^{j\Omega}) = 1 - 2e^{-j3\Omega} + 4e^{-j2\Omega} + 3e^{-j6\Omega}$$

5.9 设 $X(e^{j\Omega})$ 代表图 5-19 所示信号 $x[n]$ 的傅里叶变换，不求出 $X(e^{j\Omega})$ 而完成下列运算：

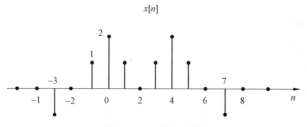

图 5-19 题 5.9 图

(1) 求 $X(e^{j0})$ 的值；

(2) 求 $\arg X(e^{j\Omega})$ 的值；

(3) 求 $\int_{-\pi}^{\pi} X(e^{j\Omega}) d\Omega$ 的值。

5.10 一个 LTI 离散时间系统的单位抽样响应为 $h[n]=(1/2)^n u[n]$，试用傅里叶分析法求该系统对下列信号的响应：

(1) $x[n]=(3/4)^n u[n]$；

(2) $x[n]=(n+1)(1/4)^n u[n]$；

(3) $x[n]=(-1)^n$。

一个 LTI 离散时间系统的单位抽样响应为 $h[n]=(1/2)^n u[n]$，试用傅里叶分析法求该系统对如下信号的响应：

$$x[n]=(n+1)(1/4)^n u[n]$$

5.11 设 $x[n]$ 和 $h[n]$ 分别是具有下列傅里叶变换的信号：

$$X(e^{j\Omega})=3e^{j\Omega}+1-e^{-j\Omega}+2e^{-j2\Omega}$$
$$H(e^{j\Omega})=-e^{-j\Omega}+2e^{-j2\Omega}+e^{j4\Omega}$$

求 $y[n]=x[n]*h[n]$。

5.12 已知输入 $x[n]=\sin(\pi n/8)-2\cos(\pi n/4)$ 作用于具有如下单位抽样响应的 LTI 系统，试求其响应。

$$h[n]=\frac{\sin(\pi n/6)}{\pi n}$$

第 6 章
连续时间信号及系统的复频域分析

6.1 引 言

第 4 章研究了连续时间信号的频域分析。以虚指数信号 $e^{j\omega t}$（ω 为实角频率）为基本信号，将信号 $x(t)$ 分解成具有不同频率的虚指数分量的叠加。这种分析方法在信号系统的分析和处理等领域占有重要地位。不过这种分析方法也有局限性，例如，虽然大多数实际信号都存在傅里叶变换，但也有些重要信号（例如指数增长信号）不存在傅里叶变换。另外，傅里叶变换只能分析初始状态为零时系统的响应。

本章引入复频率 $s = \sigma + j\omega$（σ、ω 均为实数），以复指数信号 e^{st} 为基本信号，将信号 $x(t)$ 分解成具有不同复频域的复指数分量之叠加。而 LTI 系统的零状态响应是输入信号各个复指数分量引起的响应之叠加。另外，若系统的初始状态不为零，用这种方法也可以求解全响应。这种分析方法称为复频域分析或者 s 域分析。

6.2 拉普拉斯变换

6.2.1 从傅里叶变换到拉普拉斯变换

通过第 4 章的学习，可知信号 $x(t)$ 的傅里叶变换为

$$X(j\omega) = \int_{-\infty}^{\infty} x(t) e^{-j\omega t} dt \tag{6-1}$$

但有些常用函数，例如，单位阶跃信号 $u(t)$、符号函数 $\text{sgn}(t)$ 等，虽然存在傅里叶变换，但不能用式（6-1）求解；而另外一些信号，例如指数增长信号 $e^{at}u(t)(a>0)$，不存在傅里叶变换。究其原因，是因为当 $t \to \infty$ 时信号的幅度不衰减，甚至增长，导致式（6-1）的积分不收敛。

为了解决以上问题，将信号 $x(t)$ 乘以衰减因子 $e^{-\sigma t}$（σ 为实数），选择合适的 σ 值，使得 $t \to \infty$ 时信号 $x(t)e^{-\sigma t}$ 的幅度衰减为 0，即

$$\begin{cases} \lim_{t \to \infty} x(t) e^{-\sigma t} = 0 \\ \lim_{t \to -\infty} x(t) e^{-\sigma t} = 0 \end{cases} \tag{6-2}$$

这样，$x(t)e^{-\sigma t}$ 满足绝对可积的条件，即

$$\int_{-\infty}^{\infty}\left|x(t)\mathrm{e}^{-\sigma t}\right|\mathrm{d}t<\infty$$

从而使得 $x(t)\mathrm{e}^{-\sigma t}$ 的傅里叶变换存在

$$F\left[x(t)\mathrm{e}^{-\sigma t}\right]=\int_{-\infty}^{\infty}x(t)\mathrm{e}^{-\sigma t}\mathrm{e}^{-\mathrm{j}\omega t}\mathrm{d}t=\int_{-\infty}^{\infty}x(t)\mathrm{e}^{-(\sigma+\mathrm{j}\omega)t}\mathrm{d}t$$

显然，上式积分结果是关于 $\sigma+\mathrm{j}\omega$ 的函数，记为 $X(\sigma+\mathrm{j}\omega)$。这样，得到一对傅里叶变换对：$x(t)\mathrm{e}^{-\sigma t}\leftrightarrow X(\sigma+\mathrm{j}\omega)$，即有

$$X(\sigma+\mathrm{j}\omega)=\int_{-\infty}^{\infty}x(t)\mathrm{e}^{-(\sigma+\mathrm{j}\omega)t}\mathrm{d}t \tag{6-3}$$

$$x(t)\mathrm{e}^{-\sigma t}=\frac{1}{2\pi}\int_{-\infty}^{\infty}X(\sigma+\mathrm{j}\omega)\mathrm{e}^{\mathrm{j}\omega t}\mathrm{d}\omega \tag{6-4}$$

式（6-4）两端同乘以 $\mathrm{e}^{\sigma t}$，得

$$x(t)=\frac{1}{2\pi}\int_{-\infty}^{\infty}X(\sigma+\mathrm{j}\omega)\mathrm{e}^{(\sigma+\mathrm{j}\omega)t}\mathrm{d}\omega \tag{6-5}$$

令 $\sigma+\mathrm{j}\omega=s$，即 s 的实部 $\mathrm{Re}[s]=\sigma$，s 的虚部 $\mathrm{Im}[s]=\omega$，则 $\mathrm{d}\omega=\dfrac{\mathrm{d}s}{\mathrm{j}}$，代入式（6-3）和式（6-5）得

$$X(s)=\int_{-\infty}^{\infty}x(t)\mathrm{e}^{-st}\mathrm{d}t \tag{6-6}$$

$$x(t)=\frac{1}{2\pi\mathrm{j}}\int_{\sigma-\mathrm{j}\infty}^{\sigma+\mathrm{j}\infty}X(s)\mathrm{e}^{st}\mathrm{d}s \tag{6-7}$$

式（6-6）和式（6-7）称为拉普拉斯变换对，简称拉氏变换对，记为 $x(t)\leftrightarrow X(s)$。$X(s)$ 称为 $x(t)$ 的拉氏变换，又称为象函数，记为 $X(s)=L[x(t)]$。

由此可见，$x(t)$ 的拉氏变换 $X(s)$ 是 $x(t)\mathrm{e}^{-\sigma t}$ 的傅里叶变换。

6.2.2 收敛域

如前所述，选择合适的 σ 值才能使式（6-6）的积分收敛，$X(s)$ 才存在。下面给出几个例子。

例 6-1 求信号 $x_1(t)=\mathrm{e}^{\alpha t}u(t)$（右边信号）的拉氏变换。

解
$$X_1(s)=\int_{-\infty}^{\infty}x_1(t)\mathrm{e}^{-st}\mathrm{d}t$$

$$=\int_{-\infty}^{\infty}\mathrm{e}^{\alpha t}u(t)\mathrm{e}^{-st}\mathrm{d}t=\int_{0}^{\infty}\mathrm{e}^{(\alpha-s)t}\mathrm{d}t=\frac{1}{\alpha-s}\mathrm{e}^{(\alpha-s)t}\bigg|_{0}^{\infty}$$

$$=\frac{1}{s-\alpha}\left[1-\lim_{t\to\infty}\mathrm{e}^{(\alpha-s)t}\right]=\frac{1}{s-\alpha}\left[1-\lim_{t\to\infty}\mathrm{e}^{(\alpha-\sigma)t}\mathrm{e}^{-\mathrm{j}\omega t}\right]$$

$$=\begin{cases}\dfrac{1}{s-\alpha}, & \sigma=\mathrm{Re}[s]>\alpha \\ \text{不定}, & \mathrm{Re}[s]=\alpha \\ \text{无界}, & \mathrm{Re}[s]<\alpha\end{cases}$$

可见，只有当 $\sigma > \alpha$ 时，$e^{\alpha t}u(t)$ 的拉氏变换才存在。

根据例 6-1 的分析结果，可以得到一个常用的拉氏变换对，即

$$e^{\alpha t}u(t) \leftrightarrow \frac{1}{s-\alpha}, \quad \text{Re}[s] > \alpha \tag{6-8}$$

例 6-2 求信号 $x_2(t) = -e^{\alpha t}u(-t)$（左边信号）的拉氏变换。

解
$$X_2(s) = \int_{-\infty}^{\infty} x_2(t)e^{-st}dt = \int_{-\infty}^{\infty} -e^{\alpha t}u(-t)e^{-st}dt = \int_{-\infty}^{0} -e^{(\alpha-s)t}dt$$

$$= \frac{1}{s-\alpha}e^{(\alpha-s)t}\Big|_{-\infty}^{0} = \frac{1}{s-\alpha}\left[1 - \lim_{t\to-\infty}e^{(\alpha-s)t}\right] = \frac{1}{s-\alpha}\left[1 - \lim_{t\to-\infty}e^{(\alpha-\sigma)t}e^{-j\omega t}\right]$$

$$= \begin{cases} \dfrac{1}{s-\alpha}, & \sigma = \text{Re}[s] < \alpha \\ \text{不定}, & \text{Re}[s] = \alpha \\ \text{无界}, & \text{Re}[s] > \alpha \end{cases}$$

可见，只有当 $\sigma < \alpha$ 时，$-e^{\alpha t}u(-t)$ 的拉氏变换才存在。

根据例 6-2 的分析结果，可以得到一个常用的拉氏变换对，即

$$-e^{\alpha t}u(-t) \leftrightarrow \frac{1}{s-\alpha}, \quad \text{Re}[s] < \alpha \tag{6-9}$$

例 6-3 求信号 $x(t) = \begin{cases} e^{\alpha t} & t > 0 \\ e^{\beta t} & t < 0 \end{cases} = e^{\alpha t}u(t) + e^{\beta t}u(-t)$（双边信号）的拉氏变换。

解 按照类似的分析方法，容易得到

当 $\alpha < \beta$ 时，$X(s) = \dfrac{1}{s-\alpha} - \dfrac{1}{s-\beta}$，$\alpha < \text{Re}[s] < \beta$；

当 $\alpha < \beta$ 时，$X(s)$ 不存在。

使 $X(s)$ 存在的 s 的范围（即 s 的实部 σ 的范围，因为 $e^{-j\omega t}$ 不影响积分的收敛性）称为收敛域（Region of Convergence，ROC）。表示收敛域的一个方便直观的方法是，以 s 的实部 σ 为横轴，虚部 $j\omega$ 为纵轴建立平面，称为 s 平面，在 s 平面上把收敛域用阴影线表示出来。

分析以上三例，对于右边信号，拉氏变换定义式中的积分上限为 ∞，所以，若对于某个 σ_1 该积分收敛，那么对于所有的 $\sigma > \sigma_1$，该积分一定也收敛，所以，右边信号的收敛域为右边收敛。同样，左边信号的收敛域为左边收敛，双边信号的收敛域为带状收敛。上面三个例子中拉氏变换的收敛域如图 6-1 所示，其中虚线称为收敛轴。由此可以得到以下结论：

（1）当 $x(t)$ 是有限持续期时，它本身就满足绝对可积条件，其拉氏变换一定存在，其收敛域为 s 全平面。

（2）如果 $x(t)$ 是一个右边信号，则其拉氏变换的收敛域 $\text{Re}\{s\} = \sigma > \sigma_0$，$\sigma_0$ 为某一实数，称 σ_0 为左边界。

（3）如果 $x(t)$ 是一个左边信号，则其拉氏变换的收敛域 $\text{Re}\{s\} = \sigma < \sigma_0$，$\sigma_0$ 为某一实数，称 σ_0 为右边界。

（4）$X(s)$ 的收敛域内不含极点，收敛域的边界由极点决定。

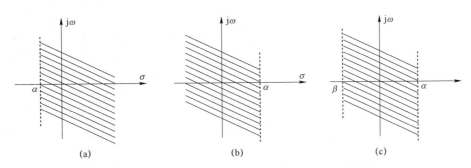

图 6-1　左边信号、右边信号和双边信号的收敛域
（a）左边信号收敛域；（b）右边信号收敛域；（c）双边信号收敛域

6.2.3　单边拉普拉斯变换

由以上讨论可知，式（6-6）定义的拉氏变换便于分析双边信号，但其收敛条件较为苛刻，这也限制了它的应用。另外，由例 6-1 和例 6-2 也可以看到，$e^{\alpha t}u(t)$ 和 $-e^{\alpha t}u(-t)$ 的拉氏变换式完全相同，仅收敛域不同。换言之，$X(s)$ 必须与收敛域一起，才能与 $x(t)$ 一一对应，这样就增加了拉氏变换的复杂性。显然这种复杂性是试图既要处理因果信号，又要处理非因果信号而造成的。

通常遇到的信号都有初始时刻，不妨设其初始时刻为 0 时刻。这样 $t<0$ 时 $x(t)=0$，从而其拉氏变换可以写为

$$X(s) = \int_{0_-}^{\infty} x(t)e^{-st}dt \tag{6-10}$$

式（6-10）中积分下限取 0_-，是考虑到 $x(t)$ 可能在 $t=0$ 时刻包含冲激函数或其各阶导数。式（6-10）称为单边拉氏变换（简称为拉氏变换）。为了加以区分，式（6-6）称为双边拉氏变换，记为 $X_\beta(s)$。

显然，对于因果信号 $x(t)$，由于 $x(t)=0$，$t<0$，所以其双边、单边拉氏变换相同。

与式（6-10）对应的反变换可以写为

$$x(t) = \frac{1}{2\pi j}\int_{\sigma-j\infty}^{\sigma+j\infty} X(s)e^{st}ds \quad t>0_- \tag{6-11}$$

下面，求几个常用信号的单边拉氏变换。

例 6-4　求矩形脉冲信号 $x(t) = \begin{cases} 1, & 0<t<\tau \\ 0, & 其他 \end{cases} = G_\tau\left(t-\frac{\tau}{2}\right)$ 的单边拉氏变换。

解
$$X(s) = \int_{0_-}^{\infty} x(t)e^{-st}dt = \int_0^\tau e^{-st}dt = \frac{1-e^{-s\tau}}{s}$$

显然，由于该信号是时限信号，函数值非零的时间段为有限长，拉氏变换定义式中的积分区间有限，故对所有的 s，$X(s)$ 都存在，称为全 s 平面收敛。

例 6-5　求单位冲激信号 $\delta(t)$ 的单边拉氏变换。

解
$$\delta(t) \leftrightarrow \int_{0_-}^{\infty} x(t)\mathrm{e}^{-st}\mathrm{d}t = \int_0^\tau \delta(t)\mathrm{e}^{-st}\mathrm{d}t = 1$$

也是全平面收敛。

例 6-6 求复指数信号 $x(t) = \mathrm{e}^{s_0 t}u(t)$（$s_0$ 为复常数）的单边拉氏变换。

解
$$X(s) = \int_{0_-}^{\infty} x(t)\mathrm{e}^{-st}\mathrm{d}t = \int_0^\tau \mathrm{e}^{s_0 t}\mathrm{e}^{-st}\mathrm{d}t = \frac{1}{s - s_0}, \ \mathrm{Re}[s] > \mathrm{Re}[s_0]$$

即：

若 s_0 为实数，令 $s_0 = \alpha$（α 为实常数），得到

$$\mathrm{e}^{\alpha t}u(t) \leftrightarrow \frac{1}{s - \alpha}, \ \mathrm{Re}[s] > \alpha \tag{6-12}$$

若 $s_0 = 0$，得到

$$u(t) \leftrightarrow \frac{1}{s}, \ \mathrm{Re}[s] > 0 \tag{6-13}$$

若 s_0 为虚数，令 $s_0 = \pm \mathrm{j}\omega_0$，得到

$$\mathrm{e}^{\pm \mathrm{j}\omega_0 t}u(t) \leftrightarrow \frac{1}{s \mp \mathrm{j}\omega_0}, \ \mathrm{Re}[s] > 0$$

利用欧拉公式，根据上式可以得出

$$\cos(\omega_0 t)u(t) \leftrightarrow \frac{s}{s^2 + \omega_0^2}, \ \mathrm{Re}[s] > 0 \tag{6-14}$$

$$\sin(\omega_0 t)u(t) \leftrightarrow \frac{\omega_0}{s^2 + \omega_0^2}, \ \mathrm{Re}[s] > 0 \tag{6-15}$$

可见，大部分常用信号的单边拉氏变换都存在，但也有些信号不存在拉氏变换，例如 t^t、e^{t^2} 等增长过快的信号，无法找到合适的 σ 值使其收敛，所以不存在拉氏变换，这类信号称为超指数信号。实际中遇到的一般都是指数阶信号，总能找到合适的 σ 值使其收敛，故常见信号的单边拉氏变换总是存在的。

对比双边拉氏变换的定义式（6-6）和单边拉氏变换的定义式（6-10），以及前面几个例子，可以看出，双边拉氏变换既可以分析因果信号，又可以分析非因果信号，但需要与收敛域一起才能与时域信号唯一对应。而单边拉氏变换只能分析因果信号，但优势在于不需要指明收敛域就可以与时域一一对应，这种唯一性大大简化了分析。在实际应用中，遇到的连续时间信号大都是因果信号。所以本书主要讨论单边拉氏变换，如果不特别指明，拉氏变换都是指单边拉氏变换。

6.2.4 拉普拉斯变换和傅里叶变换的关系

本章采用求 $x(t)\mathrm{e}^{-\sigma t}$ 的傅里叶变换的方法，引入复变量 $s = \sigma + \mathrm{j}\omega$，得出了拉氏变换。随后又将时域信号 $x(t)$ 限制为因果信号，从而得到单边拉氏变换。拉氏变换的定义式为

$$X(\mathrm{j}\omega) = \int_{-\infty}^{\infty} x(t)\mathrm{e}^{-\mathrm{j}\omega t}\mathrm{d}t$$

显然，$x(t)$ 的拉氏变换 $X(s)$ 是 $x(t)\mathrm{e}^{-\sigma t}$ 的傅里叶变换，而傅里叶变换即 $\sigma = 0$ 时（即 s 平面的虚轴上）的拉氏变换。通过以下几个例子可以加深理解。

例 6-7 求指数衰减信号 $x(t)=\mathrm{e}^{\alpha t}u(t)$，$\alpha<0$ 的傅里叶变换和拉氏变换。

解 根据前面学习过的变换对，直接可以得到

$$X(\mathrm{j}\omega)=\frac{1}{\mathrm{j}\omega-\alpha}$$

$$X(s)=\frac{1}{s-\alpha},\ \mathrm{Re}[s]>\alpha$$

因为 $\alpha<0$，收敛域包含虚轴，傅里叶变换和拉氏变换都存在，并且

$$X(\mathrm{j}\omega)=X(s)|_{s=\mathrm{j}\omega}$$

例 6-8 求阶跃信号 $x(t)=u(t)$ 的傅里叶变换和拉氏变换。

解 根据前面学习过的变换对，直接可以得到

$$X(\mathrm{j}\omega)=\pi\delta(\omega)+\frac{1}{\mathrm{j}\omega}$$

$$X(s)=\frac{1}{s},\ \mathrm{Re}[s]>0$$

此时收敛域以虚轴为边界，傅里叶变换和拉氏变换都存在，但

$$X(\mathrm{j}\omega)\neq X(s)|_{s=\mathrm{j}\omega}$$

例 6-9 求指数增长信号 $x(t)=\mathrm{e}^{\alpha t}u(t)$，$\alpha>0$ 的傅里叶变换和拉氏变换。

解 由于指数增长信号不满足绝对可积，傅里叶变换不存在。而拉氏变换存在

$$X(s)=\frac{1}{s-\alpha},\ \mathrm{Re}[s]>0$$

因为 $\alpha>0$，收敛域不包含虚轴。

综合以上分析，可以得出以下结论：

（1）当拉氏变换的收敛域包含虚轴时，拉氏变换和傅里叶变换都存在，并且 $X(\mathrm{j}\omega)=X(s)|_{s=\mathrm{j}\omega}$。

（2）当拉氏变换的收敛域以虚轴为边界时，拉氏变换和傅里叶变换都存在，但傅里叶变换中含有冲激函数，故 $X(\mathrm{j}\omega)\neq X(s)|_{s=\mathrm{j}\omega}$。

（3）当拉氏变换的收敛域不包含虚轴并且不以虚轴为边界时，拉氏变换存在，但傅里叶变换不存在。

6.3 拉普拉斯变换的性质

拉氏变换的性质，反映了时域和复频域的关系。掌握这些性质对于掌握复频域分析方法十分重要。学习它们时，要注意与傅里叶变换的性质进行对比，比较相同点和不同点。

1. 线性性质

拉氏变换的线性性质：对于由多个函数组合的函数的拉氏变换等于各函数拉氏变换的线性组合，即：

若

$$x_1(t)\leftrightarrow X_1(s)\quad \mathrm{ROC}=R_1$$

$$x_2(t) \leftrightarrow X_2(s), \quad \text{ROC} = R_2$$

则

$$ax_1(t) + bx_2(t) \leftrightarrow aX_1(s) + bX_2(s), \quad \text{ROC} = R_1 \cap R_2 \tag{6-16}$$

式中，a 和 b 为常数，符号 $R_1 \cap R_2$ 表示 R_1 与 R_2 的交集。交集一般小于 R_1 和 R_2，但有时亦可能扩大。

例 6-10 已知

$$x_1(t) \leftrightarrow X_1(s) = \frac{1}{s+1}, \quad \text{Re}\{s\} > -1$$

$$x_2 \leftrightarrow X_2(s) = \frac{1}{(s+1)(s+2)}, \quad \text{Re}\{s\} > -1$$

求 $x_1(t) - x_2(t)$ 的拉氏变换 $X(s)$ 并讨论其收敛域。

解
$$X(s) = X_1(s) - X_2(s)$$

$$= \frac{1}{s+1} - \frac{1}{(s+1)(s+2)} = \frac{s+1}{(s+1)(s+2)} = \frac{1}{s+2}$$

$X(s)$ 的收敛域为 $\text{Re}\{s\} > -2$。

很明显收敛域扩大了，产生此现象的原因是计算过程中零点与极点相消，使 $X(s)$ 的收敛域扩大。

2. 时域平移

若 $x(t) \leftrightarrow X(s)$，$\text{Re}[s] > \sigma_c$，则

$$x(t-t_0)u(t-t_0) \leftrightarrow X(s)e^{-st_0}, \text{Re}[s] > \sigma_c \tag{6-17}$$

式中，$t_0 > 0$。

证明
$$x(t-t_0)u(t-t_0) \leftrightarrow \int_{0_-}^{\infty} x(t-t_0)u(t-t_0)e^{-st}dt$$

$$= \int_{t_{0_-}}^{\infty} x(t-t_0)e^{-st}dt$$

令 $t - t_0 = u$，则 $t = u + t_0$，$dt = du$。于是有

$$x(t-t_0)u(t-t_0) \leftrightarrow \int_{0_-}^{\infty} x(u)e^{-s(u+t_0)}du$$

$$= e^{-st_0} \int_{0_-}^{\infty} x(u)e^{-st}dt$$

$$= e^{-st_0} X(s)$$

需要指出的是，式（6-17）中的 $x(t-t_0)u(t-t_0)$ 并非 $x(t-t_0)u(t)$。显然，当 $x(t)$ 为因果信号时，只要 $t_0 > 0$，则 $x(t-t_0)u(t-t_0) = x(t-t_0)u(t) = x(t-t_0)$，但当 $x(t)$ 为非因果信号时，三者不一定相等。

例 6-11 求矩形脉冲信号 $x(t) = \begin{cases} 1, & 0 < t < \tau \\ 0, & \text{其他} \end{cases} = G_\tau\left(t - \frac{\tau}{2}\right)$ 的拉氏变换。

在例 6-4 中，用拉氏变换的公式求出了矩形脉冲信号的拉氏变换，现在用另外的方法求取。

解 由于 $x(t) = G_\tau\left(t - \dfrac{\tau}{2}\right) = u(t) - u(t-\tau)$，利用变换对 $u(t) \leftrightarrow \dfrac{1}{s}$，再根据时移特性，得

$$u(t-\tau) \leftrightarrow \dfrac{1}{s}\mathrm{e}^{-s\tau}$$

所以，$G\left(t-\dfrac{\tau}{2}\right) = u(t) - u(t-\tau) \leftrightarrow \dfrac{1-\mathrm{e}^{-s\tau}}{s}$。

3. 频移特性

若 $x(t) \leftrightarrow X(s)$，$\mathrm{Re}[s] > \sigma_c$，则

$$x(t)\mathrm{e}^{s_0 t} \leftrightarrow X(s-s_0),\ \mathrm{Re}[s] > \sigma_c + \sigma_0 \tag{6-18}$$

式中，$s_0 = \sigma_0 + \mathrm{j}\omega_0$ 为复常数。

例 6-12 求 $\mathrm{e}^{at}\sin(\omega_0 t)u(t)$ 的拉氏变换。

解 利用式（6-16）的变换对

$$\sin(\omega_0 t)u(t) = \dfrac{\omega_0}{s^2+\omega_0^2},\ \mathrm{Re}[s] > 0$$

所以

$$\mathrm{e}^{at}\sin(\omega_0 t)u(t) = \dfrac{\omega_0}{(s-a)^2+\omega_0^2},\ \mathrm{Re}[s] > a \tag{6-19}$$

同理可得

$$\mathrm{e}^{at}\cos(\omega_0 t)u(t) = \dfrac{s-a}{(s-a)^2+\omega_0^2},\ \mathrm{Re}[s] > a \tag{6-20}$$

4. 时间尺度变换

若 $x(t) \leftrightarrow X(s)$，$\mathrm{Re}[s] > \sigma_c$，则

$$x(at) \leftrightarrow \dfrac{1}{a}X\left(\dfrac{s}{a}\right),\ \mathrm{Re}[s] > a\sigma_c \tag{6-21}$$

式中，$a > 0$ 为实常数。

如果时域既时移又变换时间尺度，可以得到

$$x(at+b)u(at+b) \leftrightarrow \dfrac{1}{a}\mathrm{e}^{-\frac{b}{a}s}X\left(\dfrac{s}{a}\right),\ \mathrm{Re}[s] > a\sigma_c \tag{6-22}$$

5. 时域微分特性

若 $x(t) \leftrightarrow X(s)$，$\mathrm{Re}[s] > \sigma_c$，则

$$x'(t) \leftrightarrow sX(s) - x(0_-),\ \mathrm{Re}[s] > \sigma_c \tag{6-23}$$

证明

$$x'(t) \leftrightarrow \int_{0_-}^{\infty} x'(t)\mathrm{e}^{-st}\mathrm{d}t$$

$$= x(t)\mathrm{e}^{-st}\Big|_{0_-}^{\infty} + s\int_{0_-}^{\infty} x(t)\mathrm{e}^{-st}\mathrm{d}t$$

$$= \lim_{t\to\infty} x(t)\mathrm{e}^{-st} - x(0_-) + sX(s)$$

因为 $X(s)$ 存在，$x(t)$ 必为指数阶信号，且在收敛域内有 $\lim\limits_{t\to\infty}x(t)\mathrm{e}^{-st}=0$，所以

$$x'(t)\leftrightarrow sX(s)-x(0_-)$$

式中，$x(0_-)$ 是函数 $x(t)$ 在 $t=0_-$ 时刻的取值。

反复应用式（6-23）可以得到 $x(t)$ 高阶导数的拉氏变换。例如：

$$\begin{aligned}x''(t)&\leftrightarrow s\big[sX(s)-x(0_-)\big]-x'(0_-)\\&=s^2X(s)-sx(0_-)-x'(0_-)\end{aligned} \quad (6-24)$$

$$x^{(n)}(t)\leftrightarrow s^{(n)}X(s)-s^{(n-1)}x(0_-)-s^{(n-2)}x'(0_-)-\cdots-x^{(n-1)}(0_-) \quad (6-25)$$

式中，$x^{(n)}(0_-)$ 是指 $\dfrac{\mathrm{d}^{n-1}}{\mathrm{d}t^{n-1}}x(t)$ 在 $t=0_-$ 时刻的取值。

显然，当 $x(t)$ 为因果信号时，微分特性有更简洁的形式：

$$x^{(n)}(t)\leftrightarrow s^{(n)}X(s) \quad (6-26)$$

描述连续时间 LTI 系统的是常系数线性微分方程，显然可以利用拉氏变换的微分性质将微分性质转换到 s 域。在后续章节中将会看到，时域微分特性在连续时间系统的复频域分析中很重要。

6. 卷积定理

若 $x_1(t)$、$x_2(t)$ 为因果信号，且

$$x_1(t)\leftrightarrow X_1(s),\ x_2(t)\leftrightarrow X_2(s)$$

则

$$x_1(t)*x_2(t)\leftrightarrow X_1(s)\cdot X_2(s) \quad (6-27)$$

收敛域至少为二者的公共部分。

请自行证明。

例 6-13 已知某 LTI 系统的单位冲激响应 $h(t)=\mathrm{e}^{-2t}u(t)$，求输入 $x(t)=u(t)$ 时的零状态响应 $y_x(t)$。

解 由于系统的零状态响应

$$y_x(t)=x(t)*h(t)$$

根据卷积定理有

$$Y_x(s)=X(s)H(s)$$

由于

$$x(t)=u(t)\leftrightarrow X(s)=\frac{1}{s}$$

$$h(t)=\mathrm{e}^{-2t}u(t)\leftrightarrow H(s)=\frac{1}{s+2}$$

所以

$$Y_x(s)=X(s)H(s)=\frac{1}{s(s+2)}=\frac{1}{2s}-\frac{1}{2(s+2)}$$

所以
$$y_x(t) = \frac{1}{2}u(t) - \frac{1}{2}e^{-2t}u(t)$$

7. 时域微分性质

若
$$x(t) \leftrightarrow X(s), \quad \text{ROC} = R$$

则
$$\frac{dx(t)}{dt} \leftrightarrow sX(s), \quad \text{ROC包括}R \tag{6-28}$$

注意：式（6-28）是针对 $x(t)$ 为双边信号的情况。而一般常用到的是单边信号，为此还需特别强调单边信号的微分和积分性质。

8. 时域积分性质

若
$$x(t) \leftrightarrow X(s), \quad \text{ROC} = R$$

则
$$\int_{-\infty}^{t} x(\tau) d\tau \leftrightarrow \frac{1}{s}X(s), \quad \text{ROC包括}R \cap \{\text{Re}\{s\}\} > 0 \tag{6-29}$$

此性质仍是双边信号的时域积分性质，而对单边拉氏变换的时域积分性质有不同的形式。

9. 单边拉氏变换的时域积分性质

若
$$x(t) \leftrightarrow X(s)$$

则
$$\int_{-\infty}^{t} x(\tau) d\tau \leftrightarrow \frac{1}{s}X(s) + \frac{\int_{-\infty}^{0} x(\tau) d\tau}{s} \tag{6-30}$$

证明
$$\mathcal{L}\left[\int_{-\infty}^{t} x(\tau)d\tau\right] = \mathcal{L}\left[\int_{-\infty}^{0} x(\tau)d\tau + \int_{0}^{t} x(\tau)d\tau\right]$$

上式的第一项为常量，即 $\int_{-\infty}^{0} x(\tau) d\tau = x^{-1}(0)$。

所以
$$\mathcal{L}\left[\int_{-\infty}^{0} x(\tau)d\tau\right] = \frac{x^{-1}(0)}{s}$$

上式的第二项可借助分部积分求得，即
$$\mathcal{L}\left[\int_{0}^{t} x(\tau) d\tau\right] = \int_{0}^{\infty}\left[\int_{0}^{t} x(\tau) d\tau\right] e^{-st} dt$$
$$= \left[\frac{e^{-st}}{s}\int_{0}^{t} x(\tau) d\tau\right]_{0}^{\infty} + \frac{1}{s}\int_{0}^{t} x(t) e^{-st} dt$$
$$= \frac{1}{s}X(s)$$

所以
$$\int_{-\infty}^{t} x(\tau)\mathrm{d}\tau \leftrightarrow \frac{1}{s}X(s) + \frac{\int_{-\infty}^{0} x(\tau)\mathrm{d}\tau}{s}$$
$$= \frac{1}{s}X(s) + \frac{x^{-1}(0)}{s}$$

式（6-30）说明对单边拉氏变换的积分性质，其象函数除了 $\frac{X(s)}{s}$ 项以外，还包含了信号的初始条件项，说明双边和单边拉氏变换的微分和积分性质确有不同。以后将用实例说明它的重要性。

10. s 域微分

若
$$x(t) \leftrightarrow X(s), \quad \mathrm{ROC} = R$$

则
$$-tx(t) \leftrightarrow \frac{\mathrm{d}X(s)}{\mathrm{d}s}, \quad \mathrm{ROC} = R \tag{6-31}$$

此性质不难用拉氏变换的定义式两边对 s 微分求得。

例 6-14 求 $x(t) = te^{-at}u(t)$ 的拉氏变换。

解 已知
$$e^{-at}u(t) \leftrightarrow \frac{1}{s+a}, \quad \mathrm{Re}\{s\} > -a$$

据式（6-31）
$$-te^{-at}u(t) \leftrightarrow \frac{\mathrm{d}}{\mathrm{d}s}\left[\frac{1}{s+a}\right] = \frac{-1}{(s+a)^2}$$

则
$$te^{-at}u(t) \leftrightarrow \frac{1}{(s+a)^2}, \quad \mathrm{Re}\{s\} > -a$$

同理
$$\frac{t^2}{2}e^{-at}u(t) \leftrightarrow \frac{1}{(s+a)^3}, \quad \mathrm{Re}\{s\} > -a$$

$$\frac{t^{(n-1)}}{(n-1)!}e^{-at}u(t) \leftrightarrow \frac{1}{(s+a)^n}, \quad \mathrm{Re}\{s\} > -a$$

当有理的拉氏变换式有重极点时，用上式求反变换比较容易。

11. 时域乘积

前面已经讨论过时域卷积定理，即 $x_1(t) * x_2(t) \leftrightarrow X_1(s)X_2(s)$。同理又可得到 s 域卷积定理或称为时域乘积定理。即

$$x_1(t)x_2(t) \leftrightarrow \frac{1}{2\pi\mathrm{j}}[X_1(s) * X_2(s)] = \frac{1}{2\pi\mathrm{j}}\int_{\sigma-\mathrm{j}\infty}^{\sigma+\mathrm{j}\infty} X_1(p)X_2(s-p)\mathrm{d}p \tag{6-32}$$

12. 初值定理

若 $t < 0$ 时，$x(t) = 0$；而且在 $t = 0$ 时，$x(t)$ 不包含任何冲激，就可以直接从拉氏变换计算 $x(0_+)$。此定理的数学描述为

$$x(0_+) = \lim_{s \to \infty} sX(s) \tag{6-33}$$

式中，$x(0_+)$ 是指 t 从正值方向趋于零时的值，它始终是 $x(0_+)$，不可能是 $x(0_-)$。

13. 终值定理

若 $t < 0$ 时，$x(t) = 0$；$t = 0$ 时 $x(t)$ 不包含任何冲激，便可从象函数直接计算 $x(\infty)$ 值。

终值定理的数学描述为

$$\lim_{t \to \infty} x(t) = x(\infty) = \lim_{s \to 0} sX(s) \tag{6-34}$$

用式（6-34）求 $x(\infty)$ 的限制条件应该是 $x(\infty)$ 存在，这一条件映射到 s 域，应该是 $sX(s)$ 的收敛域为 $\mathrm{Re}\{s\} \geqslant 0$，即 $sX(s)$ 在右半平面及虚轴上（包括原点）无极点。

前述的拉氏变换性质如表 6-1 所示。

表 6-1 拉氏变换的性质

性质名称	
线性	$ax_1(t) + bx_2(t) \leftrightarrow aX_1(s) + bX_2(s)$
时移特性	$x(t-t_0)u(t-t_0) \leftrightarrow X(s)\mathrm{e}^{-st_0}$
时域展缩特性	$x(at) \leftrightarrow \dfrac{1}{a}X\left(\dfrac{s}{a}\right), \mathrm{Re}[s] > a\sigma_c$
复频移特性	$x(t)\mathrm{e}^{s_0 t} \leftrightarrow X(s-s_0), \mathrm{Re}[s] > \sigma_c + \sigma_0$
时域微分特性	$x'(t) \leftrightarrow sX(s) - x(0_-)$ $x''(t) \leftrightarrow s^2 X(s) - sx(0_-) - x'(0_-)$ $x^n(t) \leftrightarrow s^n X(s) - s^{n-1}x(0_-) - s^{n-2}x'(0_-) - \cdots - x^{(n-1)}(0_-)$
时域积分特性	$\displaystyle\int_{-\infty}^{t} x(\tau)\mathrm{d}\tau \leftrightarrow \dfrac{X(s)}{s} + \dfrac{1}{s}x^{(-1)}(0_-), \ x^{(-1)}(0_-) = \int_{-\infty}^{0_-} x(\tau)\mathrm{d}\tau$
复频域微分	$-tx(t) \leftrightarrow \dfrac{\mathrm{d}}{\mathrm{d}s}X(s)$
复频域积分	$\dfrac{x(t)}{t} \leftrightarrow \displaystyle\int_{s}^{\infty} X(s)\mathrm{d}s$
卷积特性	$x_1(t) * x_2(t) \leftrightarrow X_1(s) \cdot X_2(s)$ $x_1(t) \cdot x_2(t) \leftrightarrow \dfrac{1}{2\pi\mathrm{j}} X_1(s) * X_2(s)$
初值定理	若 $x(t)$ 在 $t=0$ 处不包含冲激信号及其各阶导数，则 $x(0_+) = \lim\limits_{t \to 0_+} x(t) = \lim\limits_{s \to \infty} sX(s)$
终值定理	若 $x(t)$ 的收敛域包含虚轴，则 $\lim\limits_{t \to \infty} x(t) = \lim\limits_{s \to 0} sX(s)$

利用拉氏变换的性质，可以推导出更多的拉氏变换对，如表 6-2 所示。

表 6-2 常用的单边拉氏变换对

$x(t)$	$X(s)$
$\delta(t)$	1,全部 s
$\delta(t-t_0), t_0>0$	$e^{-s_0 t}$,全部 s
$\delta^{(n)}(t)$	s^n,全部 s
$u(t)$	$\dfrac{1}{s}$, $\text{Re}[s]>0$
$u(t-t_0), t_0>0$	$\dfrac{1}{s}e^{-s_0 t}$, $\text{Re}[s]>0$
$tu(t)$	$\dfrac{1}{s^2}$, $\text{Re}[s]>0$
$t^n u(t)$	$\dfrac{n!}{s^{n+1}}$, $\text{Re}[s]>0$
$e^{-at}u(t)$	$\dfrac{1}{s+a}$, $\text{Re}[s]>-a$
$te^{-at}u(t)$	$\dfrac{1}{(s+a)^2}$, $\text{Re}[s]>-a$
$\dfrac{1}{n!}t^n e^{-at}u(t)$	$\dfrac{1}{(s+a)^{n+1}}$, $\text{Re}[s]>-a$
$\sin(\omega_0 t)u(t)$	$\dfrac{\omega_0}{s^2+\omega_0^2}$, $\text{Re}[s]>0$
$\cos(\omega_0 t)u(t)$	$\dfrac{s}{s^2+\omega_0^2}$, $\text{Re}[s]>0$
$e^{-at}\sin(\omega_0 t)u(t)$	$\dfrac{\omega_0}{(s+a)^2+\omega_0^2}$, $\text{Re}[s]>-a$
$e^{-at}\cos(\omega_0 t)u(t)$	$\dfrac{s+a}{(s+a)^2+\omega_0^2}$, $\text{Re}[s]>-a$

6.4 拉普拉斯反变换

对于单边拉氏反变换,由式(6-11)可知,象函数 $X(s)$ 的拉氏反变换为

$$x(t)=\frac{1}{2\pi j}\int_{\sigma-j\infty}^{\sigma+j\infty}X(s)e^{st}ds, t>0_- \tag{6-35}$$

上述积分可以用复变函数积分中的留数定理求得,在这里不详细介绍这种方法。下面介

绍更为简便的求拉氏反变换的方法。

6.4.1 利用拉普拉斯变换性质求解

如果象函数 $X(s)$ 是一些比较简单的函数，可利用常用的拉氏变换对，并借助拉氏变换的若干性质，求出 $x(t)$。

例 6-15 已知 $X(s) = 2 + \dfrac{s+2}{(s+2)^2 + 4}$，求其反拉氏变换 $x(t)$。

解 由于
$$\delta(t) \leftrightarrow 1$$

$$\cos(2t)u(t) \leftrightarrow \dfrac{s}{s^2 + 2^2}$$

根据复频移特性，得

$$\mathrm{e}^{-2t}\cos(2t)u(t) \leftrightarrow \dfrac{s+2}{(s+2)^2 + 2^2}$$

所以
$$x(t) = 2\delta(t) + \mathrm{e}^{-2t}\cos(2t)u(t)$$

例 6-16 求 $X(s) = \dfrac{1}{s^2}(1 - \mathrm{e}^{-st_0})$ 的拉氏反变换，$t_0 > 0$。

解 $X(s) = \dfrac{1}{s^2}(1 - \mathrm{e}^{-st_0}) = \dfrac{1}{s^2} - \dfrac{1}{s^2}\mathrm{e}^{-st_0}$

由于
$$\dfrac{1}{2}t^2 u(t) \leftrightarrow \dfrac{1}{s^2}$$

利用复频移特性，可得

$$\dfrac{1}{2}(t-t_0)^2 u(t-t_0) \leftrightarrow \dfrac{1}{s^2}\mathrm{e}^{st_0}$$

所以
$$x(t) = \dfrac{1}{2}t^2 u(t) - \dfrac{1}{2}(t-t_0)^2 u(t-t_0) \leftrightarrow \dfrac{1}{s^2}\mathrm{e}^{st_0}$$

6.4.2 部分分式展开法

如果象函数 $X(s)$ 是 s 的有理分式，不妨设为

$$X(s) = \dfrac{B(s)}{A(s)} = \dfrac{b_m s^m + b_{m-1}s^{m-1} + \cdots + b_1 s + b_0}{a_n s^n + a_{n-1}s^{n-1} + \cdots + a_1 s + a_0} \qquad (6-36)$$

设 $m < n$，即 $X(s)$ 为有理真分式。其分母多项式 $A(s)$ 称为 $X(s)$ 的特征多项式，方程 $A(s) = 0$ 称为特征方程，它的根 $p_i(i=1,2,\cdots,N)$ 称为特征根（或极点），也称为 $X(s)$ 的固有频率（或自然频率）。

对 $X(s)$ 进行部分分式展开，展成若干项 $\dfrac{1}{s-p_i}$ 或 $\dfrac{1}{(s-p_i)^m}$ 的线性组合，再利用常用的拉氏变换对，求出 $x(t)$。关于部分分式展开后的各项系数的求解方法，可以采用 Heaviside（海维赛德）展开定理，在这里不详细介绍，只给出几个典型的例子。

例 6-17 求 $X(s)=\dfrac{3s^3+8s^2+7s+1}{s^2+3s+2}$ 的拉氏反变换。

解 因为 $X(s)$ 不是真分式，应先将其化为真分式，即

$$X(s)=3s-1+\frac{4s+3}{s^2+3s+2}=3s-1+X_1(s)$$

$$X_1(s)=\frac{4s+3}{s^2+3s+2}=\frac{4s+3}{(s+1)(s+2)}=\frac{K_1}{s+1}+\frac{K_2}{s+2}$$

$$K_1=(s+2)X_1(s)\big|_{s=-2}=5$$

$$K_2=(s+1)X_2(s)\big|_{s=-1}=-1$$

所以

$$X(s)=3s-1+\frac{5}{s+1}-\frac{1}{s+2}$$

所以

$$x(t)=3\delta'(t)-\delta(t)+5\mathrm{e}^{-t}u(t)-\mathrm{e}^{-2t}u(t)$$

例 6-18 求 $X(s)=\dfrac{2s^2+3s+3}{(s+1)(s+3)^3}$ 的拉氏反变换。

解

$$X(s)=\frac{A}{s+1}+\frac{B_1}{(s+3)^3}+\frac{B_2}{(s+3)^2}+\frac{B_3}{s+3}$$

其中，

$$A=(s+1)X(s)\big|_{s=-1}=\frac{1}{4}$$

$$B_1=(s+3)^3 X(s)\big|_{s=-3}=-6$$

$$B_2=\frac{\mathrm{d}}{\mathrm{d}s}\left[(s+3)^3 X(s)\right]\bigg|_{s=-3}=\frac{3}{2}$$

$$B_3=\frac{1}{2!}\frac{\mathrm{d}^2}{\mathrm{d}s^2}\left[(s+3)^3 X(s)\right]\bigg|_{s=-3}=-\frac{1}{4}$$

所以

$$X(s)=\frac{1/4}{s+1}+\frac{-6}{(s+3)^3}+\frac{3/2}{(s+3)^2}+\frac{-1/4}{s+3}$$

所以

$$x(t) = \frac{1}{4}e^{-t}u(t) + \left(-3t^2 + \frac{3}{2}t - \frac{1}{4}\right)e^{-3t}u(t)$$

例 6-19 求 $X(s) = \dfrac{3s+5}{s^2+2s+2}$ 的拉氏反变换。

解
$$X(s) = \frac{3s+5}{s^2+2s+2} = \frac{3(s+1)+2}{(s+1)^2+1} = \frac{3(s+1)}{(s+1)^2+1} + \frac{2}{(s+1)^2+1}$$

利用式（6-19）和式（6-20）得到
$$x(t) = (3\cos t + 2\sin t)e^{-t}u(t)$$

6.5 连续时间系统的复频域分析

6.5.1 微分方程的复频域求解

拉氏变换是分析连续时间 LTI 系统的有力数学工具。下面讨论运用拉氏变换，求解系统响应的一些问题。如前所述，描述连续时间 LTI 系统的是常系数线性微分方程，其一般形式如下：

$$a_n \frac{d^n}{dt^n}y(t) + a_{n-1}\frac{d^{n-1}}{dt^{n-1}}y(t) + \cdots + a_1 \frac{d}{dt}y(t) + a_0 \frac{d}{dt}y(t)$$
$$= b_m \frac{d^m}{dt^m}x(t) + b_{m-1}\frac{d^{m-1}}{dt^{m-1}}x(t) + \cdots + b_1 \frac{d}{dt}x(t) + b_0 \frac{d}{dt}x(t)$$

式中，各系数均为实数，设系统的初始状态为 $y(0_-), y'(0_-), \cdots, y^{(n-1)}(0_-)$。

求解系统响应的计算过程就是求解此微分方程。第 2 章中讨论了微分方程的时域求解方法，求解过程较为烦琐。下面用拉氏变换的方法求解微分方程。

令 $x(t) \leftrightarrow X(s)$，$y(t) \leftrightarrow Y(s)$，根据拉氏变换的时域微分特性

$$x^{(n)}(t) \leftrightarrow s^n X(s) - s^{n-1}x(0_-) - s^{n-2}x'(0_-) - \cdots - x^{n-1}(0_-) \quad (6-37)$$

$$y^{(n)}(t) \leftrightarrow s^n Y(s) - s^{n-1}y(0_-) - s^{n-2}y'(0_-) - \cdots - y^{n-1}(0_-) \quad (6-38)$$

若输入信号 $x(t)$ 为因果信号，则 $t=0_-$ 时刻 $x(t)$ 及其各阶导数为零，所以

$$x^{(n)}(t) \leftrightarrow s^n X(s) \quad (6-39)$$

这样，将微分方程等号两边取拉氏变换，就可以将描述 $y(t)$ 和 $x(t)$ 之间关系的微分方程变换为描述 $Y(s)$ 和 $X(s)$ 之间关系的代数方程，并且初始状态已自然地包含在其中，可直接得出系统的全响应解，求解步骤简明且有规律。现举例说明。

例 6-20 设某因果性 LTI 系统的微分方程描述为 $y''(t) + 3y'(t) + 2y(t) = e^{-t}u(t)$，初始状态 $y(0) = 0$，$y^{(1)}(0) = 0$，求响应 $y(t)$。

解 两边进行双边拉氏变换

$$s^2 Y(s) + 3sY(s) + 2Y(s) = \frac{1}{s+1}, \quad \text{Re}\{s\} > -1$$

整理后，得

$$Y(s) = \frac{1}{s+2} - \frac{1}{s+1} + \frac{1}{(s+1)^2}$$

反变换后，可得

$$y(t) = \left(e^{-2t} - e^{-t} + te^{-t}\right)u(t)$$

例 6-21　某 LTI 系统 $y''(t) + 3y'(t) + 2y(t) = 2x'(t) + x(t)$，输入信号 $x(t) = e^{-3t}u(t)$，初始状态 $y(0_-) = 1, y'(0_-) = 1$，求全响应。

解　对原微分方程两边取拉氏变换，可得

$$s^2 Y(s) - sy(0_-) - y'(0_-) + 3[sY(s) - y(0_-)] + 3Y(s) = 2sX(s) + X(s) \quad (6-40)$$

将 $y(0_-) = 1, y'(0_-) = 1$，$X(s) = \dfrac{1}{s+3}$ 代入上式，得

$$(s^2 + 3s + 2)Y(s) - s - 4 = \frac{2s+1}{s+3}$$

$$Y(s) = \frac{s^2 + 9s + 13}{(s+1)(s+2)(s+3)} = \frac{5/2}{s+1} + \frac{1}{s+2} + \frac{5/2}{s+3}$$

求反变换得

$$y(t) = \frac{5}{2} e^{-t} u(t) + e^{-2t} u(t) - \frac{5}{2} e^{-3t} u(t)$$

在第 2 章中，曾经讨论了全响应中的零输入响应与零状态响应、固有响应与强迫响应的概念，这里从 s 域的角度来研究这一问题。

在例 6-21 中，由式（6-40）可以得到

$$Y(s) = \frac{2s+1}{s^2+3s+2} X(s) + \frac{sy(0_-) + y'(0_-) + 3y(0_-)}{s^2+3s+2}$$

$$= \frac{2s+1}{s^2+3s+2} \cdot \frac{1}{s+3} + \frac{s+4}{s^2+3s+2}$$

$$= \underbrace{\frac{-1/2}{s+1} + \frac{3}{s+2} + \frac{-5/2}{s+3}}_{\text{零状态响应 } Y_x(s)} + \underbrace{\frac{3}{s+1} + \frac{-2}{s+2}}_{\text{零输入响应 } Y_0(s)} = \underbrace{\frac{5/2}{s+1} + \frac{1}{s+2}}_{\text{固有响应 } Y_n(s)} + \underbrace{\frac{-5/2}{s+3}}_{\text{强迫响应 } Y_f(s)}$$

相应地，有

$$Y(t) = \underbrace{-\frac{1}{2} e^{-t} u(t) + 3 e^{-2t} u(t) - \frac{5}{2} e^{-3t} u(t)}_{\text{零状态响应 } Y_x(s)} + \underbrace{3 e^{-t} u(t) - 2 e^{-2t} u(t)}_{\text{零输入响应 } Y_0(s)}$$

$$= \underbrace{\frac{5}{2} e^{-t} u(t) + e^{-2t} u(t)}_{\text{固有响应 } Y_n(t)} - \underbrace{\frac{5}{2} e^{-3t} u(t)}_{\text{强迫响应 } Y_f(t)}$$

可见，$Y(s)$ 的极点由两部分组成，一部分是系统特征根形成的极点 -1，-2（称为自然

频率或固有频率），构成系统固有响应 $y_n(t)$，另一部分是激励信号的象函数 $X(s)$ 的极点 -3，构成强迫响应 $y_f(t)$。所以说，固有响应 $y_n(t)$ 的函数形式由系统的特征根决定，强迫响应 $y_f(t)$ 的函数形式由激励信号决定。

6.5.2 电路系统的复频域求解

首先复习电路中相关的基本知识。

基尔霍夫电流定律（KCL）指出：对任意节点，在任一时刻流入（或流出）该节点电流的代数和恒等于零，即

$$\sum i(t) = 0 \tag{6-41}$$

基尔霍夫电压定律（KVL）指出：对任意回路，电压降（或电压升）之和恒等于零，即

$$\sum u(t) = 0 \tag{6-42}$$

观察式（6-41）和式（6-42），很容易得到基尔霍夫电流定律和电压定律在 s 域的表现形式

$$\sum I(s) = 0 \tag{6-43}$$

$$\sum U(s) = 0 \tag{6-44}$$

对于电阻、电容和电感，假设其端电压 $u(t)$ 和电流 $i(t)$ 为关联参考方向，那么：

1. 电阻 R

$$u_R(t) = Ri_R(t) \tag{6-45}$$

上式两边取拉氏变换得到

$$U_R(s) = RI_R(s) \tag{6-46}$$

显然，电阻的 s 域模型与时域模型相同。

2. 电感 L

$$u_L = L\frac{\mathrm{d}}{\mathrm{d}t}i_L(t) \tag{6-47}$$

利用拉氏变换的时域微分特性，上式两边取拉氏变换得到

$$U_L(s) = LsI_L(s) - Li_L(0_-) \tag{6-48}$$

式中，$i_L(0_-)$ 为电感中的初始电流。

这样，电感端电压的象函数 $U_L(s)$（简称为象电压）可以看成两部分电压相串联，第一部分为 s 域感抗 L 乘以电流的象函数（简称为象电流）$I_L(s)$，第二部分为内部电压源 $-Li_L(0_-)$。这样，电感 L 的 s 域模型如图 6-2（b）所示。

由式（6-48）可以得到

$$I_L(s) = \frac{U_L(s)}{Ls} + \frac{i_L(0_-)}{s} \tag{6-49}$$

流过电感的象电流 $I_L(s)$ 可以看作两部分并联，如图 6-2（c）所示。

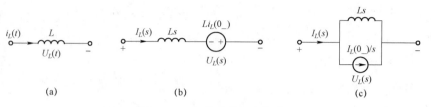

图 6-2 电感及其 s 域模型

3. 电容 C

$$i_C(t) = C\frac{\mathrm{d}}{\mathrm{d}t}u_C(t) \quad (6-50)$$

利用拉氏变换的时域微分特性，上式两边取拉氏变换得到

$$I_C(s) = CsU_C(s) - Cu_C(0_-) \quad (6-51)$$

即

$$U_C(s) = \frac{1}{Cs}I_C(s) + \frac{1}{s}u_C(0_-) \quad (6-52)$$

式中，$u_C(0_-)$ 为电容两端的初始电压。这样，可以建立电容 s 域模型，如图 6-3 所示。

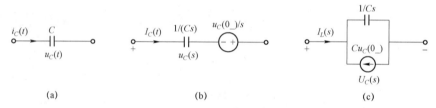

图 6-3 电容及其 s 域模型

通过以上讨论可见，拉氏变换可以将时域中元件端电压 $u(t)$ 与电流 $i(t)$ 之间的微积分关系转变为象电压 $U(s)$ 与象电流 $I(s)$ 之间的代数关系，并且包含了初始状态 $u_C(0_-)$ 和 $i_L(0_-)$。显然，当电感的初始电流 $i_L(0_-)$ 或电容的初始电压 $u_C(0_-)$ 为零时，其 s 域模型更为简单，如图 6-4 所示。

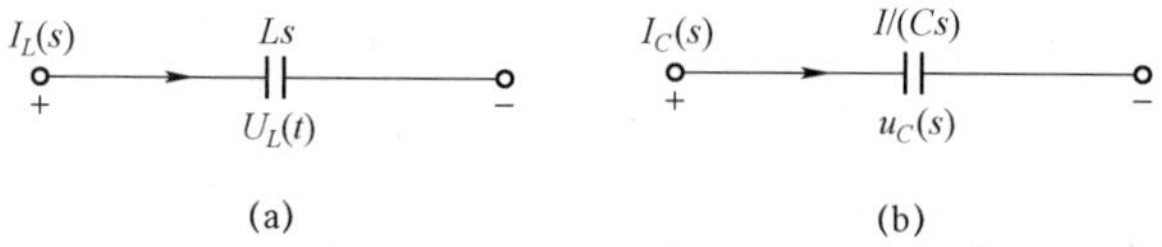

图 6-4 零状态条件下电感、电容的 s 域模型

在分析电路时，可以将电路中的元件用其 s 域模型来代替，然后利用基尔霍夫定律的 s 域形式——式（6-48）和式（6-52），直接列出 s 域的电路方程，求出响应的象函数，再进行反变换就得到全响应的时域形式。

例 6-22 图 6-5 所示 RLC 电路，$C=1\,\mathrm{F}$，$L=1\,\mathrm{H}$，$R=\frac{5}{2}\,\Omega$，输入激励电压源 $x(t)=u(t)$，初始状态为 $i_L(0_-)=1\,\mathrm{A}$，$u_C(0_-)=2\,\mathrm{V}$，求全响应电流 $i(t)$。

解 s 域等效电路图如图 6-6 所示。

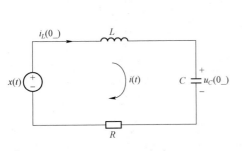

图 6-5 RLC 电路

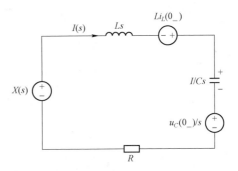

图 6-6 s 域等效电路图

根据 KVL 定律，得

$$LsI(s) - Li_L(0_-) + \frac{1}{Cs}I(s) + \frac{u_C(0_-)}{s} + RI(s) = X(s)$$

将 $C = 1\,\text{F}$，$L = 1\,\text{H}$，$R = \frac{5}{2}\,\Omega$，$i_L(0_-) = 1\,\text{A}$，$u_C(0_-) = 2\,\text{V}$，$X(s) = \frac{1}{s}$ 代入上式，并整理得

$$I(s) = \frac{X(s) + Li_L(0_-) - \dfrac{u_C(0_-)}{s}}{Ls + R + \dfrac{1}{Cs}}$$

$$= \frac{s\left[1 - \dfrac{1}{s}\right]}{s^2 + \dfrac{5}{2}s + 1} = \frac{2}{s+2} + \frac{-1}{s+\dfrac{1}{2}}$$

所以全响应电流为

$$i(t) = 2e^{-2t}u(t) - e^{-\frac{1}{2}t}u(t)$$

6.6 系统函数分析

6.6.1 系统函数

如前所述，描述连续时间 LTI 系统的是常系数线性微分方程，其一般形式如下：

$$a_n \frac{d^n}{dt^n} y(t) + a_{n-1} \frac{d^{n-1}}{dt^{n-1}} y(t) + \cdots + a_1 \frac{d}{dt} y(t) + a_0 y(t)$$
$$= b_m \frac{d^m}{dt^m} x(t) + b_{m-1} \frac{d^{m-1}}{dt^{m-1}} x(t) + \cdots + b_1 \frac{d}{dt} x(t) + b_0 x(t)$$

设系统的初始状态为零，输入 $x(t)$ 的象函数为 $X(s)$，零状态响应 $y_x(t)$ 的象函数为 $Y_x(s)$，上式取拉氏变换，得到

$$Y_x(s)\sum_{k=0}^{n}a_k s^k = X(s)\sum_{r=0}^{m}b_r s^r$$

令 $A(s)=\sum_{k=0}^{n}a_k s^k$, $B(s)=\sum_{r=0}^{m}b_r s^r$, 得到

$$Y_x(s)=X(s)\frac{B(s)}{A(s)}$$

令

$$H(s)=\frac{Y_x(s)}{X(s)}=\frac{B(s)}{A(s)}=\frac{b_m s^m + b_{m-1}s^{m-1}+\cdots+b_1 s+b_0}{a_n s^n + a_{n-1}s^{n-1}+\cdots+a_1 s+a_0} \tag{6-53}$$

$H(s)$ 称为系统函数。可见,根据描述系统的微分方程容易写出系统函数 $H(s)$,反之亦然。系统函数只取决于系统本身,而与激励无关,与系统内部的初始状态也无关。

因此,零状态响应的象函数

$$Y_x(s)=X(s)H(s) \tag{6-54}$$

式(6-53)和式(6-54)中的 $H(s)$ 是否就是单位冲激响应 $h(t)$ 的拉氏变换呢?下面进行分析。

当输入为单位冲激信号时,即 $x(t)=\delta(t)$ 时, $X(s)=1$,此时的零状态响应即 $h(t)$,根据式(6-54),其象函数为

$$\mathcal{L}[h(t)]=X(s)H(s)=H(s)$$

上式说明,单位冲激响应 $h(t)$ 与系统函数 $H(s)$ 是一对拉氏变换对。

对式(6-54)取拉氏反变换,并利用卷积定理,得到

$$y_x(t)=\mathcal{L}^{-1}[X(s)H(s)]=\mathcal{L}^{-1}[X(s)]*\mathcal{L}^{-1}[H(s)]=x(t)*h(t)$$

这与时域分析中得到的结论是完全一致的。可见,拉氏变换把时域中的卷积运算转变为 s 域中的乘积运算。

式(6-53)因式分解后得到

$$H(s)=\frac{B(s)}{A(s)}=K\frac{\prod_{r=1}^{m}(s-z_r)}{\prod_{k=1}^{n}(s-p_k)} \tag{6-55}$$

式中, K 为常数;分母多项式 $A(s)=0$ 的根为 $p_k(k=1,2,\cdots,n)$,称为极点(特征根);分子多项式 $B(s)=0$ 的根为 $z_r(r=1,2,\cdots,m)$,称为零点。极点和零点可能为实数或复数。只要 $H(s)$ 表示一个实系统,则 $A(s)$、$B(s)$ 的系数都为实数,那么其复数零点或极点必成对出现。显然,如果不考虑常数 K,由系统的零点和极点可以得到系统函数 $H(s)$。

在 s 平面上标出 $H(s)$ 的极、零点位置,极点用"×"表示,零点用"○"表示,若为 n 重零点或极点,可在旁注以"(n)",就得到系统函数的极零点图。极零点图可以表示一个系统,常用来分析系统特性。

例 6-23 已知系统函数 $H(s) = \dfrac{(s-2)^2}{\left(s+\dfrac{3}{2}\right)^2\left(s^2+s+\dfrac{5}{4}\right)}$，求极点和零点，并画出极零点图。

解 $H(s)$ 有一个二阶零点：$z_1 = 2$；

有一个二阶极点：$p_1 = -\dfrac{3}{2}$；

另有两个共轭极点：$p_2 = -\dfrac{1}{2}+\text{j}$，$p_3 = -\dfrac{1}{2}-\text{j}$。

极零点图如图 6-7 所示。

下面，分析极点在 s 平面上的位置与单位冲激响应之间的关系。

表 6-2 中几个常用信号的拉氏变换及其极点如表 6-3 所示。

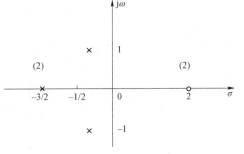

图 6-7 极零点图

已经知道，系统函数 $H(s)$ 一般是关于 s 的有理多项式，通过因式分解和部分分式展开，如果只含有一阶极点，可以将其分解成表 6-3 中各式的线性组合。也就是说，根据系统函数 $H(s)$ 的极点，可以得出时域 $h(t)$ 的函数形式。

下面以一阶极点为例进行分析，不难得出如图 6-8 所示的对应关系。这样，根据 $H(s)$ 极点在 s 平面上的位置就可以得出单位冲激响应 $h(t)$ 的函数形式。

表 6-3 常用拉氏变换对及其极点

$x(t)$	$X(s)$	极点
$u(t)$	$\dfrac{1}{s}$	$p_1 = 0$
$\text{e}^{at}u(t)$	$\dfrac{1}{s-a}$	$p_1 = \alpha$
$\sin(\omega_0 t)u(t)$	$\dfrac{\omega_0}{s^2+\omega_0^2}$	$p_{1,2} = \pm\text{j}\omega_0$
$\cos(\omega_0 t)u(t)$	$\dfrac{s}{s^2+\omega_0^2}$	$p_{1,2} = \pm\text{j}\omega_0$
$\text{e}^{at}\sin(\omega_0 t)u(t)$	$\dfrac{\omega_0}{(s-a)^2+\omega_0^2}$	$p_{1,2} = \alpha\pm\text{j}\omega_0$
$\text{e}^{at}\cos(\omega_0 t)u(t)$	$\dfrac{s-a}{(s-a)^2+\omega_0^2}$	$p_{1,2} = \alpha\pm\text{j}\omega_0$

综合以上分析可以得出以下结论：

对于因果系统，$H(s)$ 在左半开平面的极点所对应的特征模式衰减（或振荡衰减），当 $t\to\infty$，这部分响应趋于零；在虚轴上的一阶极点对应的特征模式不随时间变化（或等幅振荡）；在右半开平面的极点对应的特征模式增长（或振荡增长）。

由第 2 章的分析可知，系统自由响应的特征模式由系统函数的极点决定。所以，系统自由响应的时域函数形式也可以用以上结论来分析。

注意，这里的 $H(s)$ 是单边拉氏变换，相应的单位冲激响应 $h(t)$ 为因果序列，即仅针对因果系统给出的分析。

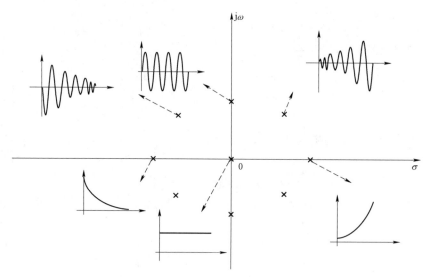

图 6-8 $H(s)$ 的极点分布与对应的波形关系

6.6.2 系统因果性和稳定性分析

1. 系统因果性分析

第 1 章中已经学习过因果系统的概念。因果系统是指响应不出现在激励之前的系统。显然，因果系统的单位冲激响应 $h(t)$ 满足

$$h(t) = 0, \ t < 0 \quad (6-56)$$

对于因果系统，可以用单边拉氏变换来分析。此时，其收敛域为 $\mathrm{Re}[s] > \sigma_0$，$\sigma_0$ 是最右边极点的模值。为此，$H(s)$ 的收敛域应该是在最右边极点以右。

2. 系统稳定性分析

系统稳定性是系统一个极为重要的特性，也是大多数实际系统能够正常工作的基本条件。第 2 章中已经证明，系统稳定的充分必要条件是单位冲激响应 $h(t)$ 绝对可积，即

$$\int_{-\infty}^{\infty} |h(t)| \mathrm{d}t \leq M, \ M 为有限正常数 \quad (6-57)$$

前面学习傅里叶变换时已经指出，信号绝对可积，它的傅里叶变换就存在。也就是说，如果系统稳定，冲激响应 $h(t)$ 绝对可积，那么 $h(t)$ 的傅里叶变换存在。而傅里叶变换是虚轴上的拉氏变换，所以稳定系统系统函数的收敛域必定包含虚轴。

6.5.1 节中已经发现，对于因果系统，若 $H(s)$ 的所有极点都位于左半开平面，则其单位冲激响应 $h(t)$ 的幅度（或包络）是衰减的，式（6-57）的条件满足，从而系统为稳定系统。因此，因果系统稳定的条件是，所有极点都位于左半开平面。

例 6-24 已知一个系统的单位冲激响应为 $h(t)=\mathrm{e}^{-t}u(t)$，问此系统的因果稳定性。

解
$$\mathscr{L}\left[\mathrm{e}^{-t}u(t)\right]=\frac{1}{s+1},\quad \mathrm{Re}\{s\}>-1$$

ROC 位于最右极点以右，并且包含虚轴，为此该系统既是因果的，又是稳定的。

例 6-25 已知系统函数为 $H(s)=\dfrac{\mathrm{e}^s}{s+1}$，$\mathrm{Re}\{s\}>-1$。问：该系统是否为因果系统？

解 $H(s)$ 的极点为 $p_1=-1$，其收敛域 $\mathrm{Re}\{s\}>-1$，它是在最右边的极点以右，因此 $h(t)$ 一定是一个右边信号。

已知：$\mathrm{e}^{-t}u(t)\leftrightarrow\dfrac{1}{s+1}$，$\mathrm{Re}\{s\}>-1$，根据时移性质

$$\mathscr{L}^{-1}\left[\frac{\mathrm{e}^s}{s+1}\right]=\mathrm{e}^{-(t+1)}u(t+1),\quad \mathrm{Re}\{s\}>-1$$

所以 $h(t)=\mathrm{e}^{-(t+1)}u(t+1)$。

该冲激响应在 $t<-1$ 时为 0，而不是在 $t<0$ 时为 0，所以该系统并非因果系统。此例说明，因果系统的冲激响应一定是右边的，即 ROC 位于最右边极点的右边；但冲激响应 $h(t)$ 为右边信号时系统不一定是因果系统，也可能是非因果的。

例 6-26 某因果 LTI 系统 $y''(t)+3y'(t)+2y(t)=2x'(t)+x(t)$，求系统函数，画出收敛域并判断系统稳定性。

解 根据微分方程可直接写出系统函数

$$H(s)=\frac{Y(s)}{X(s)}=\frac{2s+1}{s^2+3s+2}=\frac{-1}{s+1}+\frac{3}{s+2},\quad \text{两个一阶极点 } p_1=-1,\ p_2=-2。$$

因为系统为因果系统，所以收敛域为 $\mathrm{Re}[s]>-1$，如图 6-9 所示。

因为收敛域包含虚轴，故系统为稳定系统。

例 6-27 如图 6-10 所示系统，其中子系统 $G(s)$ 的系统函数为 $G(s)=\dfrac{1}{(s+1)(s+2)}$，当常数 K 满足什么条件时，系统是稳定的？

解 设加法器输出端为 $Y_1(s)$，可得

$$Y_1(s)=X(s)+KY(s)$$

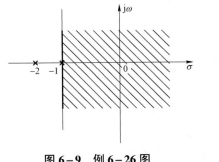

图 6-9 例 6-26 图

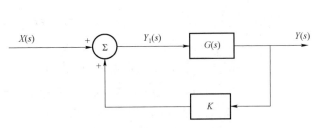

图 6-10 例 6-27 图

所以

$$Y(s) = Y_1(s)G(s) = [X(s) + KY(s)]G(s)$$

整理得

$$Y(s) = \frac{G(s)}{1-KG(s)}X(s)$$

所以，系统函数为

$$H(s) = \frac{G(s)}{1-KG(s)} = \frac{1}{s^2+3s+2-K}$$

可以解出极点为

$$p_{1,2} = -\frac{3}{2} \pm \sqrt{\left(\frac{3}{2}\right)^2 - 2 + K}$$

为使极点均位于左半开平面，必须满足

$$\left(\frac{3}{2}\right)^2 - 2 + K < \left(\frac{3}{2}\right)^2$$

所以 $K<2$ 时系统稳定。

习　题

6.1　求双边拉普拉斯变换及其收敛域。

(1) $u(t)$；　　　　　　　(2) $\mathrm{e}^{-3t}u(t)$；

(3) $-\mathrm{e}^{3t}u(-t)$；　　　　(4) $t^5\mathrm{e}^{-2t}u(t)$；

(5) $5[u(t)-u(t-2)]$。

6.2　确定下列时间函数 $x(t)$ 的拉氏变换 $X(s)$ 及其收敛域，并画出 $X(s)$ 的零极点图。

(1) $\mathrm{e}^{-at}u(t), a<0$；　　(2) $\mathrm{e}^{at}u(t), a>0$；

(3) $u(t-4)$；　　　　　(4) $\mathrm{e}^{-t}u(t)+\mathrm{e}^{-2t}u(t)$。

6.3　求下列函数 $x(t)$ 的拉氏变换 $X(s)$ 及其收敛域：

(1) $u(t)-u(t-1)$；　　(2) $-\mathrm{e}^{-3t}u(-t)$；　　(3) $t\mathrm{e}^{-at}u(t), a>0$。

6.4　求单边拉普拉斯变换，并比较其不同。

(1) $x(t)=\mathrm{e}^{-5t}u(t)$；　　　(2) $x(t)=\mathrm{e}^{-5(t-2)}u(t-2)$；

(3) $x(t)=\mathrm{e}^{-5t}u(t-2)$；　(4) $x(t)=\mathrm{e}^{-5(t-2)}u(t)$。

6.5　试利用拉普拉斯变换性质求下列各式的拉普拉斯变换：200

(1) $x(t)=2\delta(t)-4\mathrm{e}^{-5t}u(t)$；　(2) $x(t)=(\mathrm{e}^{-\alpha t}-\mathrm{e}^{-\beta t})u(t)$。

6.6　试使用初值、终值定理，求下面各式的 $x(0_+)$ 与 $x(\infty)$。

(1) $X(s)=\dfrac{8s+1}{s(s+4)}$；　(2) $X(s)=\dfrac{4}{(3s+1)(4s+5)(6s+7)}$。

6.7 试用周期函数拉普拉斯变换性质求下列函数的原函数：

(1) $X(s) = \dfrac{2s}{1-\mathrm{e}^{-s}}$； (2) $X(s) = \dfrac{2}{s(\mathrm{e}^s + \mathrm{e}^{-s})}$。

6.8 已知 $X(s) = \mathfrak{L}[x(t)]$，试利用拉普拉斯变换性质，求下面各式的原函数：

(1) $X_1(s) = X\left(\dfrac{s}{4}\right)$； (2) $X_2(s) = X(s)\mathrm{e}^{-5s}$；

(3) $X_3(s) = X\left(\dfrac{s}{3}\right)\mathrm{e}^{-4s}$； (4) $X_4(s) = sX'(s)$。

6.9 试用部分分式法，求解下面各式的拉普拉斯逆变换：

(1) $X(s) = \dfrac{1}{s(s+2)^2}$, $-2 < \mathrm{Re}(s) < 0$； (2) $X(s) = \dfrac{s+1}{(s+2)(s+3)}$, $\mathrm{Re}(s) < -3$；

(3) $X(s) = \dfrac{s+2}{(s+2)^2 + 4}$, $\mathrm{Re}(s) < -2$； (4) $X(s) = \dfrac{s+2}{(s+3)(s+5)}$, $-5 < \mathrm{Re}(s) < -3$。

6.10 由下列各 $X(s)$ 及其收敛域确定反变换 $x(t)$：

(1) $\dfrac{1}{s+1}$, $\mathrm{Re}\{s\} > -1$； (2) $\dfrac{s}{s^2+16}$, $\mathrm{Re}\{s\} > 0$；

(3) $\dfrac{s+1}{s^2+5s+6}$, $\mathrm{Re}\{s\} < -3$； (4) $\dfrac{s+1}{s^2+5s+6}$, $\mathrm{Re}\{s\} > -2$。

6.11 求图 6-11 所示 $x(t)$ 的拉氏变换 $X(s)$ 及其收敛域。

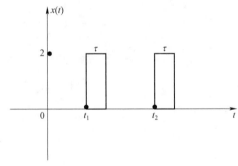

图 6-11 题 6.11 图

6.12 写出下面系统的单位冲激响应、微分方程，并判断是否稳定。

(1) $H(s) = \dfrac{1}{s+3}$； (2) $H(s) = \dfrac{\mathrm{e}^{-3s}}{s+6}$；

(3) $H(s) = \dfrac{s}{s^2+2s+4}$； (4) $H(s) = \dfrac{s}{s+4}$。

6.13 已知因果系统的系统函数 $H(s) = \dfrac{s+1}{s^2+5s+6}$，求系统对于输入 $x(t) = \mathrm{e}^{-3t}u(t)$ 的零状态响应。

6.14 某因果的 LTI 系统的微分方程及初始条件为已知，试用拉氏变换法求零输入响应：

$$\dfrac{\mathrm{d}^2}{\mathrm{d}t^2}y(t) + 2\dfrac{\mathrm{d}}{\mathrm{d}t}y(t) + 5y(t) = 2\dfrac{\mathrm{d}}{\mathrm{d}t}x(t) + 3x(t), \quad x(t) = u(t)$$

6.15 已知某因果的 LTI 系统的输入 $x(t) = e^{-t}u(t)$，单位冲激响应 $h(t) = e^{-2t}u(t)$。

（1）求 $x(t)$ 和 $h(t)$ 的拉氏变换；

（2）求系统的输出的拉氏变换 $Y(s)$；

（3）求输出 $y(t)$；

（4）用卷积积分法求 $y(t)$。

6.16 某因果的 LTI 系统的阶跃响应为 $y(t) = (1 - e^{-t} - te^{-t})u(t)$，其输出为 $y(t) = (2 - 3e^{-t} + e^{-3t})u(t)$，试确定其输入 $x(t)$。

6.17 已知某稳定的 LTI 系统的 $t > 0, x(t) = 0$，其拉氏变换 $X(s) = \dfrac{s+2}{s-2}$，系统的输出 $y(t) = \left[-\dfrac{2}{3}e^{2t}\right]u(-t) + \dfrac{1}{3}e^{-t}u(t)$。

（1）确定 $H(s)$ 及其收敛域；

（2）确定冲激响应 $h(t)$；

（3）如若该系统输入一时间函数 $x(t) = e^{3t}, -\infty < t < \infty$，求响应 $y(t)$。

6.18 若系统是稳定的，求以下 $H(s)$ 中 K 的范围。

$$H(s) = \frac{s^2 + 2s + 1}{s^4 + s^3 + 2s^2 + s + K}$$

6.19 已知一因果稳定系统的单位冲激响应为 $h(t)$，系统函数为 $H(s)$，且 $H(s)$ 为 s 的有理函数。$H(s)$ 在 $s = -3$ 处存在一个极点，下列说法哪些正确？哪些错误？哪些不确定？简短说明原因。

（1）$F\{h(t)e^{2t}\}$ 收敛；

（2）$th(t)$ 是一个因果稳定系统的单位冲激响应；

（3）$h(t)$ 的持续时间有限；

（4）$H(s) = H(-s)$。

6.20 已知某稳定的 LTI 系统，输入信号为 $x(t) = \delta(t) + 4e^{2t}u(t)$ 时系统的输出为 $y(t) = \left[-\dfrac{2}{3}e^{2t}\right]u(-t) + \dfrac{1}{3}e^{-t}u(t)$。

（1）确定系统函数 $H(s)$ 及其收敛域；

（2）确定系统的单位冲激响应 $h(t)$；

若该系统输入信号 $x(t) = e^{3t}$，$-\infty < t < \infty$，求响应 $y(t)$。

6.21 已知信号 $f(t)$ 如图 6-12（a）所示，其拉普拉斯变换 $F(s) = \dfrac{e^{-s}}{s^2}(1 - e^{-s} - se^{-s})$。

信号 $y(t)$ 如图 6-12（b）所示，求 $Y(s)$。

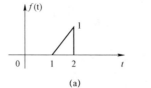
(a)

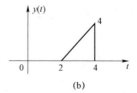
(b)

图 6-12 题 6.21 图

6.22 某因果系统的微分方程为：$\dfrac{d^2 y(t)}{dt^2} + \dfrac{dy(t)}{dt} - 2y(t) = \dfrac{dx(t)}{dt} + x(t)$。

（1）求系统的系统函数和收敛域，系统是否是稳定系统？说明原因；

（2）求系统的单位冲激响应；

（3）当输入为 $x(t) = e^{-t} u(t)$ 时，求系统的零状态响应；

（4）当初始条件为 $y(0) = 1, y'(0) = 0$ 时，求系统的零输入响应。

6.23 某稳定的 LTI 系统，有一输入满足 $x(t) = 0$，当 $t > 0$ 时，其拉氏变换为 $X(s) = \dfrac{s+1}{s-2}$，它对应系统的输出为 $y(t) = e^{2t} u(-t) + e^{-t} u(t)$。

（1）确定 $H(s)$ 及其收敛域；

（2）求 $h(t)$ 表达式；

（3）若 $x(t) = 1$，求 $y(t)$。

6.24 已知一个因果稳定系统的单位冲激响应为 $h(t)$，系统函数为 $H(s)$，且 $H(s)$ 为 s 的有理分式，包含一个极点 $s = -2$，在原点处其值不为零。其余零、极点位置未知。判断下列说法哪些正确，哪些错误，哪些不确定，只写出结论即可，不必说明理由。

（1）$h(t) e^t$ 的傅里叶变换存在；

（2）$\int_{-\infty}^{\infty} h(t) dt = 0$；

（3）$h(t) e^{-3t}$ 的傅里叶变换存在；

（4）$t h(t)$ 为一个因果稳定系统的单位冲激响应；

（5）$dh(t)/dt$ 的拉普拉斯变换至少包含一个极点；

（6）$h(t)$ 的持续时间有限；

（7）$H(s) = H(-s)$。

6.25 已知一个因果 LTI 系统，满足以下条件：

（1）系统函数为有理函数，只有两个极点，$s = -2$，$s = -4$；

（2）输入信号 $x(t) = 1$，系统的零状态响应 $y(t) = 0$；

（3）系统单位冲激响应 0_+ 时刻的初值为 4。

求该系统函数 $H(s)$。

第 7 章

离散时间信号及系统的 z 域分析

7.1 引 言

离散时间信号也可以用类似于连续时间信号所采用的复频域方法进行分析。在分析连续时间信号时,其复频域方法就是前面已介绍的拉普拉斯变换法,而对离散时间信号,其复频域分析方法是 z 变换法。

与拉普拉斯变换是连续时间信号傅里叶变换的直接推广完全相同,z 变换也是离散时间傅里叶变换(DTFT)的直接推广。它用复变量 z 表示一类更为广泛的信号,拓宽了离散时间傅里叶变换的应用范围。本章从离散时间序列的 DTFT 引出序列 z 变换的定义,然后讨论 z 变换的收敛域、性质和 z 反变换等。

7.2 离散信号的 z 变换

7.2.1 离散信号的 z 变换

1. 从 DTFT 到 z 变换

增长的离散信号(序列)$x[n]$ 的傅里叶变换是不收敛的,为了满足傅里叶变换的收敛条件,类似拉普拉斯变换,将 $x[n]$ 乘以一衰减的实指数信号 r^{-n}($r>1$),使函数 $x[n]r^{-n}$ 满足收敛条件。这样,可得傅里叶变换

$$\mathcal{F}\left[x[n]r^{-n}\right]=\sum_{n=-\infty}^{\infty}\left[x[n]r^{-n}\right]\mathrm{e}^{-\mathrm{j}\Omega n}=\sum_{n=-\infty}^{\infty}x[n]\left(r\mathrm{e}^{\mathrm{j}\Omega}\right)^{-n} \tag{7-1}$$

令复变量 $z=r\mathrm{e}^{\mathrm{j}\Omega}$,代入式(7-1),则式(7-1)右边为复变量 z 的函数,把它定义为离散时间信号(序列)$x[n]$ 的 z 变换,记作 $X(z)$。显然有

$$X(z)=\sum_{n=-\infty}^{\infty}x[n]z^{-n} \tag{7-2}$$

$X(z)$ 是 z 的一个幂级数,可以看出,z^{-n} 的系数值就是 $x[n]$ 的值,z^{-n} 的幂次表示了序列的序号,因此可以把它看作表示时序的量。

综合上面的讨论,可以得出如下式子:

$$X(z)=\mathcal{F}\left[x[n]r^{-n}\right]=\mathcal{Z}\left[x[n]\right] \tag{7-3}$$

根据式（7-3），并假设 r 的取值使该式收敛，对其进行反 DTFT，得

$$x[n]r^{-n} = \mathcal{F}^{-1}[X(z)] = \frac{1}{2\pi}\int_0^{2\pi} X(z)e^{j\Omega n}d\Omega$$

故有

$$x[n] = \frac{1}{2\pi}\int_0^{2\pi} X(z)(re^{j\Omega})^n d\Omega \tag{7-4}$$

现将积分变量 Ω 改变为 z，由于 $z = re^{j\Omega}$，对 Ω 在 $0 \sim 2\pi$ 区域（实际上是 Ω 的整个取值范围）内积分，对应了沿 $|z|=r$ 的圆逆时针环绕一周的积分，可得 $dz = jre^{j\Omega}d\Omega = jzd\Omega$，即 $d\Omega = \frac{1}{j}z^{-1}dz$，代入式（7-4）得

$$x[n] = \frac{1}{2\pi j}\oint_c X(z) \cdot z^{n-1}dz \tag{7-5}$$

式（7-5）为 z 变换的反变换式，式中 $\oint_c$ 表示在以 r 为半径、以原点为中心的封闭圆周上沿逆时针方向的围线积分。式（7-2）和式（7-5）构成双边 z 变换对，这里双边 z 变换指的是 n 取值为 $-\infty \sim \infty$。记为

$$\mathcal{Z}[x[n]] = X(z)$$
$$\mathcal{Z}^{-1}[X(z)] = x[n]$$

或

$$x[n] \overset{z}{\leftrightarrow} X(z)$$

式（7-2）定义的 z 变换称作双边变换，而单边变换定义为

$$X(z) = \sum_{n=0}^{\infty} x[n]z^{-n}$$

显然，对于因果信号 $x[n]$，由于 $n<0$ 时，$x[n]=0$，单边和双边 z 变换相等，否则不相等。这两者的许多基本性质并不完全相同。

2. z 变换的收敛域

与拉普拉斯变换类似，即使引入指数型衰减因子 r^{-n}，对于不同的信号 $x[n]$ 也存在为保证 $x[n]r^{-n}$ 的 DTFT 收敛的 r 的取值问题，也就是 z 变换存在的 z 值取值范围问题，称为 z 变换的收敛域（ROC）。同理，z 反变换的积分围线必须是位于 ROC 内的任意 $|z|=r$ 的圆周。

下面通过例子来说明 z 变换的收敛域。

例 7-1 求序列 $x[n] = a^n u[n]$ 的 z 变换。

解 由式（7-2），序列的 z 变换应为

$$X(z) = \sum_{n=-\infty}^{\infty} a^n u[n]z^{-n} = \sum_{n=0}^{\infty} a^n z^{-n} = \sum_{n=0}^{\infty}\left(\frac{a}{z}\right)^n$$

为使 $X(z)$ 收敛，根据几何级数的收敛定理，必须满足 $\left|\dfrac{a}{z}\right| < 1$，即 $|z| > |a|$。此时，有

$$X(z) = \frac{1}{1-az^{-1}} = \frac{z}{z-a}, \quad |z|>|a| \tag{7-6}$$

图 7-1 在 z 平面上表示出了例 7-1 的收敛域，其中 z 平面是以 $\mathrm{Re}(z)$ 为横坐标轴、$\mathrm{Im}(z)$ 为纵坐标轴的平面。图中同时还表示出了式（7-6）的零、极点位置，其中极点用"×"表示，零点用"○"表示。

例 7-2 设序列 $x[n] = -a^n u[-n-1]$，其 z 变换为

$$X(z) = \sum_{n=-\infty}^{-1} \left(-a^n z^{-n}\right)$$

求该信号 z 变换的收敛域。

解 令 $m = -n$，则

$$X(z) = \sum_{m=1}^{\infty}\left(-a^{-m}z^m\right) = \sum_{m=0}^{\infty}-\left(a^{-1}z\right)^m + a^0 z^0 = 1 - \sum_{m=0}^{\infty}\left(a^{-1}z\right)^m$$

显然上式只有当 $\left|\dfrac{z}{a}\right|<1$，即 $|z|<|a|$ 时收敛，此时，有

$$X(z) = 1 - \frac{1}{1-a^{-1}z} = 1 - \frac{a}{a-z} = \frac{z}{z-a} = \frac{1}{1-az^{-1}}, \quad |z|<|a| \tag{7-7}$$

其收敛域如图 7-2 所示。

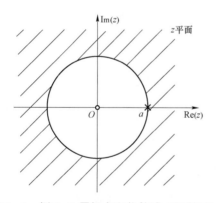

图 7-1 例 7-1 零极点和收敛域（阴影区）

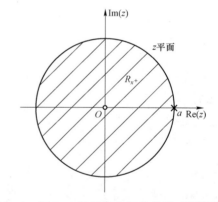

图 7-2 例 7-2 的零极点和收敛域（阴影区）

将式（7-6）和式（7-7）及图 7-1 和图 7-2 做一比较，可以看出，在上面两个例子中，它们的 z 变换式是完全一样的，不同的仅是 z 变换的收敛域。这说明收敛域在 z 变换中的重要意义，一个 z 变换式只有和它的收敛域结合在一起，才能与信号建立起对应的关系。因此，和拉普拉斯变换一样，z 变换的表述既要求它的变换式，又要求其相应的收敛域。另外，还可看到在这两个例子中，序列都是指数型的，所得到的变换式是有理的。事实上，只要 $x[n]$ 是实指数或复指数序列的线性组合，$X(z)$ 就一定是有理的。

进一步分析，可以认为 z 变换的收敛域 ROC 是由满足 $x[n]r^{-n}$ 绝对可和，即满足

$$\sum_{n=-\infty}^{\infty}|x[n]|r^{-n} < \infty \tag{7-8}$$

的所有 $z = re^{j\Omega}$ 的值组成的，显然，决定式（7-8）是否成立的只是 z 值的模 r，而与 Ω 无关。

由此可见,若某一具体的 z_0 值是在 ROC 内,那么位于以原点为圆心的同一圆上的全部 z 值(它们具有相同的模)也一定在该 ROC 内,换言之,$X(z)$ 的 ROC 是由在 z 平面上以原点为中心的圆环组成的。事实上,ROC 必须是而且只能是一个单一的圆环,在某些情况下,圆环的内圆边界可以向内延伸到原点,而在另一些情况下,它的外圆边界可以向外延伸到无穷远。

由式(7-8)还可以看到,$X(z)$ 的收敛域还与 $x[n]$ 的性质有关。具体地说,不同类型的序列其收敛域的特性是不同的,一般可以分为以下几种情况:

(1) 有限长序列。

这类序列是指在有限区间 $n_1 \leq n \leq n_2$ 之内序列才具有非零的有限值,而在此区间外,序列值皆为零,称为有始有终序列,其 z 变换可表示为

$$X(z) = \sum_{n=n_1}^{n_2} x[n] z^{-n} \qquad (7-9)$$

由于 n_1、n_2 是有限整数,因而式(7-9)是一个有限项级数,故只要级数的每一项有界,则级数就收敛,即要求

$$\left| x[n] z^{-n} \right| < \infty, \quad n_1 \leq n \leq n_2$$

由于 $x[n]$ 有界,故要求 $\left| z^{-n} \right| < \infty$,$n_1 \leq n \leq n_2$。显然,在 $0 < |z| < \infty$ 上,都满足此条件。因此,有限长序列的收敛域至少是除 $z = 0$ 和 $z = \infty$ 外的整个 z 平面。

例如,对 $n_1 = -2$,$n_2 = 3$ 的情况,有

$$\begin{aligned} X(z) &= \sum_{n=-2}^{3} x[n] z^{-n} \\ &= \underbrace{x[-2] z^2 + x[-1] z^1}_{|z| < \infty} + \underbrace{x[0] z^0}_{\text{常值}} + \underbrace{x[1] z^{-1} + x[2] z^{-2} + x[3] z^{-3}}_{|z| > 0} \end{aligned}$$

其收敛域就是除 $z = 0$ 和 $z = \infty$ 外的整个 z 平面。

在 n_1、n_2 的特殊情况下,收敛域还可以扩大:

若 $n_1 \geq 0$,收敛域为 $0 < |z| \leq \infty$,即,除 $z = 0$ 外的整个 z 平面;

若 $n_2 \leq 0$,收敛域为 $0 \leq |z| < \infty$,即,除 $z = \infty$ 外的整个 z 平面。

(2) 右边序列。

这类序列是有始无终的序列,即当 $n < n_1$ 时,$x[n] = 0$。此时 z 变换为

$$X(z) = \sum_{n=n_1}^{\infty} x[n] z^{-n} = \sum_{n=n_1}^{-1} x[n] z^{-n} + \sum_{n=0}^{\infty} x[n] z^{-n} \qquad (7-10)$$

式(7-10)右边第一项为有限长序列的 z 变换,按前面的讨论可知,它的收敛域至少是除 $z = 0$ 和 $z = \infty$ 外的整个 z 平面。第二项是 z 的负幂级数,由级数收敛的阿贝尔(Abel)定理可知,存在一个收敛半径 R_{x^-},级数在以原点为中心、以 R_{x^-} 为半径的圆外任何点都绝对收敛。综合此两项,右边序列 z 变换的收敛域为 $R_{x^-} < |z| < \infty$,如图 7-3 所示。若 $n_1 \geq 0$,则式(7-10)右端不存在第一项,故收敛域应包括 $z = \infty$,即 $R_{x^-} < |z| \leq \infty$,或写为 $R_{x^-} < |z|$。特别地,$n_1 = 0$ 的右边序列也称因果序列,通常可表示为 $x[n]u[n]$。

例 7-1 所示的右边序列 $x[n] = a^n u[n]$,其收敛域为 $|z| > |a|$,验证了上述结论。

(3) 左边序列。

这类序列是无始有终序列，即当 $n > n_2$ 时，$x[n] = 0$。此时 z 变换为

$$X(z) = \sum_{n=-\infty}^{n_2} x[n]z^{-n} = \sum_{n=-\infty}^{0} x[n]z^{-n} + \sum_{n=1}^{n_2} x[n]z^{-n} \tag{7-11}$$

式（7-11）右端第二项为有限长序列的 z 变换，收敛域至少为除 $z = 0$ 和 $z = \infty$ 外的整个 z 平面。右端第一项是正幂级数，由阿贝尔定理可知，必有收敛半径 R_{x^+}，级数在以原点为中心、以 R_{x^+} 为半径的圆内任何点都绝对收敛。综合以上两项，左边序列 z 变换的收敛域为 $0 < |z| < R_{x^+}$，如图 7-4 所示。若 $n_2 \leq 0$，则式（7-3）右端不存在第二项，故收敛域应包括 $z = 0$，即 $0 \leq |z| < R_{x^+}$，或写为 $|z| < R_{x^+}$。

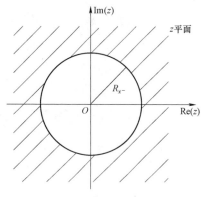

图 7-3 右边序列的 ROC

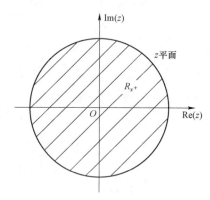

图 7-4 左边序列的 ROC

例 7-2 所示的左边序列 $x[n] = -a^n u[-n-1]$，其收敛域为 $|z| < |a|$，验证了上述结论。

（4）双边序列。

双边序列是从 $n = -\infty$ 延伸到 $n = \infty$ 的序列，为无始无终序列，可以把它看成一个右边序列和一个左边序列的和，即

$$X(z) = \sum_{n=-\infty}^{\infty} x[n]z^{-n} = \sum_{n=0}^{\infty} x[n]z^{-n} + \sum_{n=-\infty}^{-1} x[n]z^{-n} \tag{7-12}$$

因为可以把它看成右边序列和左边序列的 z 变换叠加，其收敛域应该是右边序列和左边序列收敛域的重叠部分。式（7-12）右边第一个级数是右边序列的 z 变换，且 $n_1 = 0$，其收敛域为 $|z| > R_{x^-}$；第二个级数为左边序列的 z 变换，且 $n_2 = -1$，其收敛域为 $|z| < R_{x^+}$。所以，若满足 $R_{x^-} < R_{x^+}$，则存在公共收敛域，为 $R_{x^-} < |z| < R_{x^+}$，这是一个环形区域，如图 7-5 所示。

值得注意的是，对于连续时间信号的情况，通常非因果信号不具有实际意义，而对于离散时间信号，往往是取得信号序列后，再进行分析处理，这时非因果信号同样具有实际意义。

z 变换收敛域有如下性质：

性质 1：$X(z)$ 的收敛域是在 z 平面内以原点为中心的圆环，即 $X(z)$ 的收敛域一般为 $R_1 < |z| < R_2$，如图 7-6 所示。

在一般情况下，R_1 可以小到零，R_2 可以大到无穷大。例如，序列 $x[n] = a^n u[n]$ 的 z 变换的收敛域 $R_1 = a$，$R_2 = \infty$，且包括 ∞，即 $a < |z| \leq \infty$。而 $x[n] = -a^n u[-n-1]$ 的 z 变换的收敛域 $R_1 = 0$ 且包括 0，$R_2 = a$，即 $0 \leq |z| < a$。

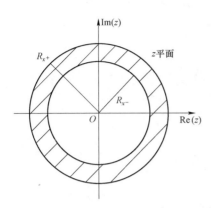 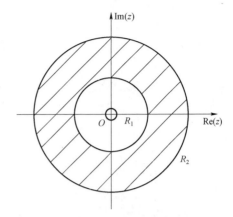

图 7-5 双边序列的 ROC（阴影区）　　　　　图 7-6 z 变换的收敛域

性质 2：z 变换的收敛域内不包含任何极点。这时由于 $X(z)$ 在极点处，其值无穷大，z 变换不存在，故收敛域不包括极点，而常常以 $X(z)$ 的极点作为收敛域的边界。

性质 3：若 $x[n]$ 是有限持续序列，则收敛域为整个 z 平面，但有可能不包括 $z=0$ 和（或）$z=\infty$，具体情况与 n 的边界值有关。

性质 4：若 $x[n]$ 为一右边序列，且 $|z|=r_0$ 的圆位于收敛域内，则 $|z|>r_0$ 的全部有限 z 值均在收敛域内。当 $x[n]$ 是一因果序列时，$X(z)$ 求和式的下限为非负，故其收敛域可以扩展至无穷远。对于那些求和下限为负值的右边序列，和式将包括 z 的正幂次项，这些项将随 $|z|\to\infty$ 而变成无界。这种右边序列的收敛域将不包括无限远点。

性质 5：若 $x[n]$ 为一左边序列，且 $|z|=r_0$ 的圆位于收敛域内，则满足 $0<|z|<r_0$ 的全部 z 值也一定在收敛域内。当 $x[n]$ 是一反因果序列（n 从 -1 至 $-\infty$ 的左边序列），其求和式的上限为负值，故其收敛域包括 $z=0$。对于求和上限为正值的左边序列，$X(z)$ 的求和式中将包括 z 的负幂次项，这些项将随 $|z|\to 0$ 而变成无界。因此这种左边序列的 z 变换，其收敛域不包括 $z=0$。

性质 6：若 $x[n]$ 为一双边序列，且 $|z|=r_0$ 的圆位于收敛域内，则该收敛域一定是由包括 $|z|=r_0$ 的圆环所组成的。对于一个双边序列，一般可把它表示成一个右边序列和一个左边序列。整个序列的收敛域就是两个单边序列收敛域的相交。

7.2.2　z 变换与离散时间傅里叶变换的关系

离散信号 $x[n]$ 的 z 变换是 $x[n]$ 乘以实指数信号 r^{-n} 后的离散时间傅里叶变换（DTFT），即

$$X(z)=\mathcal{F}\{x[n]r^{-n}\}=\sum_{n=-\infty}^{\infty}\{x[n]r^{-n}\}\mathrm{e}^{-\mathrm{j}n\Omega}$$

如果 $X(z)$ 在 $|z|=1$（即 $z=\mathrm{e}^{\mathrm{j}\Omega}$ 或 $r=1$）处收敛，上式取 $|z|=1$（即 $z=\mathrm{e}^{\mathrm{j}\Omega}$ 或 $r=1$），有

$$X(z)\big|_{z=\mathrm{e}^{\mathrm{j}\Omega}}=\mathcal{F}\{x[n]\}=\sum_{n=-\infty}^{\infty}x[n]\mathrm{e}^{-\mathrm{j}n\Omega}=X(\Omega) \tag{7-13}$$

可见，离散时间傅里叶变换就是在 z 平面单位圆上的 z 变换，前提当然是单位圆应包含在 z 变换的收敛域内。根据式（7-13），求某一序列的频谱，可以先求出该序列的 z 变换，然后将 z 直接代以 $\mathrm{e}^{\mathrm{j}\Omega}$ 即可；同样，其前提是该序列 z 变换的收敛域必须包括单位圆。

7.3　z 变换的性质

与前面讨论过的其他变换一样，z 变换也存在许多反映序列在时域和 z 域之间运算关系的性质，利用这些性质可以灵活地进行序列的正、反 z 变换，同时分析序列信号经过系统时的响应。

1. 线性性质

若有 $x_1[n] \leftrightarrow X_1(z)$，ROC $= R_1$；$x_2[n] \leftrightarrow X_2(z)$，ROC $= R_2$，则

$$a_1 x_1[n] + a_2 x_2[n] \leftrightarrow a_1 X_1(z) + a_2 X_2(z), \quad \text{ROC} = R_1 \cap R_2 \tag{7-14}$$

式中，ROC $= R_1 \cap R_2$ 表示线性组合序列，收敛域是 R_1 和 R_2 的相交部分。

对于具有有理 z 变换的序列，若 $a_1 X_1(z) + a_2 X_2(z)$ 的极点是由 $X_1(z)$ 和 $X_2(z)$ 的极点所构成，即没有零极点相消，线性组合的收敛域一定是两个收敛域的重叠部分。否则出现零极点相消现象，则收敛域可能要比重叠部分大。

2. 时移性质

若 $x[n] \leftrightarrow X(z)$，ROC $= R_z$，则 $x[n - n_0] \leftrightarrow z^{-n_0} X(z)$，ROC $= R_z$（原点或无限远点可能添加或删除）。
$$\tag{7-15}$$

证明　根据双边 z 变换的定义式（7-2），有

$$\mathcal{Z}\{x[n-n_0]\} = \sum_{n=-\infty}^{\infty} x[n-n_0] z^{-n} = z^{-n_0} \sum_{k=-\infty}^{\infty} x[k] z^{-k} = z^{-n_0} X(z)$$

式中，n_0 为可正可负的整数，如果 $n_0 > 0$，$X(z)$ 乘以 z^{-n_0} 将在 $z = 0$ 引入极点，并将无限远的极点消去。这样，若 R_z 本来包括原点，则 $z = 0$ 的收敛域就可能不包括原点。同样，如果 $n_0 < 0$，则在 $z = 0$ 引入零点，而在无限远引入极点，使本不包括 $z = 0$ 的 R_z 有可能在 $x[n-n_0]$ 的收敛域内添加上原点。

3. z 域的尺度变换和频移定理

若 $x[n] \leftrightarrow X(z)$，ROC $= R_z$，则

$$z_0^n x[n] \leftrightarrow X\left(\frac{z}{z_0}\right), \quad \text{ROC} = |z_0| R_z \tag{7-16}$$

证明
$$\mathcal{Z}\{z_0^n[n]\} = \sum_{n=-\infty}^{\infty} z_0^n x[n] z^{-n} = \sum_{n=-\infty}^{\infty} x[n] \left[\frac{z}{z_0}\right]^{-n} = X\left(\frac{z}{z_0}\right)$$

可见，序列 $x[n]$ 乘以指数序列等效于 z 平面尺度变换。这里 z_0 一般为复常数，如果限定 $z_0 = e^{j\Omega_0}$，那么就得到频移定理

$$e^{j\Omega_0 n} x[n] \leftrightarrow X(e^{-j\Omega_0} z), \quad \text{ROC} = R_z \tag{7-17}$$

可以把上式左边看作 $x[n]$ 被一个复指数序列所调制，而右边是 z 平面的旋转，即全部零极点的位置绕 z 平面原点旋转一个角度 Ω_0。图 7-7 画出了由复指数序列 $e^{j\Omega_0 n}$ 进行时域调制后在零极点图上的影响。式（7-16）所表示的频移定理与第 5 章讨论的离散时间傅里叶变换的频移性质相对应。

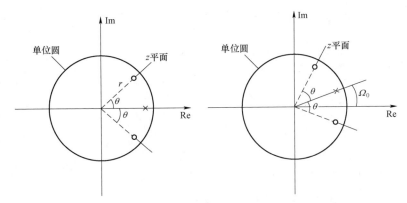

图 7-7 由 $e^{j\Omega_0 n}$ 进行时域调制引起的零点图变化

在那里，时域中乘以一个复指数序列则相当于傅里叶变换中的频移。

4. 时间反转

若有 $x[n] \leftrightarrow X(z)$，$\text{ROC} = R_z$，则

$$x[-n] \leftrightarrow X\left(\frac{1}{z}\right), \quad \text{ROC} = \frac{1}{R_z} \tag{7-18}$$

证明

$$\mathcal{Z}\{x[-n]\} = \sum_{n=-\infty}^{\infty} x[-n] z^{-n} = \sum_{k=-\infty}^{\infty} x[k]\left(\frac{1}{z}\right)^{-k} = X\left(\frac{1}{z}\right)$$

$x[-n]$ 的收敛域是 R_z 的倒置，也就是说，如果 z_0 是 $x[n]$ 的收敛域中的一点，那么 $\dfrac{1}{z_0}$ 就会落在 $x[-n]$ 的收敛域中。

5. 卷积定理

若 $x_1[n] \leftrightarrow X_1(z)$，$\text{ROC} = R_1$；$x_2[n] \leftrightarrow X_2(z)$，$\text{ROC} = R_2$，则

$$x_1[n] * x_2[n] \leftrightarrow X_1(z) X_2(z), \quad \text{ROC} = R_1 \cap R_2 \tag{7-19}$$

$X_1(z)X_2(z)$ 的收敛域为 R_1 和 R_2 的相交部分，如果在乘积中零极点相消，$X_1(z)X_2(z)$ 的收敛域还可能进一步扩大。下面证明此定理。

$$\begin{aligned}
\mathcal{Z}\{x_1[n] * x_2[n]\} &= \sum_{n=-\infty}^{\infty}\{x_1[n] * x_2[n]\} z^{-n} \\
&= \sum_{n=-\infty}^{\infty} \sum_{k=-\infty}^{\infty} x_1[k] x_2[n-k] z^{-n} \\
&= \sum_{k=-\infty}^{\infty} x_1[k] \sum_{n=-\infty}^{\infty} x_2[n-k] z^{-(n-k)} z^{-k} \\
&= \sum_{k=-\infty}^{\infty} x_1[k] z^{-k} X_2(z) \\
&= X_1(z) X_2(z)
\end{aligned}$$

当一个离散时间 LTI 系统的单位抽样响应为 $h[n]$，它对输入序列 $x[n]$ 的响应 $y[n]$ 可由第 3 章的卷积和计算得出。然而，借助这里导出的卷积定理，则可以避免卷积运算，这与傅

里叶变换、拉氏变换中卷积性质的应用相类似。

6. z 域微分

若 $x[n] \leftrightarrow X(z)$，ROC $= R_z$，则

$$nx[n] \leftrightarrow -z\frac{\mathrm{d}X(z)}{\mathrm{d}z}, \quad \text{ROC} = \frac{1}{R_z} \tag{7-20}$$

证明 将式（7-2）的 z 变换定义式两边对 z 求导数得

$$\frac{\mathrm{d}X(z)}{\mathrm{d}z} = \sum_{n=-\infty}^{\infty} x[n]\frac{\mathrm{d}}{\mathrm{d}z}(z^{-n}) = -z^{-1}\sum_{n=-\infty}^{\infty} nx[n]z^{-n} = -z^{-1}\mathcal{Z}\{nx[n]\}$$

或

$$\mathcal{Z}\{nx[n]\} = -z\frac{\mathrm{d}X(z)}{\mathrm{d}z}$$

如果把 $nx[n]$ 再乘以 n，可以证明

$$\mathcal{Z}\{n^2 x[n]\} = z^2 \frac{\mathrm{d}^2 X(z)}{\mathrm{d}z^2} + z\frac{\mathrm{d}X(z)}{\mathrm{d}z} \tag{7-21}$$

这个过程还可以继续下去，请读者自行证明。

例 7-3 若已知 $\mathcal{Z}\{u[n]\} = \dfrac{z}{z-1}$，求斜变序列 $nu[n]$ 的 z 变换。

解 由式（7-20）可得

$$\mathcal{Z}\{nu[n]\} = -z\frac{\mathrm{d}}{\mathrm{d}z}\mathcal{Z}\{u[n]\} = -z\frac{\mathrm{d}}{\mathrm{d}z}\left(\frac{z}{z-1}\right) = \frac{z}{(z-1)^2} \tag{7-22}$$

例 7-4 若已知某序列的 z 变换为

$$X(z) = \frac{az^{-1}}{\left(1-az^{-1}\right)^2}, \quad |z| > |a|$$

应用微分性质求出 $X(z)$ 的反变换。

解 由 z 域的尺度变换性质得

$$\mathcal{Z}\{a^n u[n]\} = \frac{1}{1-az^{-1}}, \quad |z| > |a|$$

所以有

$$na^n u[n] \leftrightarrow -z\frac{\mathrm{d}}{\mathrm{d}z}\left(\frac{1}{1-az^{-1}}\right) = \frac{az^{-1}}{\left(1-az^{-1}\right)^2}, \quad |z| > |a| \tag{7-23}$$

7. 初值和终值定理

初值定理：若 $n < 0$，$x[n] = 0$，则序列的初值为

$$x[0] = \lim_{z \to \infty} X(z) \tag{7-24}$$

证明 该因果序列的 z 变换为

$$X(z) = \sum_{n=0}^{\infty} x[n]z^{-n} = \sum_{n=1}^{\infty} x[n]z^{-n} + x[0]$$

对于 $n>0$，z^{-n} 随着 $z \to \infty$ 而趋近于零；对于 $n=0$，$z^{-n}=1$，于是得到式（7-24）。

当一个因果序列的初值 $x[0]$ 为有限值，则 $\lim X(z)$ 就是有限值。结果，当把 $X(z)$ 表示成两个多项式之比时，分子多项式的阶次不能大于分母多项式的阶次。

终值定理：若 $n<0$，$x[n]=0$，则序列的终值为

$$\lim_{z \to \infty} x[n] = \lim_{z \to 1}\{(z-1)X(z)\} \tag{7-25}$$

证明 这里要借用单边 z 变换的时移性质，关于它的证明下面即将给出。设因果序列 $x[n]$ 的单边 z 变换为 $X(z)$，那么 $x[n+1]$ 的单边 z 变换为

$$\mathcal{Z}\{x[n+1]\} = \sum_{n=0}^{\infty} x[n+1]z^{-n} = zX(z) - zx[0] \tag{7-26}$$

于是

$$\mathcal{Z}\{x[n+1] - x[n]\} = (z-1)X(z) - zx[0]$$

取极限得

$$\lim_{z \to 1}\{(z-1)X(z)\} = x[0] + \lim_{z \to 1}\sum_{n=0}^{\infty}\{x[n+1] - x[n]\}z^{-n}$$
$$= x[0] + \{x[1] - x[0]\} + \{x[2] - x[1]\} + \cdots = x[\infty]$$

所以

$$\lim_{z \to 1}\{(z-1)X(z)\} = x[\infty]$$

从上述证明过程可见，终值定理只有当 $n \to \infty$ 时 $x[n]$ 收敛才可应用，也就是说，要求 $X(z)$ 的收敛域应包括单位圆。

8. 单边 z 变换的性质

单边 z 变换的大多数性质和双边 z 变换相同，只有少数例外，其中最重要的就是时移性质。单边 z 变换的时移性质，对于序列右移（延时）和左移（超前）是不相同的。

（1）延时定理：若 $x[n]u[n] \leftrightarrow X(z)$，对于 $m>0$，则

$$\mathcal{Z}\{x[n-m]u[n]\} = z^{-m}X(z) + z^{-m}\sum_{k=-m}^{-1} x[k]z^{-k} \tag{7-27}$$

证明
$$\mathcal{Z}\{x[n-m]u[n]\} = \sum_{n=0}^{\infty} x[n-m]z^{-n}$$
$$= z^{-m}\sum_{k=-m}^{\infty} x[k]z^{-k}$$
$$= z^{-m}\sum_{k=0}^{\infty} x[k]z^{-k} + z^{-m}\sum_{k=-m}^{-1} x[k]z^{-k}$$

对于 $m=1,2$ 的情况，式（7-27）可以写成

$$\mathcal{Z}\{x[n-1]u[n]\} = z^{-1}X(z) + x[-1]$$

$$\mathcal{Z}\{x[n-2]u[n]\} = z^{-2}X(z) + z^{-1}x[-1] + x[-2] \qquad (7-28)$$

如果 $x[n]$ 本身为因果序列，则 $n<0$，$x[n]=0$。从式（7-27）可见，式中右边第二项为零。因此右移序列的单边 z 变换与双边 z 变换相同。

（2）超前定理：若有 $x[n]u[n] \leftrightarrow X(z)$，对于 $m>0$，则有

$$\mathcal{Z}\{x[n+m]u[n]\} = z^m X(z) - z^m \sum_{k=0}^{m-1} x[k] z^{-k} \qquad (7-29)$$

定理的证明与（1）类似，对于 $m=1,2$ 的情况，式（7-29）可以写成

$$\mathcal{Z}\{x[n+1]u[n]\} = zX(z) - zx[0]$$

$$\mathcal{Z}\{x[n+2]u[n]\} = z^2 X(z) - z^2 x[0] - zx[1] \qquad (7-30)$$

在序列左移的情况下，因果性不能消除式（7-28）中右边的第二项。

例 7-5 若 $x[n]$ 为周期等于 N 的周期序列，它满足

$$x[n] = x[n+N], \quad n \geq 0 \qquad (7-31)$$

求 $x[n]$ 的 z 变换。

解 为了求式（7-31）的 z 变换，设第一个周期代表的序列为 $x_1[n]$，且其 z 变换为

$$X_1(z) = \sum_{n=0}^{N-1} x[n] z^{-n}, \quad |z| > 0$$

有始周期序列可表示为

$$x[n] = x_1[n] + x_1[n-N] + x_1[n-2N] + \cdots$$

根据延时定理可得

$$X(z) = X_1(z)\left[1 + z^{-N} + z^{-2N} + \cdots\right] = X_1(z)\left[\sum_{m=0}^{\infty} z^{-mN}\right]$$

如果 $|z^{-N}| < 1$，即 $|z| < 1$，则可求得方括号内几何级数的闭式。于是有始周期序列的 z 变换为

$$X(z) = \frac{z^N}{z^N - 1} X_1(z) \qquad (7-32)$$

现将本节中所讨论的 z 变换的性质加以汇总得到表 7-1。

表 7-1 z 变换的性质

序号	序列	变换	收敛域
1	$x[n]$	$X(z)$	R_z
2	$x_1[n]$	$X_1(z)$	R_1
3	$x_2[n]$	$X_2(z)$	R_2
4	$a_1 x_1[n] + a_2 x_2[n]$	$a_1 X_1(z) + a_2 X_2(z)$	至少为 R_1 和 R_2 的相交部分 R_z（可能增添或去除原点或 ∞ 点）
5	$x[n-n_0]$	$z^{-n_0} X(z)$	

续表

序号	序列	变换	收敛域
6	$e^{j\Omega_0 n}x[n]$	$X(e^{-j\Omega_0}z)$	R_x
7	$z_0^n x[n]$	$X\left(\dfrac{z}{z_0}\right)$	$|z_0|R_x$
8	$x[-n]$	$X\left(\dfrac{1}{z}\right)$	R_x 的倒置
9	$x_1[n]*x_2[n]$	$X_1(z)X_2(z)$	至少为 R_1 和 R_2 的相交部分
10	$nx[n]$	$-z\dfrac{dX(z)}{dz}$	R_x（可能增删原点）
11	$x[n-m]u[n], m>0$	$z^{-m}X(z)+z^{-m}\sum\limits_{k=-m}^{-1}x[k]z^{-k}$	R_x
12	$x[n+m]u[n], m>0$	$z^{m}X(z)-z^{m}\sum\limits_{k=0}^{m-1}x[k]z^{-k}$	R_x
13	$x[0]=\lim\limits_{z\to\infty}X(z)$		$x[n]$ 为因果序列
14	$x[\infty]=\lim\limits_{z\to 1}(z-1)X(z)$		$x[n]$ 为因果序列 $n\to\infty$ 时，$x[n]$ 收敛

如能记住某些简单的基本时间序列的 z 变换式，对于分析离散时间 LTI 系统的许多问题将会有很大的帮助。为了便于记忆或者在应用时查找，现把常用序列的 z 变换对列于表 7-2 中。下一节要讨论的求反 z 变换的方法之一，就是通过将已知的变换式 $X(z)$ 分解为若干简单项的线性组合，再通过查表 7-2 得出各简单项所对应的序列，从而求得 $X(z)$ 的反变换。

表 7-2 常用 z 变换对

序号	序列	变换	收敛域
1	$\delta[n]$	1	全部 z
2	$u[n]$	$\dfrac{1}{1-z^{-1}}=\dfrac{z}{z-1}$	$|z|>1$
3	$-u[-n-1]$	$\dfrac{1}{1-z^{-1}}=\dfrac{z}{z-1}$	$|z|<1$
4	$nu[n]$	$\dfrac{z^{-1}}{(1-z^{-1})^2}=\dfrac{z}{(z-1)^2}$	$|z|>1$
5	$a^n u[n]$	$\dfrac{1}{1-az^{-1}}=\dfrac{z}{z-a}$	$|z|>a$

续表

序号	序列	变换	收敛域
6	$-a^n u[-n-1]$	$\dfrac{1}{1-az^{-1}} = \dfrac{z}{z-a}$	$|z|<a$
7	$na^n u[n]$	$\dfrac{az^{-1}}{(1-az^{-1})^2} = \dfrac{az}{(z-a)^2}$	$|z|>a$
8	$[\cos(\Omega_0 n)]u[n]$	$\dfrac{1-(\cos\Omega_0)z^{-1}}{1-(2\cos\Omega_0)z^{-1}+z^{-2}}$	$|z|>1$
9	$[\sin(\Omega_0 n)]u[n]$	$\dfrac{(\sin\Omega_0)z^{-1}}{1-(2\cos\Omega_0)z^{-1}+z^{-2}}$	$|z|>1$
10	$r^n[\cos(\Omega_0 n)]u[n]$	$\dfrac{1-(r\cos\Omega_0)z^{-1}}{1-(2r\cos\Omega_0)z^{-1}+r^2 z^{-2}}$	$|z|>r$
11	$r^n[\sin(\Omega_0 n)]u[n]$	$\dfrac{(r\sin\Omega_0)z^{-1}}{1-(2r\cos\Omega_0)z^{-1}+r^2 z^{-2}}$	$|z|>r$

7.4 z 反 变 换

本节讨论从已知 z 变换式反求一个序列的方法。正如前面曾把 z 变换表示为

$$X(z) = \mathcal{Z}\{x[n]\}$$

$X(z)$ 的 z 反变换则记为

$$x[n] = \mathcal{Z}^{-1}\{X(z)\}$$

下面首先导出 z 反变换的数学表达式。

在 7.2 节曾把 z 变换看作经实指数加权后的序列的离散时间傅里叶变换,这里把它重新写成

$$X(re^{j\Omega}) = \mathcal{F}\{x[n]r^{-n}\} \tag{7-33}$$

其中,$|z|=r$ 在收敛域内。对式(7-33)两边进行傅里叶反变换,得

$$x[n]r^{-n} = \mathcal{F}^{-1}\{X(re^{j\Omega})\} \tag{7-34}$$

或者根据傅里叶反变换表达式把式(7-34)写为

$$x[n] = r^n \frac{1}{2\pi}\int_{2\pi} X(re^{j\Omega}) e^{j\Omega n} d\Omega \tag{7-35}$$

现在改变积分变量,令 $z = re^{j\Omega}$,并按式(7-35)本来含义,r 固定不变,则 $dz = jre^{j\Omega}d\Omega = jzd\Omega$。因式(7-35)对 Ω 的积分是在 2π 间隔内进行的,以 z 作积分变量后,就相应于沿 $|z|=r$ 为半径的圆绕一周。于是式(7-35)可表示域 z 平面内的围线积分

$$x[n] = \frac{1}{2\pi j} \oint_r X(z) z^{n-1} dz \qquad (7-36)$$

围线积分的闭合路径就是以 z 平面原点为中心、半径为 r 的圆，r 的选择应保证 $X(z)$ 收敛。

在求 z 反变换时，务必关注收敛域。相同的象函数 $X(z)$，在不同收敛情况下，反变换将得到不同的离散序列 $x[n]$。常见求 z 反变换的方法有长除法、部分分式法和留数法。考虑到分析 LTI 离散时间系统遇到的 $X(z)$ 多为有理函数，以下只介绍擅长处理有理函数反变换的长除法和部分分式法。

7.4.1 幂级数展开法（长除法）

由 z 变换的定义

$$X(z) = \sum_{n=0}^{\infty} x[n] z^{-n} = x[0] + x[1]z^{-1} + x[2]z^{-2} + \cdots$$

不难看出，如果已知象函数 $X(z)$，则只要在给定的收敛域内把 $X(z)$ 按 z^{-1} 的幂展开，那么级数的系数就是序 $x[n]$ 的值。

例 7-6 已知 $X(z) = \dfrac{z}{(z-1)^2}$，收敛域为 $|z|>1$，试求其 z 反变换 $x[n]$。

解 由于 $X(z)$ 的收敛域是 z 平面的单位圆外，因而 $x[n]$ 必然是右边序列。此时将 $X(z)$ 分子、分母多项式按 z 的降幂排列（如果左边序列则为升幂排列）成下列形式：

$$X(z) = \frac{z}{z^2 - 2z + 1}$$

进行长除

$$\begin{array}{r}
z^{-1} + 2z^{-2} + 3z^{-3} + \cdots \\
z^2 - 2z + 1 \overline{\smash{\big)}\ z} \\
\underline{z - 2 + z^{-1}} \\
2 - z^{-1} \\
\underline{2 - 4z^{-1} + 2z^{-2}} \\
3z^{-1} - 2z^{-2} \\
\underline{3z^{-1} - 6z^{-2} + 3z^{-3}} \\
4z^{-2} - 3z^{-3} \\
\vdots
\end{array}$$

即

$$X(z) = z^{-1} + 2z^{-2} + 3z^{-3} + \cdots = \sum_{n=0}^{\infty} n z^{-n}$$

所以原离散序列为

$$x[n] = nu[n]$$

在实际应用中，如果只需求出序列 $x[n]$ 的前 N 个值，那么使用长除法还是非常方便的。此外，使用长除法还可以检验用其他反变换方法求出的序列正确与否。但使用长除法求 z 变换的缺点是，不易写出 $x[n]$ 闭合形式的表达式。

7.4.2 部分分式展开法

类似于拉普拉斯反变换中的部分分式展开法，在这里也是将 $X(z)$ 展开成简单的部分分式之和的形式，分别求出各部分分式的反变换，再把各反变换所得序列相加，即可得到 $x[n]$。这样，如果 z 变换 $X(z)$ 是有理分式

$$X(z) = \frac{B(z)}{A(z)} = \frac{b_M z^M + b_{M-1} z^{M-1} + \cdots b_1 z + b_0}{a_N z^N + a_{N-1} z^{N-1} + \cdots a_1 z + a_0} \tag{7-37}$$

对于单边序列，即 $n < 0$ 时，$x[n] = 0$ 的序列，其 z 变换的收敛域为 $|z| > R$，包括 $z = \infty$ 处，故 $X(z)$ 的分母的阶次不能低于分子的阶次，即必须满足 $M \leqslant N$。

由典型离散序列 z 变换可以看出，z 变换最基本的形式是 1 和 $\dfrac{z}{z-a}$，它们对应展开为部分分式，然后各项再乘以 z，这样就可以得到最基本的 $\dfrac{z}{z-a}$ 形式。

如果 $X(z)$ 只含有单极点，则 $\dfrac{X(z)}{z}$ 可展开为

$$\frac{X(z)}{z} = \frac{A_0}{z} + \frac{A_1}{z - Z_1} + \frac{A_2}{z - Z_2} + \frac{A_3}{z - Z_3} + \cdots + \frac{A_N}{z - Z_N} = \sum_{i=0}^{N} \frac{A_i}{z - Z_i} \quad (Z_0 = 0)$$

将等式两边各乘以 z，可得

$$X(z) = \sum_{i=0}^{N} \frac{A_i z}{z - Z_i} \tag{7-38}$$

式中，Z_i 为 $\dfrac{X(z)}{z}$ 的极点；A_i 为极点 Z_i 的系数。

$$A_i = \left[(z - Z_i) \frac{X(z)}{z} \right]_{z = Z_i} \tag{7-39}$$

式（7-38）还可以表示成

$$X(z) = A_0 + \sum_{i=1}^{N} \frac{A_i z}{z - Z_i} \tag{7-40}$$

式中，A_0 为位于原点的极点的系数。

$$A_0 = \left[X(z) \right]_{z=0} = \frac{b_0}{a_0}$$

由 z 变换可以直接求得式（7-40）的反变换为

$$x[n] = A_0 \delta[n] + \left[\sum_{i=1}^{N} A_i (Z_i)^n \right] u[n] \tag{7-41}$$

如果 $X(z)$ 在 $z = Z_1$ 处有一个 r 阶重极点，其余为单阶极点，此时 $X(z)$ 展开为

$$X(z) = A_0 + \sum_{j=1}^{r} \frac{B_j z}{(z-Z_1)^j} + \sum_{i=r+1}^{N} \frac{A_i z}{z-Z_i} \qquad (7-42)$$

式中，系数 A_i 仍用式（7-39）确定，而相应于重极点的各个部分分式的系数 B_j 为

$$B_j = \frac{1}{(r-j)!} \left[\frac{d^{r-j}}{dz^{r-j}} (z-Z_1)^r \frac{X(z)}{z} \right]_{z=Z_1} \qquad (7-43)$$

由 z 变换表可以查得式（7-40）的反变换为

$$x[n] = A_0 \delta[n] + \sum_{j=1}^{r} B_j \frac{n!}{(n-j+1)!(j-1)!} (Z_1)^{n-j} x[n] + \sum_{i=r+1}^{N} A_i (Z_i)^n u[n]$$

例 7-7 已知 $X(z) = \dfrac{z^2}{z^2 - 1.5z + 0.5}$，$X(z)$ 的收敛域为 $|z| > 1$，试求其 z 反变换。

解 由于 $X(z) = \dfrac{z^2}{z^2 - 1.5z + 0.5} = \dfrac{z^2}{(z-1)(z-0.5)}$，且 $X(z)$ 有两个极点：$Z_1 = 1$，$Z_2 = 0.5$，由此可求得极点上的系数分别为

$$A_1 = \left[(z-1) \frac{X(z)}{z} \right]_{z=1} = 2$$

$$A_2 = \left[(z-0.5) \frac{X(z)}{z} \right]_{z=0.5} = -1$$

$$A_0 = \left[X(z) \right]_{z=0} = 0$$

所以 $X(z)$ 展开为

$$X(z) = \frac{2z}{z-1} - \frac{z}{z-0.5}$$

故其 z 反变换所得的序列为

$$x[n] = \left[2 - (0.5)^n \right] u[n]$$

7.5 利用 z 域分析求取系统完全响应

在分析连续时间系统时，通过拉普拉斯变换将微分方程转换成代数方程求解；由微分方程的拉普拉斯变换式，还引出了复频域中的系统函数的概念。根据系统函数，能够较为方便地求出系统的零状态响应分量。对于离散时间系统的分析，情况也类似。通过 z 变换把差分方程变为代数方程，并且系统函数的概念亦可推广到 z 域中。同样，根据系统函数，可以求出离散时间系统在外加激励作用下的零状态响应分量。本节将介绍利用 z 变换求解系统响应的方法。由于一般的激励和响应都是有始序列，所以本节提到的 z 变换均指单边 z 变换。

7.5.1 零输入响应

已知描述离散时间系统的差分方程为

$$\sum_{i=0}^{N} a_i y[n+i] = \sum_{j=0}^{M} b_j x[n+j], \quad a_N = 1 \qquad (7-44)$$

当系统的输入离散序列 $x[n]=0$ 时，式（7-44）为齐次差分方程

$$\sum_{i=0}^{N} a_i y[n+i] = 0, \quad a_N = 1 \qquad (7-45)$$

对应齐次差分方程（7-45）的解，即此系统的零输入响应。

以一个二阶系统为例来说明利用 z 变换求解零输入响应 $y_0[n]$ 的过程。

设二阶系统的齐次差分方程为

$$y[n+2] + a_1 y[n+1] + a_0 y[n] = 0$$

对上式进行 z 变换，并利用 z 变换的移序特性，则有

$$z^2 Y(z) - z^2 y[0] - z y[1] + a_1 z Y(z) - a_1 z y[0] + a_0 Y(z) = 0$$

经整理，得到

$$(z^2 + a_1 z + a_0) Y(z) - z^2 y[0] - z y[1] - a_1 z y[0] = 0 \qquad (7-46)$$

式中，$Y(z)$ 就是零输入响应 $y_0[n]$ 的 z 变换 $Y_0(z)$，而 $y[0]$ 和 $y[1]$ 是零输入响应的初始值 $y_0[0]$ 和 $y_0[1]$。

由式（7-46）可以得出

$$Y(z) = \frac{z^2 y_0[0] + z y_0[1] + a_1 z y_0[0]}{z^2 + a_1 z + a_0}$$

对 $Y_0(z)$ 进行 z 反变换，便得到

$$y_0[n] = \mathcal{L}^{-1}\left[Y_0(z)\right]$$

同理，对 N 阶离散时间系统的齐次方程（7-45），通过 z 变换亦可以求得

$$\left(\sum_{i=0}^{N} a_i z^i\right) Y_0(z) - \sum_{k=1}^{N}\left[a_k z^k \left(\sum_{i=1}^{k-1} y_0[i] z^{-i}\right)\right] = 0$$

即

$$Y_0(z) = \frac{\sum_{k=1}^{N}\left[a_k z^k \left(\sum_{i=1}^{k-1} y_0[i] z^{-i}\right)\right]}{\sum_{i=0}^{N} a_i z^i} \qquad (7-47)$$

综上，可以归纳出用 z 变换法求 $y_0[n]$ 的步骤：
（1）对齐次差分方程进行 z 变换。
（2）代入初始条件 $y_0[0], y_0[1], \cdots, y_0[N-1]$ 等，并解出 $Y_0(z)$。
（3）对 $Y_0(z)$ 进行 z 反变换，即得 $y_0[n]$。

7.5.2 零状态响应

由离散时间系统的时域分析可知，系统的零状态响应可由系统的单位抽样响应与激励信号的卷积和求得，即

$$y_x[n] = h[n] * x[n] \tag{7-48}$$

根据 z 变换的卷积定理，由式（7-48）可得

$$Y_x(z) = H(z)X(z) \tag{7-49}$$

式中，$X(z)$、$Y_x(z)$ 分别为 $x[n]$ 和 $y_x[n]$ 的 z 变换；$H(z)$ 为单位抽样响应 $h[n]$ 的 z 变换，即

$$H(z) = \mathcal{Z}[h[n]] \tag{7-50}$$

$H(z)$ 称为离散系统的系统函数。

根据式（7-49）求出 $Y_x(z)$ 后，再进行 z 反变换，就得到了系统的零状态响应 $y_x[n]$，即

$$y_x[n] = \mathcal{Z}^{-1}[Y_x(z)] = \mathcal{Z}^{-1}[H(z)X(z)] \tag{7-51}$$

现在的问题是如何求出系统函数 $H(z)$。因为 $H(z)$ 和差分方程是从 z 域和时域两个不同角度表示了同一个离散时间系统的特性，所以 $H(z)$ 与差分方程之间必然存在着一定的对应关系。下面从系统的差分方程出发，推导系统函数 $H(z)$ 的表达式。

仍以二阶系统为例。设一个二阶系统的差分方程为

$$y[n+2] + a_1 y[n+1] + a_0 y[n] = b_2 x[n+2] + b_1 x[n+1] + b_0 x[n] \tag{7-52}$$

当激励 $x[n] = \delta[n]$ 时，响应 $y[n] = h[n]$，于是有

$$h[n+2] + a_1 h[n+1] + a_0 h[n] = b_2 \delta[n+2] + b_1 \delta[n+1] + b_0 \delta[n] \tag{7-53}$$

因为这里讨论的是零状态响应，所以假设 $n<0$ 期间，系统无初始储能，并且系统为因果系统，即当 $n<0$ 时，$h[n] = 0$。根据式（7-53），迭代求出单位抽样响应的初始值。

令 $n = -2$，则

$$h[0] + a_1 h[-1] + a_0 h[-2] = b_2 \delta[0] + b_1 \delta[-1] + b_0 \delta[-2]$$

令 $n = -1$，则

$$h[1] + a_1 h[0] + a_0 h[-1] = b_2 \delta[1] + b_1 \delta[0] + b_0 \delta[-1]$$

所以

$$h[1] = b_1 - a_1 b_2$$

其中，$h[0]$、$h[1]$ 是系统施加了单位抽样函数 $\delta[n]$ 后引起的初始值。

现在对式（7-53）左侧进行 z 变换，并代入如上的初始值，有

$$z^2 H(z) - z^2 h[0] - z h[1] + a_1 z H(z) - a_1 z h[0] + a_0 H(z) =$$
$$z^2 H(z) - z^2 b_2 - z(b_1 - a_1 b_2) + a_1 z H(z) - a_1 z b_2 + a_0 H(z) =$$
$$(z^2 + a_1 z + a_0) H(z) - b_2 z^2 - b_1 z$$

对式（7-53）右侧进行 z 变换，得

$$b_2z^2 - b_2z^2\delta[0] - b_2z\delta[1] + b_1z - b_1z\delta[0] + b_0 = b_0$$

所以式（7-53）的变换为

$$(z^2 + a_1z + a_0)H(z) = b_2z^2 + b_1z + b_0$$

经整理得

$$H(z) = \frac{b_2z^2 + b_1z + b_0}{z^2 + a_1z + a_0} \qquad (7-54)$$

这就是一个二阶系统的系统函数，即二阶系统的单位抽样响应 $h[n]$ 的 z 变换。把它与二阶系统的差分方程（7-52）对照，二者之间的关系是：直接对差分方程等式两边同时进行 z 变换，并令 $y[n]$ 和 $x[n]$ 的初值均为 0，然后整理得出 $Y(z)/X(z)$，即系统函数 $H(z)$。例如，对式（7-52）两边进行 z 变换，并设 $y[n]$、$x[n]$ 的初值均为零，则有

$$z^2Y(z) + a_1zY(z) + a_0Y(z) = b_2z^2X(z) + b_1zX(z) + b_0X(z)$$

所以

$$H(z) = \frac{Y(z)}{X(z)} = \frac{b_2z^2 + b_1z + b_0}{z^2 + a_1z + a_0}$$

以上讨论的系统函数 $H(z)$ 的计算，可以推广到高阶系统。

设 N 阶系统的差分方程为

$$\sum_{i=0}^{N} a_i y[n+i] = \sum_{j=0}^{M} b_j x[n+j] \quad (a_N = 1) \qquad (7-55)$$

则其系统函数为

$$H(z) = \frac{\sum_{j=0}^{M} b_j z^j}{\sum_{i=0}^{N} a_i z^i} \quad (a_N = 1) \qquad (7-56)$$

综上可得求零状态响应的步骤如下：

（1）求激励函数序列 $x[n]$ 的 z 变换，得 $X(z)$。
（2）通过系统差分方程求系统函数 $H(z)$。
（3）计算 z 反变换，$y_x[n] = \mathcal{Z}^{-1}[H(z)X(z)]$。

7.5.3 系统全响应

离散时间系统的全响应可以在分别求出零输入响应和零状态响应后，将二者相加得到

$$y[n] = y_0[n] + y_x[n] \qquad (7-57)$$

对于差分方程如式（7-52）所示的二阶系统，初始条件为 $y_0[0]$、$y_0[1]$，则其全响应的 z 变换应为

$$Y(z) = Y_0(z) + Y_x(z) = \frac{z^2 y_0[0] + z y_0[1] + a_1 z y_0[0]}{z^2 + a_1z + a_0} + \frac{b_2z^2 + b_1z + b_0}{z^2 + a_1z + a_0}X(z) \qquad (7-58)$$

另外，对于连续时间系统，运用拉普拉斯变换法求解系统，可以一次求出全响应，而不必分别求零输入和零状态解。类似地，对于离散时间系统也可以运用 z 变换法，一次求出全

响应。

下面仍以二阶系统为例进行讨论。如果直接对式（7-52）的差分方程进行 z 变换，得

$$z^2Y(z)-z^2y[0]-zy[1]+a_1zY(z)-a_1zy[0]+a_0Y(z)=$$
$$b_2z^2X(z)-b_2z^2x[0]-b_2zx[1]+b_1zX(z)-b_1zx[0]+b_0X(z)$$

若以 $y[0]$，$y[1]$，… 表示零输入响应的边界值 $y_0[0]$，$y_0[1]$，…，并同时去掉输入序列得边界值 $x[0]$，$x[1]$，…，则

$$\left(z^2+a_1z+a_0\right)Y(z)-z^2y_0[0]-zy_0[1]-a_1zy_0[0]=\left(b_2z^2+b_1z+b_0\right)X(z)$$

整理得到

$$Y(z)=\frac{z^2y_0[0]+zy_0[1]+a_1zy_0[0]}{z^2+a_1z+a_0}+\frac{b_2z^2+b_1z+b_0}{z^2+a_1z+a_0}X(z)$$

可得到式（7-58）同样的结果。以上的讨论，也可推广到 N 阶系统。

综上所述，运用 z 变换法求系统全响应的步骤可归纳如下：

（1）对差分方程两边进行 z 变换，并在等式左边代入零输入响应的边界值 $y_0[0]$，$y_0[1]$，…，在等式右边令 $x[0]$，$x[1]$，… 为零。

（2）解出 $Y(z)$ 的表达式。

（3）对 $Y(z)$ 进行 z 反变换，即得到时域解

$$y[n]=\mathcal{Z}^{-1}\left[Y(z)\right]$$

下面举例说明利用 z 变换分析离散时间系统的方法。

例 7-8 一个离散系统由如下差分方程描述：

$$y[n+2]-5y[n+1]+6y[n]=x[n]$$

系统得初始状态为 $y_0[0]=0$，$y_0[1]=3$，求系统施加单位阶跃序列 $x[n]=u[n]$ 后系统的响应。

解 先求系统的零输入响应 $y_0[n]$。首先对齐次差分方程

$$y[n+2]-5y[n+1]+6y[n]=0$$

进行 z 变换，得

$$z^2Y_0-z^2y_0[0]-zy_0[1]-5zY_0(z)+5zy_0[0]+6Y_0(z)=0$$

代入 $y_0[0]=0$ 和 $y_0[1]=3$，解得

$$Y_0(z)=\frac{z^2y_0[0]+zy_0[1]-5zy_0[0]}{z^2-5z+6}=\frac{3z}{(z-3)(z-2)}=\frac{3z}{z-3}-\frac{3z}{z-2}$$

最后进行 z 反变换，得

$$y_0[n]=3\left(3^n-2^n\right)u[n]$$

再求零状态响应 $y_x[n]$。

第 1 步：对激励序列 z 变换，有

$$X(z)=\mathcal{Z}\left[u[n]\right]=\frac{z}{z-1}$$

第 2 步：由差分方程求系统函数

$$H(z) = \frac{1}{z^2 - 5z + 6}$$

第 3 步：

$$Y_x(z) = H(z)X(z) = \frac{z}{(z^2 - 5z + 6)(z-1)} = \frac{1}{2}\frac{z}{z-1} - \frac{z}{z-2} + \frac{1}{2}\frac{z}{z-3}$$

所以

$$y_x[n] = \mathcal{Z}^{-1}[Y_x(z)] = \left[\frac{1}{2} - (2)^n + \frac{1}{2}(3)^n\right]u[n]$$

系统的总响应为

$$y[n] = y_0[n] + y_x[n] = \left[\frac{1}{2} - 4\times(2)^n + \frac{7}{2}(3)^n\right]u[n]$$

例 7-9 已知系统的差分方程为

$$y[n+2] - 0.7y[n+1] + 0.1y[n] = 7x[n+2] - 2x[n+1]$$

系统的初始状态为 $y_0[0] = 2$，$y_0[1] = 4$，系统的激励为单位阶跃序列，求系统的响应。

解 可以分别求 $y_0[n]$ 和 $y_x[n]$，然后叠加得到全响应，也可以直接求出全响应，这里试用后一方法。

首先对差分方程等式两边进行 z 变换，并代入初始条件 $y_0[0]$、$y_0[1]$。注意等式右边对激励信号的 z 变换，不代入初始值，即

$$(z^2 - 0.7z + 0.1)Y(z) - z^2 y_0[0] - zy_0[1] + 0.7zy_0[0] = (7z^2 - 2z)X(z)$$

代入 $y_0[0]$、$y_0[1]$ 之值，有

$$(z^2 - 0.7z + 0.1)Y(z) - 2z^2 - 4z + 1.4z = (7z^2 - 2z)X(z)$$

代入 $X(z) = \dfrac{z}{z-1}$，解得

$$Y(z) = \frac{2z^2 + 2.6z}{z^2 - 0.7z + 0.1} + \frac{7z^2 - 2z}{z^2 - 0.7z + 0.1} \cdot \frac{z}{z-1} = \frac{z(9z^2 - 1.4z - 2.6)}{(z-1)(z-0.5)(z-0.2)}$$

$$= \frac{12.5z}{z-1} + \frac{7z}{z-0.5} - \frac{10.5z}{z-0.2}$$

将此式进行 z 反变换得全响应

$$y[n] = \left[12.5 + 7(0.5)^n - 10.5(0.2)^n\right]u[n]$$

但若在上式中令 $n=0$ 和 $n=1$，将得到 $y[0] = 9$ 和 $y[1] = 13.9$，而不等于题目所给的边界条件。这是因为它们不但包含了零输入响应的边界值 $y_0[0]$、$y_0[1]$，而且还增加了零状态响应的边界值 $y_x[0]$ 和 $y_x[1]$。若在原差分方程中，令 $n=-2$ 和 $n=-1$，将分别得到

$$y_x[0] = 7x[0] = 7$$

$$y_x[1] = 0.7y_x[0] + 7x[1] - 2x[0] = 9.9$$

所以

$$y[0] = y_0[0] + y_x[0] = 2 + 7 = 9$$
$$y[1] = y_0[1] + y_x[1] = 4 + 9.9 = 13.9$$

7.6 系统函数分析

关于离散时间系统函数的定义，事实上在前面已经给出，即系统函数 $H(z)$ 是单位抽样响应 $h(z)$ 的 z 变换

$$H(z) = \sum_{n=-\infty}^{\infty} h[n]z^{-n} \tag{7-59}$$

或者，$H(z)$ 是系统零状态响应的 z 变换与系统输入的 z 变换之比。本节将继续研究有关系统函数的几个重要问题，这就是系统函数 $H(z)$ 的求解，由 $H(z)$ 零点分布确定单位抽样响应、系统的稳定性和因果性等。这里研究的对象仅限于用线性常系数差分方程表征的系统。

7.6.1 系统函数的求取

对于一般的 N 阶差分方程可以用类似的方法处理，即对差分方程两边进行 z 变换，同时应用线性和时移性质。现考虑一个 N 阶 LTI 系统，它的输入和输出关系由如下线性常系数差分方程来表征：

$$\sum_{k=0}^{N} a_k y[n-k] = \sum_{k=0}^{M} b_k x[n-k]$$

取 z 变换则有

$$\sum_{k=0}^{N} a_k z^{-k} Y(z) = \sum_{k=0}^{M} b_k z^{-k} X(z)$$

据上述可得 N 阶系统的系统函数表达式

$$H(z) = \frac{\sum_{k=0}^{M} b_k z^{-k}}{\sum_{k=0}^{N} a_k z^{-k}} \tag{7-60}$$

从 $H(z)$ 的一般表达式可以看出，一个由线性常系数差分方程描述的系统，其系统函数总是一个有理函数，并且它的分子、分母多项式的系数和差分方程右边、左边对应项的系数相等。

如果已知的是离散时间系统的模拟框图，可以直接从框图入手得到 $H(z)$，而不必经过求差分方程这一中间步骤。

7.6.2 系统的稳定性和因果性

按照一般稳定系统的定义（即系统对一个有界输入，其输出也应有界），保证一个 LTI 离散时间系统稳定的充分条件是它的单位抽样响应绝对可和，即

$$\sum_{n=-\infty}^{\infty} |h[n]| < \infty \tag{7-61}$$

这是在第 3 章已经得到的结论。

由于

$$H(z) = \sum_{n=-\infty}^{\infty} \{h[n]r^{-n}\}e^{-j\Omega n} \qquad (7-62)$$

当取值 $|z|=r=1$ 时，绝对可和条件使 $h[n]$ 的离散时间傅里叶变换一定收敛，这说明稳定系统 $H(z)$ 的收敛域一定包括单位圆。

如果系统是因果的，根据收敛域的性质，其 $H(z)$ 的收敛域一定位于 $H(z)$ 最外侧极点的外边。若把上述两个关于收敛域的限制合在一起，则可得出：一个因果且稳定的系统，其 $H(z)$ 的全部极点必定位于单位圆内。

例 7-10 因果系统的差分方程为

$$y[n+2] - 0.2y[n+1] - 0.24y[n] = x[n+2] + x[n+1]$$

试求系统函数 $H(z)$ 和单位抽样响应，并分析说明系统的稳定性。

解 将差分方程两边 z 变换，并令初值为零，即

$$z^2 Y(z) + 0.2zY(z) - 0.24Y(z) = z^2 X(z) + zX(z)$$

经整理，得

$$H(z) = \frac{Y(z)}{X(z)} = \frac{z^2 + z}{z^2 + 0.2z - 0.24} = \frac{z(z+1)}{(z-0.4)(z+0.6)} = \frac{1.4z}{z-0.4} - \frac{0.4z}{z+0.6}$$

对 $H(z)$ 反变换，得

$$h[n] = \left[1.4(0.4)^n - 0.4(-0.6)^n\right]u[n]$$

因为 $H(z)$ 得两个极点 $P_1 = 0.4$ 和 $P_2 = -0.6$ 均在单位圆之内，所以该系统是稳定的。

习　题

7.1　求序列 $x[n] = (0.5)^n u[n] + \delta[n]$ 的 z 变换及收敛域。

7.2　已知

$$X(z) = \frac{1}{\left(1 - \frac{1}{3}z^{-1}\right)(1 - 2z^{-1})}$$

讨论 $X(z)$ 收敛域的形式及对应序列的种类。

7.3　求出下面每个序列的 z 变换，画出其零极点图，指出收敛域，并说明该序列的傅里叶变换是否存在。

（1）$\delta[n+1]$；　（2）$\left(\frac{1}{2}\right)^n u[n]$；　（3）$\left(\frac{1}{2}\right)^n u[-n]$。

7.4　有一 z 变换为

$$X(z) = \frac{-\frac{5}{3}z}{\left(z - \frac{1}{3}\right)(z-2)}$$

(1) 确定与 $X(z)$ 有关的收敛域有几种情况，画出各自的收敛域图；

(2) 每种收敛域各对应什么样的离散时间序列？

(3) 以上序列中哪一种存在离散时间傅里叶变换？

7.5 已知因果序列 $x[n]$ 的 z 变换为 $X(z)$，试求序列的初值与终值。

$$X(z) = \frac{1}{(1-0.5z^{-1})(1+0.5z^{-1})}$$

7.6 设 $x[n]$ 为因果序列，求下列 $X(z)$ 的逆变换 $x[n]$。

(1) $X(z) = \dfrac{1+z^{-1}}{1+z^{-2}}$；

(2) $X(z) = \dfrac{1}{(1-0.5z^{-1})(1-0.1z^{-1})}$；

(3) $X(z) = \dfrac{z^3+2z^2-z+1}{z^3+z^2+z}$；

(4) $X(z) = \dfrac{10z^2}{(z-1)(z+1)}$。

7.7 画出

$$X(z) = \frac{-3z^{-1}}{2-5z^{-1}+2z^{-2}}$$

的零极点图。在下列三种收敛域情况下，哪种情况对应左边序列、右边序列、双边序列？并求各对应序列。

(1) $|z|>2$； (2) $|z|<0.5$； (3) $0.5<|z|<2$。

7.8 已知序列 $x[n]$ 的 z 变换为 $X(z)$，求序列的初值 $x(0)$ 和终值 $x(\infty)$。

(1) $X(z) = \dfrac{1}{(1-0.5z^{-1})(1+0.5z^{-1})}$；

(2) $X(z) = \dfrac{z^{-1}}{1-1.5z^{-1}+0.5z^{-2}}$。

7.9 求下列 $X(z)$ 的逆变换 $x[n]$：

$$X(z) = \frac{10}{(1-0.5z^{-1})(1-0.25z^{-1})}, \quad |z|>0.5$$

7.10 求下列 $X(z)$ 的逆变换 $x[n]$：

(1) $X(z) = \dfrac{1}{1+0.5z^{-1}}, \quad |z|>0.5$；

(2) $X(z) = \dfrac{1-0.5z^{-1}}{(1-0.25z^{-1})}, \quad |z|>0.5$。

7.11 如果 $X(z)$ 代表 $x[n]$ 的单边 z 变换，试求下列序列的单边 z 变换：

(1) $x[n-1]$； (2) $\delta[n-N]$。

7.12 已知一离散时间系统由下列差分方程描述：

$$y[n]+y[n-1]=x[n]$$

(1) 求系统函数 $H(z)$ 及单位抽样响应 $h[n]$；

(2) 判断系统的稳定性；

(3) 若系统的初始状态为零，且 $x[n]=10u[n]$，求系统的响应。

7.13 一个离散时间系统的结构如图 7-8 所示。

(1) 求这个因果系统的 $H(z)$，画出零极点图，并指出收敛域；

(2) 当 k 为何值时，该系统是稳定的？

(3) 当 $k=1$,求输入为 $x[n]=\left(\dfrac{2}{3}\right)^n$ 的响应 $y[n]$。

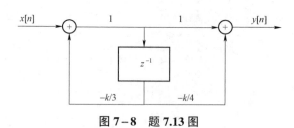

图 7-8 题 7.13 图

7.14 已知离散系统差分方程表示式

$$y[n]-\frac{3}{4}y[n-1]+\frac{1}{8}y[n-2]=x[n]+\frac{1}{3}x[n-1]$$

求系统函数和单位抽样响应。

7.15 某离散系统的差分方程为 $y[n+2]+3y[n+1]+2y[n]=x[n+1]+3x[n]$,激励信号 $x[n]=u[n]$,若初始条件 $y_0[1]=1$,$y_0[2]=3$,试分别求其零输入响应 $y_0[n]$、零状态响应 $y_x[n]$ 和全响应 $y[n]$。

7.16 系统函数

$$H(z)=\frac{9.5z}{(z-0.5)(10-z)}$$

求在 $|z|>10$ 和 $0.5<|z|<10$ 两种收敛域情况下的单位脉冲响应,并说明系统的稳定性和因果性。

7.17 已知 LTI 离散因果系统的 $h[n]$ 满足差分方程 $h[n]+2h[n-1]=a(-4)^2u[n]$,已知输入 $x[n]=8^n$ 时,零状态响应为 $y[n]=8^{n+1}$。

(1) 求 a 的值;
(2) 求 $H[z]$;
(3) 求 $h[n]$。

7.18 某因果系统的差分方程为

$$y[n]-\frac{5}{2}y[n-1]+y[n-2]=x[n]-\frac{1}{3}x[n-1]$$

(1) 求系统的系统函数和收敛域,系统是否是稳定系统?说明原因;
(2) 求系统的单位脉冲响应;
(3) 当输入为 $x[n]=\left(\dfrac{1}{3}\right)^n u[n]$ 时,求系统的零状态响应;
(4) 当初始条件为 $y[-1]=\dfrac{5}{2}$,$y[-2]=\dfrac{17}{4}$ 时,求系统的零输入响应。

7.19 某因果 LTI 离散时间系统的数学模型为

$$y[n]-0.7y[n-1]+0.1y[n-2]=2x[n]$$

（1）求系统函数 $H(z)$ 及单位抽样响应 $h[n]$；
（2）写出系统函数 $H(z)$ 的收敛域并判断系统的稳定性；
（3）当输入 $x[n] = \left(\dfrac{1}{4}\right)^n u[n]$ 时，求零状态响应 $y[n]$。

7.20　$x[n]$ 的 z 变换 $X(z)$ 为有理式，在 $z = \dfrac{1}{2}$ 处有一极点。$x_1[n] = \left(\dfrac{1}{4}\right)^n x[n]$ 绝对可和，$x_2[n] = \left(\dfrac{1}{8}\right)^n x[n]$ 不绝对可和，则 $x[n]$ 是哪种序列（左边，右边或双边）？并说明原因。

第8章

MATLAB 中信号分析与处理的应用

8.1 引 言

信号分析与处理课程强调数学概念、物理意义及工程应用的统一,一些理论分析结果往往来源于复杂的数学运算与推导。借助于工具软件来完成课程中的数值计算与分析,直观地得到系统的可视化测试,不仅可使一些复杂系统的设计得以实现,也有助于将更多精力放在对信号与系统分析原理和思想方法的理解上。

MATLAB 是 MATrix 和 LABoratory 两个单词的前三个字母组合而成,是美国 Math Works 公司开发的一种功能强大的分析、计算及可视化工具。它以矩阵运算为基础进行数据处理,将高性能的数值计算和可视化集成在一起,提供了功能丰富和完备的数学函数库,大量繁杂的数学运算和分析可直接调用 MATLAB 函数求解,因而被广泛运用于科学计算、系统控制以及信息处理领域。

本章从 MATLAB 基本操作着手,介绍 MATLAB 在时域及变换域中分析信号和系统的基本方法,通过一些实例,实现信号与系统可视化建模和仿真。

8.2 MATLAB 入门

8.2.1 MATLAB基本操作

1. 命令行操作

MATLAB 可通过命令行的方式与用户进行交互。用户只需要在命令窗口中输入 MATLAB 命令后按下<Enter>键,系统便执行相应的命令,并给出运行结果。

例如,在命令窗口直接输入命令

$$a = 2; b = 3; c = a + b$$

则在命令窗口直接显示

$c =$

5

在命令窗口输入命令

$$A = [1\ 2\ 3; 4\ 5\ 6; 7\ 8\ 9]$$

则在命令窗口直接显示一个 3×3 的矩阵 A,即

$A =$

$$\begin{matrix} 1 & 2 & 3 \\ 4 & 5 & 6 \\ 7 & 8 & 9 \end{matrix}$$

2. 变量和表达式

MATLAB 使用变量来保存数据，与其他语言不同，MATLAB 不要求用户在创建变量时进行变量声明，MATLAB 会自动根据变量存储的数据来决定变量的数据类型。

MATLAB 的表达式构成很简单，类似于手写算式。例如，$2\mathrm{e}^{-t}\cos(2t)$ 可写成

$$2*\exp(-t)*\cos(2*t)$$

又如，$\dfrac{s}{s^2+4}$ 可写为 s/(s^2+4)。

3. 符号运算

MATLAB 中可以使用符号常量、变量和符号函数来按照代数、微积分等运算法则进行运算，并尽可能给出解析表达结果。

在进行符号运算时，首先要定义基本的符号对象，在符号运算中，所出现的数字都是当作符号来处理的。

例如，对于函数 $x(t)=t^2$，用 MATLAB 对其求导数 $y(t)=x'(t)$，命令如下：

```
syms t;              %定义符号变量名
xt = t^2;            %定义符号函数 x(t)
yt = diff(xt);       %计算 y(t)=x'(t)
```

执行结果为

yt =

2*t

8.2.2 可视化

MATLAB 中提供了强大的图形绘制功能，使用户可以方便、简捷地绘制图形。通常用户只需指定绘图方式，提供绘图数据，利用 MATLAB 提供的绘图函数就可以绘出所需的图形。

MATLAB 中最常用的绘图函数为 plot。plot 函数根据参数的不同，可以在平面上绘制不同的曲线。该函数可将各个数据点通过折线连接起来以绘制二维图形。常用的一种 plot 函数的格式为 plot(x,y)，以输入向量 x 作为横轴，输入向量 y 作为纵轴绘制曲线。

例 8 – 1 试用 MATLAB 画出 $y(t)=\sin t$ 在 $0 \leqslant t \leqslant 2\pi$ 的波形。

解 在 MATLAB 命令窗口输入命令

```
t=0:pi/10:2*pi;      %设置步长
yt = sin(t);         %计算对应点的函数值，并赋值给变量 yt
plot(t,yt);          %绘制信号波形
title('sin(t)') ;    %设置图的标题
```

运行结果为

t =

1 至 9 列

  0 0.3142 0.6283 0.9425 1.2566 1.5708 1.8850 2.1991 2.5133

10 至 18 列

  2.8274 3.1416 3.4558 3.7699 4.0841 4.3982 4.7124 5.0265 5.3407

19 至 21 列

  5.6549 5.9690 6.2832

yt =

1 至 9 列

  0 0.3090 0.5878 0.8090 0.9511 1.0000 0.9511 0.8090 0.5878

10 至 18 列

  0.3090 0.0000 −0.3090 −0.5878 −0.8090 −0.9511 −1.0000 −0.9511 −0.8090

19 至 21 列

  −0.5878 −0.3090 −0.0000

图 8−1 给出了 $\sin t$ 在 $0 \sim 2\pi$ 的波形，由于 plot 函数将各个数据点通过折线连接，所以看起来波形是连续的。

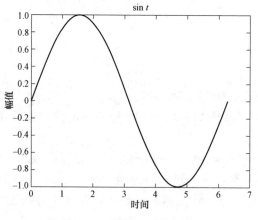

图 8−1　例 8−1 的波形

MATLAB 中还提供了绘制符号函数图形的 ezplot 函数。常用的一种调用格式为 ezplot(x,[a,b])，其中 x 为待绘制的符号函数，其绘制范围由[a,b]来确定。

例如，在 MATLAB 命令窗口输入

syms t;

xt=cos(2*t);
ezplot(xt,[0,2*pi]);
执行结果如图 8-2 所示,给出了 cos (2t) 信号在 $0\sim2\pi$ 的波形。

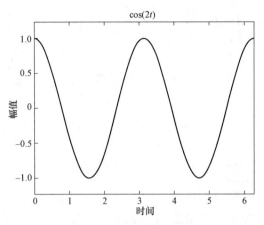

图 8-2 余弦信号波形

8.3 连续时间系统时域分析的 MATLAB 实现

8.3.1 时域信号的运算

1. 信号的相加和相乘

例 8-2 已知信号 $x_1(t)=u(t+2)-u(t-2), x_2(t)=\cos(\pi t)$,试用 MATLAB 绘出信号 $x_1(t)+x_2(t)$ 和 $x_1(t)\times x_2(t)$ 的波形。

解 在 MATLAB 命令窗口输入命令

syms t;
xt=cos(2*t);
ezplot(xt,[0,2*pi]);
clear
syms t;
x1=heaviside(t+2)−heaviside(t−2);   %heaviside 表示阶跃函数
x2=cos(2*pi*t);
x3=x1+x2;
figure(1);
ezplot(x3,[−5,5]);
title('x1(t)+x2(t)');
x4=x1*x2;
figure(2);
ezplot(x4,[−5,5]);

title('x1(t)×x2(t)');

程序运行结果所生成的波形如图 8-3 所示。

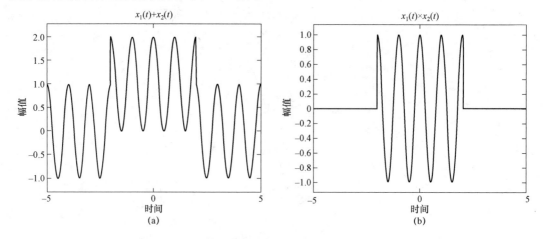

图 8-3　例 8-2 的波形
(a) 两信号相加；(b) 两信号相乘

2. 信号的反褶和尺度变换

MATLAB 中提供了 subs 函数可实现符号表达式中的符号替代。常用的一种调用形式为 subs(S,old,new)，其中输入参数 S 表示符号表达式，函数实现在符号表达式中用 new 来替代 old。

例 8-3　已知连续时间信号 $x(t)$ 的时域波形，试用 MATLAB 绘制 $x(t-1)$、$x(2t-2)$ 和 $x(-2t+2)$ 的时域波形。

解　在 MATLAB 命令窗口输入命令

syms t;
xt=2*(heaviside(t+2)−heaviside(t))+(heaviside(t)−heaviside(t−2))*(2−t);
figure(1);
subplot(2,1,1);　　%表示此图在一张具有两行一列的图中的第一个位置
ezplot(xt,[−4,4]);
title('x(t)');
axis([−4,4,−1,3]);
x1t=subs(xt,t,t−1);
subplot(2,1,2);
ezplot(x1t,[−4,4]);
title('x(t−1)');
axis([−4,4,−1,3]);
figure(2);
x1t=subs(xt,t,2*t−2);
subplot(2,1,1);

```
ezplot(x1t,[-4,4]);
title('x(2t-2)');
axis([-4,4,-1,3]);
x2t=subs(xt,t,-2*t+2);
subplot(2,1,2);
ezplot(x2t,[-4,4]);
title('x(-2t+2)');
axis([-4,4,-1,3]);
```
运行结果如图 8-4 所示。

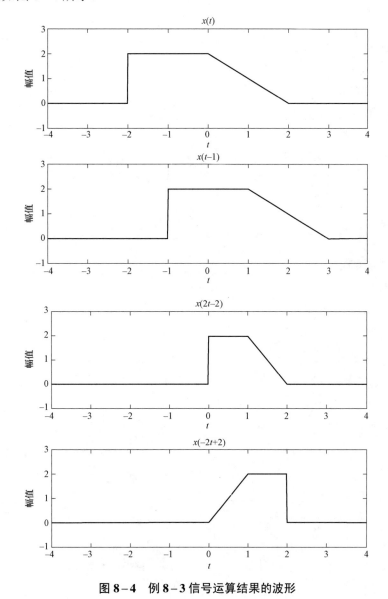

图 8-4　例 8-3 信号运算结果的波形

3. 信号的微分和积分

MATLAB 中提供了 diff 函数和 int 函数可完成符号函数的微分和积分。

例 8-4 已知信号 $x_1(t)$ 和 $x_2(t)$ 的时域波形，试用 MATLAB 画出 $x_1'(t)$ 和 $\int_{-\infty}^{t} x_2(\tau) d\tau$ 的时域波形。

解 在 MATLAB 命令窗口输入命令

syms t;

x1t=(t+1)*(heaviside(t+1)−heaviside(t))+(1−t)*(heaviside(t)−heaviside(t−1));

figure(1);

ezplot(x1t,[−2,2]);

title('x1(t)');

y1t=diff(x1t);   %微分函数

figure(2);

ezplot(y1t,[−2,2]);

title('dx1(t)/dt');

figure(3);

x2t=heaviside(t+1)−heaviside(t−1);

ezplot(x2t,[−2,2]);

title('x2(t)');

y2t=int(x2t);   %积分函数

figure(4);

ezplot(y2t,[−2,2]);

title('int(x2(t))');

运行结果如图 8-5 所示。

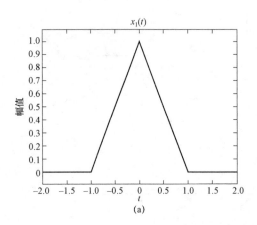 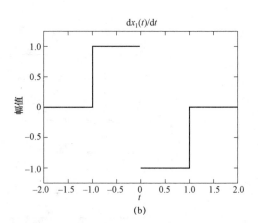

图 8-5 例 8-4 的信号波形

（a） $x_1(t)$；（b） $x_1(t)$ 的微分

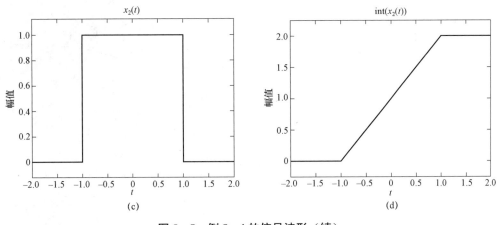

图 8-5　例 8-4 的信号波形（续）
（c）$x_2(t)$；（d）$x_2(t)$ 的积分

8.3.2　系统响应的求解

1. 单位冲激响应和阶跃响应的求解

MATLAB 提供了用于求连续时间系统冲激响应并绘制其波形的 impulse 函数，其中一种调用格式为 impulse(b,a)，输入参量 b 和 a 分别用于描述系统的微分方程右边多项式系数构成的行向量和左边多项式系数构成的行向量。MATLAB 也提供了 step 函数，用于求连续时间系统阶跃响应并绘制其波形，其中一种调用格式为 step(b,a)，各参数的意义与 impulse 函数相同。

例 8-5　已知描述某 LTI 系统的微分方程为

$$\frac{d^2 y(t)}{dt^2} + 5\frac{dy(t)}{dt} + 6y(t) = \frac{dx(t)}{dt} + 4x(t)$$

用 MATLAB 绘出单位冲激响应 $h(t)$ 和阶跃响应 $g(t)$ 的波形。

解　在 MATLAB 命令窗口输入命令

```
a=[1,5,6];
b=[1,4];
figure(1);
impulse(b,a);
title('\fontsize{11}单位冲激响应');      %\fontsize{11}设置字体大小
xlabel('\fontsize{11}时间');
ylabel('\fontsize{11}幅度');
figure(2);
step(b,a);
title('\fontsize{11}单位阶跃响应');
xlabel('\fontsize{11}时间');
ylabel('\fontsize{11}幅度');
```

运行结果如图 8-6 所示。

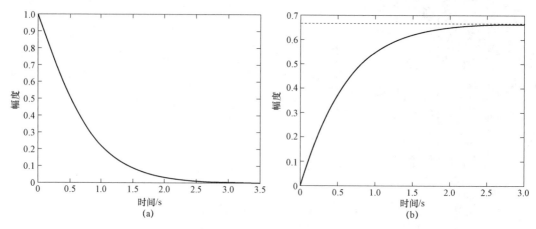

图 8-6 例 8-5 响应的波形
（a）单位冲激响应；（b）单位阶跃响应

2. 零状态响应的求解

MATLAB 提供了 lsim 函数，可以对微分方程描述的 LTI 连续系统的响应进行仿真。一种调用格式为 lsim(sys,x,t)，输入参量 t 是表示输入信号时间范围的向量，x 表示输入信号在向量 t 定义的时间点上的抽样，输入参量 sys 是由 MATLAB 的 tf 函数根据描述系统的微分方程的系数而生成的系统函数对象。tf 函数的一种调用格式为 tf(b,a)，输入参量 b 和 a 分别为描述系统的微分方程右边多项式系数和左边多项式系数构成的行向量，函数返回为描述系统的符号对象。

例 8-6 已知描述某 LTI 系统的微分方程为

$$\frac{d^2y(t)}{dt^2}+5\frac{dy(t)}{dt}+6y(t)=\frac{dx(t)}{dt}+4x(t)$$

当激励信号为 $x(t)=e^{-t}u(t)$ 时，用 MATLAB 绘出激励和零状态响应的波形。

解 在 MATLAB 命令窗口输入命令

a=[1,5,6];
b=[1,4];
sys=tf(b,a);
t=0:0.01:4;
x=exp(-t);
lsim(sys,x,t);
title('\fontsize{11}时域波形');
xlabel('\fontsize{11}时间');
ylabel('\fontsize{11}幅度');
text(0.5,0.7,'\leftarrow 输入信号');
text(2,0.2,'\leftarrow 系统响应');

运行结果如图 8-7 所示。

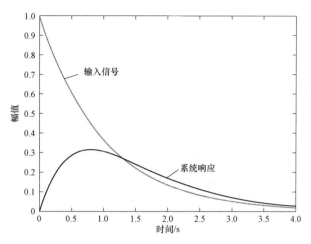

图 8-7 例 8-6 激励和响应的波形

3. 全响应的求解

MATLAB 提供了 dsolve 函数，可以得到常系数微分方程的符号解。一种调用格式为 r = dsolve('eq1,eq2,…','cond1,cond2,…','v')，输入参量 eq1 和 eq2 表示微分方程，cond1 和 cond2 表示初始条件，v 代表独立变量，默认的独立变量为 t。函数的返回值 r 表示微分方程的解。

例 8-7 已知描述某 LTI 系统的微分方程为

$$\frac{d^2 y(t)}{dt^2} + 4\frac{dy(t)}{dt} + 3y(t) = x(t)$$

系统初始状态 $y(0_-) = 1, y'(0_-) = 2$，当激励信号为 $x(t) = e^{-2t}u(t)$ 时，用 MATLAB 求系统的全响应。

解 在 MATLAB 命令窗口输入命令

y = dsolve('D2y + 4*Dy + 3*y = exp(-2*t)','y(0) = 1,Dy(0) = 2')

执行结果为

y =

3*exp(-t) − exp(-2*t) − exp(-3*t)

即系统的全响应为

$$y(t) = \left(-e^{-3t} + 3e^{-t} - e^{-2t}\right)u(t)$$

8.4 连续时间系统频域分析的 MATLAB 实现

8.4.1 傅里叶级数

例 8-8 用 MATLAB 将一周期锯齿波画出 $N = 10$ 时的合成图。

解 周期锯齿波的傅里叶系数为

$$a_0 = 0, a_n = 0, b_n = \frac{2}{n\pi}(-1)^{n+1}, \omega_1 = \frac{\pi}{2}$$

所以傅里叶级数展开式为

$$f(t)=\sum_{n=1}^{\infty}\frac{2}{n\pi}(-1)^{n+1}\sin(n\omega_1 t)=\frac{2}{\pi}\sin(\omega_1 t)-\frac{1}{\pi}\sin(2\omega_1 t)+\frac{2}{3\pi}\sin(3\omega_1 t)-\cdots$$

MATLAB 命令如下：

```
t = -4:0.001:4;
N = 10;
F0 = 0;
fN = zeros(1,length(t));
for n = 1:1:N
    fN = fN + sin(pi*n*t/2)*(2/(n*pi)*(-1)^(n+1));

end
plot(t,fN,'k');
title(['N = ',num2str(N)]);
axis([-4,4,-2,2]);
```

运行结果如图 8-8 所示。

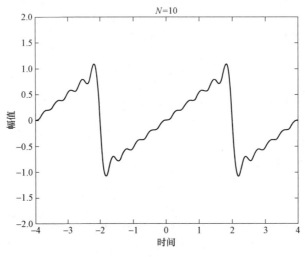

图 8-8　例 8-8 合成信号的波形

8.4.2　傅里叶变换与反变换

1. 傅里叶变换

MATLAB 中提供了 fourier 函数来求信号的傅里叶变换。该函数常用的一种调用形式为：$F=\text{fourier}(x)$，其中输入参数 x 为时间信号 $x(t)$ 的符号表达式，输出参数 F 为 $x(t)$ 的傅里叶变换。

例 8-9　试用 MATLAB 求信号 $x(t)=e^{-2t}u(t)$ 的傅里叶变换。

解　在 MATLAB 命令窗口输入命令

```
syms w t;
xt = exp(-2*t)*heaviside(t);
```

Fw=fourier(xt);

运行结果为

Fw=

  1/(2+w*1i)   %MATLAB 中 1i 和 i 的意思相同

即

$$F(\omega)=\frac{1}{2+\mathrm{j}\omega}$$

例 8-10 试用 MATLAB 求信号 $x(t)=u(t+t_0)-u(t-t_0)$ 的傅里叶变换。

解 在 MATLAB 命令窗口输入命令

syms w t t0;

xt=heaviside(t+t0)−heaviside(t−t0);

Fw=fourier(xt);

运行结果为

Fw=

  2/w*sin(t0*w)

即

$$F(\omega)=\frac{2}{\omega}\sin(\omega t_0)$$

2. 傅里叶反变换

MATLAB 中提供了 ifourier 函数来求信号的傅里叶反变换。该函数常用的一种调用形式为：$x=$ifourier(F,u)，其中输入参数 F 为傅里叶变换的符号表达式，默认为符号变量 w 的函数；输出参数 x 为 F 的傅里叶反变换的符号表达式，为指定的符号变量 u 的函数。

例 8-11 求 $F(\omega)=2\mathrm{e}^{-\mathrm{j}\omega}$ 的傅里叶反变换 $x(t)$。

解 在 MATLAB 命令窗口输入命令

syms w t;

Fw=2*exp(−i*w);

xt=ifourier(Fw,t);

运行结果为

ft=

  2*dirac(t−1)   %dirac 为单位脉冲函数

即

$$x(t)=2\delta(t-1)$$

例 8-12 求 $F(\omega)=\dfrac{\mathrm{j}\omega+1}{(\mathrm{j}\omega)^2+5(\mathrm{j}\omega)+6}$ 的傅里叶反变换 $x(t)$。

解 在 MATLAB 命令窗口输入命令

syms w t;

Fw=(i*w+1)/((i*w)^2+5*i*w+6);

xt=ifourier(Fw,t);

运行结果为

xt =

Heaviside(t)*(2*exp(−3*t)−exp(−2*t))

即

$$x(t) = \left(2e^{-3t} - e^{-2t}\right)u(t)$$

3. 频谱图的绘制

信号的频谱图通常包括振幅谱和相位谱。振幅谱可以从信号傅里叶变换的模来获得，相位谱可以通过求傅里叶变换的辐角获得。

例 8−13 求 $x(t) = e^{-2t}u(t)$ 的傅里叶变换。

解 在 MATLAB 命令窗口输入命令

clear;
syms w t;
x = exp(−2*t)*heaviside(t);
F = fourier(x);
figure(1);
ezplot(abs(F));
title('\fontsize{11}幅度谱');
re = real(F);
im = imag(F);
phase = atan(im/re);
figure(2);
ezplot(phase);
title('\fontsize{11}相位谱');

运行结果如图 8−9 所示。

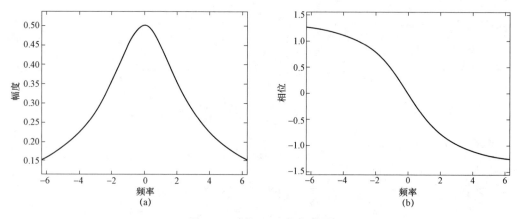

图 8−9 例 8−13 的频谱图
（a）幅度谱；（b）相位谱

例 8−14 已知 $x(t) = u(t+2) - u(t-2)$，$x_1(t) = x(t)\cos(4t)$，求其幅度谱。

解 在MATLAB命令窗口输入命令

clear;
syms w t;
xt = heaviside(t+2) – heaviside(t–2);
Fw = fourier(xt);
figure(1);
ezplot(abs(Fw));
title('x(t)幅度谱');
x1t = xt*cos(4*t);
F1w = fourier(x1t);
figure(2);
ezplot(abs(F1w));
title('x1(t)幅度谱');

运行结果如图 8-10 所示。可以看出，$x_1(t)$ 的振幅谱是 $f(t)$ 幅度谱的搬移，幅度变为 $f(t)$ 的 1/2。

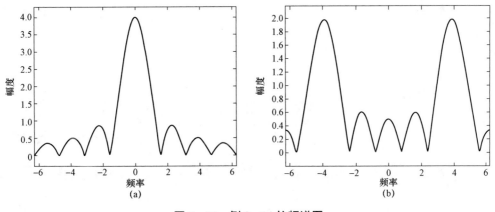

图 8-10 例 8-14 的频谱图
（a）$x(t)$ 幅度谱；（b）$x_1(t)$ 幅度谱

8.4.3 系统响应

1. 单位冲激响应

例 8-15 已知某连续时间系统的系统函数为 $H(\omega) = \dfrac{2}{(j\omega)^2 + 4(j\omega) + 3}$，试用 MATLAB 求系统的单位冲激响应。

解 在MATLAB命令窗口输入命令

syms w t;
H = 2/((i*w)^2+4*i*w+3);
yt = ifourier(H,t);

运行结果为

yt =
$$\text{Heaviside}(t)*(-\exp(-3*t)+\exp(-t))$$
即
$$y(t) = \left(e^{-t} - e^{-3t}\right)u(t)$$

2. 零状态响应

例 8-16 已知某连续时间系统的微分方程为
$$\frac{d^2}{dt^2}y(t) + 3\frac{d}{dt}y(t) + 2y(t) = \frac{d}{dt}x(t) + 2x(t)$$
激励信号为 $x(t) = e^{-3t}u(t)$，试用 MATLAB 频域分析方法求系统的零状态响应。

解 在 MATLAB 命令窗口输入命令

syms w t;
Hw = (i*w+2)/((i*w)^2+3*i*w+2);
ft = exp(-3*t)*heaviside(t);
Fw = fourier(ft);
Yw = Hw*Fw;
yt = ifourier(Yw,t);

运行结果为

yt =
  1/2heaviside(t)*(-exp(-3*t)+exp(-t))

系统的零状态响应为
$$y(t) = \frac{1}{2}\left(-e^{-3t} + e^{-t}\right)u(t)$$

8.5 连续时间系统复频域分析的 MATLAB 实现

8.5.1 拉普拉斯变换与反变换

1. 拉普拉斯变换

MATLAB 中提供了 laplace 函数实现信号的单边的拉普拉斯变换。常用的命令格式为：$L = \text{laplace}(F)$，其中输入参数 F 为连续时间信号 $x(t)$ 的符号表达式，输出参数 L 为 F 的拉普拉斯变换的符号表达式。

例 8-17 试用 MATLAB 计算指数信号 $x(t) = e^{-2t}u(t)$ 的拉普拉斯变换。

解 在 MATLAB 命令窗口输入命令

syms t;
f = exp(-2*t);
L = laplace(f);

运行结果为

L =
1/(s+2)

即
$$F(s)=\frac{1}{s+2}$$

例 8-18 试用 MATLAB 计算单边正弦信号 $x(t)=\sin(2t)u(t)$ 的拉普拉斯变换。

解 在 MATLAB 命令窗口输入命令
syms t;
f=sin(2*t);
L=laplace(f);

运行结果为
L=
    2/(s^2+4)
即
$$F(s)=\frac{2}{s^2+4}$$

2. 拉普拉斯反变换

MATLAB 提供了实现信号拉普拉斯反变换的 ilaplace 函数。常用的命令格式为：$F=$ilaplace(L)，其中输入参数 L 为拉普拉斯变换的符号表达式，输出参数 F 为拉普拉斯反变换的符号表达式。

例 8-19 已知连续时间信号 $x(t)$ 的拉普拉斯变换为
$$F(s)=\frac{1}{s(s^2+4)}$$

试用 MATLAB 求原函数 $x(t)$。

解 在 MATLAB 命令窗口输入命令
syms s;
L=1/(s*(s^2+4));
F=ilaplace(L);
运行结果为
F=
    1/4-cos(2*t)/4
即
$$x(t)=\frac{1}{4}[1-\cos(2t)]u(t)$$

MATLAB 提供了 residue 函数可以直接求出有理分式部分分式展开的系数 k_i、极点 p_i 和多项式系数 c_i。调用格式为：$[k,p,c]=$residue(A,B)，其中输入参数 A、B 为拉普拉斯变换 $F(s)$ 的分子和分母多项式系数构成的行向量。

例 8-20 已知连续时间信号 $f(t)$ 的拉普拉斯变换为
$$F(s)=\frac{s^2+4}{s^3+4s^2+3s}$$

试用 MATLAB 实现其部分分式展开,并求其拉普拉斯反变换。

解 在 MATLAB 命令窗口输入命令
a = [2 0 4];
b = [1 4 3 0];
[k,p,c] = residue(a,b);
运行结果为
k =
  3.6667
 −3.0000
  1.3333
p =
 −3
 −1
  0
c =
  []
所以 $F(s)$ 的部分分式展开为

$$F(s) = \frac{\frac{11}{3}}{s+3} - \frac{3}{s+1} + \frac{\frac{4}{3}}{s}$$

其拉普拉斯反变换为

$$x(t) = \left(\frac{11}{3}e^{-3t} - 3e^{-t} + \frac{4}{3}\right)u(t)$$

8.5.2 系统响应

1. 单位冲激响应

例 8−21 已知描述某连续时间系统的微分方程为

$$\frac{d^2 y(t)}{dt^2} + 4\frac{dy(t)}{dt} + 4y(t) = \frac{dx(t)}{dt} + x(t)$$

试用 MATLAB 求系统函数 $H(s)$,并绘出单位冲激响应 $h(t)$ 的时域波形。

解 在 MATLAB 命令窗口输入命令
  b = [1 1];
  a = [1 4 4];
  H = tf(b,a);
  impulse(b,a);
  title('\fontsize{11}单位冲激响应');
  xlabel('\fontsize{11}时间');
  ylabel('\fontsize{11}幅度');

运行结果为
H =

    s + 1
 ----
 s^2 + 4 s + 4

系统函数为
$$H(s) = \frac{s+1}{s^2+4s+4}$$

单位冲激响应 $h(t)$ 如图 8-11 所示。

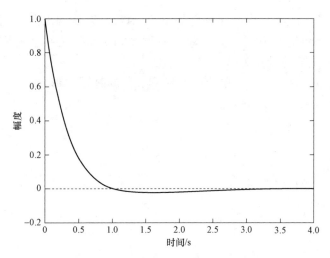

图 8-11　例 8-21 单位冲激响应波形

2. 零状态响应

例 8-22　已知描述某连续时间系统的微分方程为
$$\frac{d^2 y(t)}{dt^2} + 4\frac{dy(t)}{dt} + 3y(t) = \frac{dx(t)}{dt} + 2x(t)$$

激励信号 $x(t) = e^{-2t} u(t)$，试用 MATLAB 求系统的零状态响应。

解　系统函数 $H(s) = \dfrac{s+2}{s^2+4s+3}$，在 MATLAB 命令窗口输入命令

syms s t;
As = s^2 + 4*s + 3;
Bs = s + 2;
Hs = Bs/As;
Xs = laplace(exp(-2*t));
Rs = Hs*Xs;
rt = ilaplace(Rs);
运行结果为
rt =

$$\exp(-t)/2 - \exp(-3*t)/2$$

即零状态响应为

$$y(t) = \frac{1}{2}\left(e^{-t} - e^{-3t}\right)u(t)$$

8.6 离散时间系统时频域分析的 MATLAB 实现

8.6.1 离散时间信号的产生

MATLAB 提供了用于绘制离散序列图的 stem 函数，以实现离散序列的可视化。该函数的一种调用形式为 stem(*X,Y*, 'fill')，其中输入参数 *X* 和 *Y* 分别为离散序列的时间值和幅度值行向量，'fill' 表示对线端的处理方式。

例 8-23 试用 MATLAB 绘出单位阶跃序列 $u[n]$ 的时域波形。

解 在 MATLAB 命令窗口输入命令
n = -2:6;
x = (n>=0);
stem(n,x,'filled');
title('\fontsize{11}单位抽样序列');
xlabel('\fontsize{11}n');
axis([-3 7 0 2]);
xlabel('\fontsize{11}采样点');
ylabel('\fontsize{11}幅值');\
运行结果如图 8-12 所示。

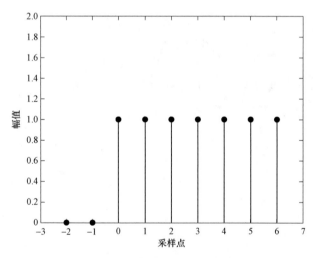

图 8-12 例 8-23 信号波形

例 8-24 试用 MATLAB 绘出离散正弦序列 $x[n] = \cos\left(\dfrac{4n\pi}{11}\right)$ 的时域波形，并判断其周期。

解 在 MATLAB 命令窗口输入命令
n=0:20;
x=cos(4*n*pi/11);
stem(n,x,'filled');
title('\fontsize{11}离散正弦序列');
axis([0 20 -1.5 1.5]);
xlabel('\fontsize{11}采样点');
ylabel('\fontsize{11}幅值');
运行结果如图 8-13 所示。可以看出，该离散序列的周期为 11。

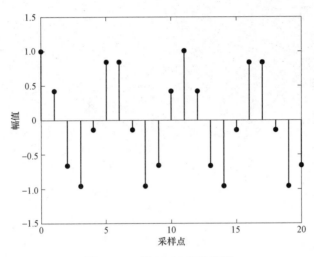

图 8-13 例 8-24 信号波形

8.6.2 离散时间信号的运算

1. 相加与相乘

例 8-25 已知两离散序列 $x_1[n]$ 和 $x_2[n]$ 分别为

$$x_1[n]=\{1,3,\underset{\uparrow}{2},2,1\}, \quad x_2[n]=\{1,2,\underset{\uparrow}{1},1,2\}$$

试用 MATLAB 计算序列 $y_1[n]=x_1[n]+x_2[n]$ 和 $y_2(n)=x_1[n]\times x_2[n]$，并画出时域波形图。

解 序列相加和相乘是对应时刻的序列值相加和相乘，所以在相加和相乘之前要进行序列的对位，以判断最终序列的位置。

在 MATLAB 命令窗口输入命令
x1=[1,3,2,2,1];
n1=-2:2;
x2=[1,2,1,1,2];
n2=-1:3;

```
n=min(min(n1),min(n2)):max(max(n1),max(n2));
s1=zeros(1,length(n));
s2=s1;
s1(find((n>=min(n1))&(n<=max(n1))==1))=x1;
s2(find((n>=min(n2))&(n<=max(n2))==1))=x2;
y1=s1+s2;
y2=s1.*s2;
subplot(2,2,1);
stem(n1,x1,'filled');
title('x1[n]');
xlabel('采样点');
ylabel('幅值');
subplot(2,2,2);
stem(n2,x2,'filled');
title('x2[n]');
xlabel('采样点');
ylabel('幅值');
subplot(2,2,3);
stem(n,y1,'filled');
title('x1[n]+x2[n]');
xlabel('采样点');
ylabel('幅值');
subplot(2,2,4);
stem(n,y2,'filled');
title('x1[n] × x2[n]');
xlabel('采样点');
ylabel('幅值');
```

执行上述命令绘制的离散序列机器时域运算结果波形如图8-14所示。

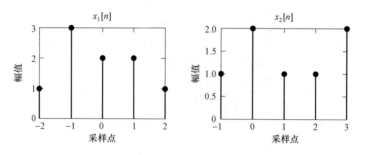

图8-14 例8-25信号波形

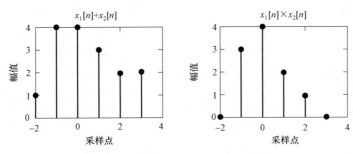

图 8-14 例 8-25 信号波形（续）

2. 卷积

MATLAB 提供了函数 conv，用于求两个有限时间区间非零的离散时间序列卷积和。一种调用形式为 $y = \text{conv}(x1,x2)$，其中输入参数 $x1$ 和 $x2$ 分别包含序列 $x_1[n]$ 和 $x_2[n]$ 中的抽样点，输出参数 y 为卷积和的结果。卷积函数 conv 默认两个信号的时间序列从 $n=0$ 开始，y 对应的时间序号也从 $n=0$ 开始。

例 8-26 已知两离散序列 $x_1[n]$ 和 $x_2[n]$ 分别为

$$x_1[n] = \{1,2,\underset{\uparrow}{1},-1,3\}, \quad x_2[n] = \{2,1,\underset{\uparrow}{2},2,-1\}$$

试用 MATLAB 计算序列 $y[n] = x_1[n] \times x_2[n]$。

解 在 MATLAB 命令窗口输入命令

x1 = [1,2,1,−1,3];
x2 = [2,1,2,2,−1];
y = conv(x1,x2);

运行结果为

y =
   2   5   6   5   10   1   3   7   −3

即

$$y[n] = \{\underset{\uparrow}{2},5,6,5,10,1,3,7,-3\}$$

例 8-27 已知两离散序列 $x_1(n)$ 和 $x_2(n)$ 分别为

$$x_1[n] = (0.7)^n, \quad 0 \leqslant n < 10$$

$$x_2[n] = u[n], \quad 0 \leqslant n < 10$$

试用 MATLAB 绘制两个序列的卷积和 $y[n]$ 的波形。

解 在 MATLAB 命令窗口输入命令

n1 = 0:9;
x1 = 0.7.^n1;
subplot(2,2,1);
stem(n1,x1,'filled');
title('x1[n]');

```
xlabel('采样点');
ylabel('幅值');
n2=0:9;
x2=ones(1,length(n2));
subplot(2,2,2);
stem(n2,x2,'filled');
title('x2[n]');
xlabel('采样点');
ylabel('幅值');
y=conv(x1,x2);
subplot(2,1,2);
stem(y,'filled');
title('y[n]');
xlabel('采样点');
ylabel('幅值');
```
程序运行结果如图 8-15 所示。

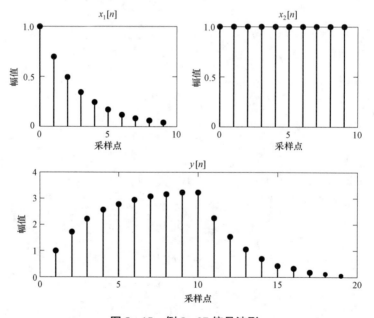

图 8-15 例 8-27 信号波形

为了求任意位置的两个序列的卷积,需生成标识卷积和结果序列所对应的时间序号。从前几章的介绍中可知,卷积和序列的序号由参与卷积运算的两序列抽样点的起始序号和终止序号决定。

例 8-28 已知两离散序列 $x_1[n]$ 和 $x_2[n]$ 分别为
$$x_1[n] = \{1,2,\underset{\uparrow}{1},1,2\}, \quad x_2[n] = \{2,1,\underset{\uparrow}{2},1,1\}$$

试用 MATLAB 计算序列 $y[n] = x_1[n] \times x_2[n]$。

解 在 MATLAB 命令窗口输入命令
x1=[1,2,1,1,2];
n1=-1:3;
x2=[2,1,2,1,1];
n2=-2:2;
y=conv(x1,x2);
n=(min(n1)+min(n2):max(n1)+max(n2));
stem(n,y,'filled');
title('x1[n] × x2[n]');
xlabel('采样点');
ylabel('幅值');
运行结果为
y=
   2 5 6 8 10 7 6 3 2
n=
   -3 -2 -1 0 1 2 3 4 5

卷积和结果的波形如图 8-16 所示。可以看出卷积和序列起始位置在 $n=3$ 时刻。

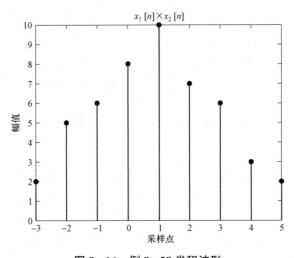

图 8-16 例 8-28 卷积波形

8.6.3 离散时间系统的响应求解

1. 单位冲激响应

MATLAB 中提供了 impz 函数计算 LTI 离散系统的单位抽样响应。该函数可以求出差分方程的单位抽样响应的数值解,并绘出其时域波形。一种调用格式为 $hn=\text{impz}(b,a)$,其中 b 和 a 分别是差分方程右边和左边的系数构成的行向量。返回值为单位抽样序列的采样点。

例 8-29 已知描述离散时间系统的差分方程为

$$y[n] - y[n-1] + \frac{1}{4}y[n-2] = x[n]$$

试用 MATLAB 绘出该系统的单位抽样响应 $h[n]$。

解 在 MATLAB 命令窗口输入命令

```
a = [1 -1 1/4];
b = [1];
impz(b,a);
xlabel('采样点');
ylabel('幅值');
title('单位抽样响应');
```

运行结果如图 8-17 所示。

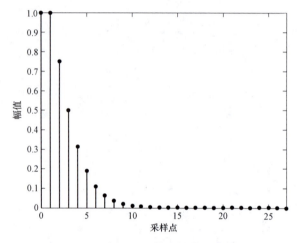

图 8-17 例 8-29 单位抽样响应波形

2. 零状态响应

MATLAB 中提供了 filter 函数计算 LTI 离散系统的响应。该函数可求出差分方程对指定时间范围的输入序列产生的响应的数值解。常用的一种调用格式为 $y = \text{filter}(b,a,x)$，其中 b 和 a 分别是差分方程右边和左边系数构成的行向量，x 表示输入序列非零抽样点的行向量。返回值 y 表示输出响应的数值解。

例 8-30 已知描述离散时间系统的差分方程为

$$5y[n] - 3y[n-1] + 2y[n-2] = x[n] + x[n-22]$$

系统激励 $x[n] = \left(\dfrac{3}{4}\right)^n u[n]$。试用 MATLAB 求出系统的零状态响应 $y[n]$ 在 0~20 采样点的抽样，并绘出时域波形。

解 在 MATLAB 命令窗口输入命令

```
a = [5 -3 2];
b = [1 0 1];
```

```
n=0:20;
x=(3/4).^n;
y=filter(b,a,x);
stem(n,y,'filled');
xlabel('采样点');
ylabel('幅值');
title('响应序列 y[n]');
```
程序运行结果为

y =

 1 至 9 列

  0.200 0 0.270 0 0.394 5 0.363 1 0.235 8 0.128 1 0.081 4 0.071 8 0.066 1

 10 至 18 列

  0.052 7 0.036 4 0.024 3 0.017 6 0.014 0 0.011 3 0.008 6 0.006 2 0.004 5

 19 至 21 列

  0.003 3 0.002 6 0.002 0

图 8-18 给出了零状态响应 $y[n]$ 的波形。

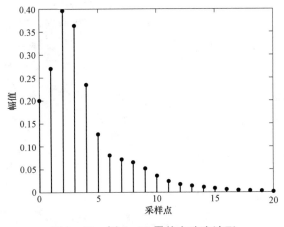

图 8-18 例 8-30 零状态响应波形

8.6.4 离散信号的频域分析

1. 离散傅里叶变换

离散信号的频域分析可以通过离散信号傅里叶变换（DTFT）实现，但是由于它的计算困难，往往通过时域和频域都离散化的离散傅里叶变换（DFT）来实现。其变换公式为

$$X(k)=\sum_{n=0}^{N-1}x[n]e^{-j\frac{2\pi}{N}nk}=\sum_{n=0}^{N-1}x[n]W_N^{nk}$$

对应的反变换式为

$$x[n] = \frac{1}{N}\sum_{k=0}^{N-1}X(k)\mathrm{e}^{\mathrm{j}\frac{2\pi}{N}nk} = \frac{1}{N}\sum_{k=0}^{N-1}X(k)W_N^{-nk}$$

式中，$W_N = \mathrm{e}^{-\mathrm{j}\frac{2\pi}{N}}$。

通过编写 MATLAB 程序可以实现离散信号的离散傅里叶变换(DFT)。

例 8-31 已知一个信号 $x[n] = \{0,1,2,3,4,5\}$，$N=6$，求该信号的离散傅里叶变换。

解 在 MATLAB 命令窗口输入命令

```
clear all;close all;clc;                %初始化环境
xn=[0,1,2,3,4,5];                       %生成离散信号 x(n)
N=6;                                    %采样点数 N
n=[0:1:N-1];                            %DFT 结果的下标 n 向量
WN=exp(-j*2*pi/N);                      %计算 W_N 的数值
for k=0:N-1                             %外层循环
    Xk(k+1)=0;                          %傅里叶变换初值为 0
    for n=0:N-1                         内层循环
        nk=k*n;                         %计算 n_k 的值
        Xk(k+1)=Xk(k+1)+xn(n+1)*WN^nk;  %计算累加项
end
end
stem(abs(Xk));                          %画出幅频特性
title('幅频特性');                      %设置标题
axis([0 7 0 16]);                       %设置坐标轴范围
grid on;                                %显示网格线
```

运行结果如图 8-19 所示。

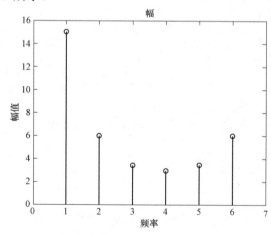

图 8-19 例 8-31 的运行结果

2. 快速傅里叶变换

快速傅里叶变换（FFT）极大地减少了傅里叶变换的计算压力，使得离散傅里叶变换

（DFT）在信号处理中得到真正的广泛应用。在 MATLAB 中，实现信号快速傅里叶变换的函数有 fft() 和 ifft()，其主要使用方法如下：

$Y = \text{fft}(X)$：将输入量 X 实现快速傅里叶变换计算，返回离散傅里叶变换结果，X 可以是向量、矩阵。

$Y = \text{fft}(X,n)$：将输入量 X 实现快速傅里叶变换计算，返回离散傅里叶变换结果，X 可以是向量、矩阵和多维数组，n 为输入量 X 的每个向量取值点数，如果 X 的对应向量长度小于 n，则会自动补零；如果 X 的长度大于 n，则会自动截断。当 n 取 2 的整数幂时，傅里叶变换的计算速度最快。通常 n 取大于又最靠近 X 长度的幂次。

$Y = \text{ifft}(X)$：实现对输入量 X 的快速傅里叶反变换，返回离散傅里叶反变换结果，X 可以为向量、矩阵。

$Y = \text{ifft}(X,n)$：实现对输入量 X 的快速傅里叶反变换，返回离散傅里叶反变换结果，X 可以为向量、矩阵，n 为输入量 X 的每个向量序列长度。

例 8-32 对连续的单一频率周期信号 $x(t) = \sin(2\pi f_a t)$ 按采样频率 $f_s = 16 f_a$ 进行采样，截取长度 N 分别选 $N=20$ 和 $N=16$，观察其幅度谱。

解 根据题意，可以得到 $x[n] = \sin\left(\dfrac{2\pi n f_a}{f_s}\right) = \sin\left(\dfrac{2n\pi}{16}\right) = \sin\left(\dfrac{n\pi}{8}\right)$，应用 fft() 函数，可以求得连续信号的离散频谱，在 MATLAB 命令窗口输入命令

```
clear all;close all;clc;          %初始化环境
k = 16;                           %采样频率为 16
n1 = 0:19;                        %FFT 采样点坐标
xa1 = sin(2*pi*n1/k);             %离散序列 x[n]
figure(1);                        %画图 1
subplot(1,2,1);                   %选择作图区域 1
stem(n1,xa1);                     %画出 x[n]
xlabel('t/T');                    %设置坐标轴
ylabel('x[n]');
title('20 个采样点信号');          %设置标题
xk1 = abs(fft(xa1));              %进行快速傅里叶变换并取赋值
subplot(1,2,2);                   %选择作图区域 2
stem(n1,xk1);                     %画出傅里叶变换幅值
xlabel('k');                      %设置坐标轴
ylabel('X(k)');
title('20 个点采样的傅里叶幅值');   %设置标题
                                  %下同，不再赘述
n2 = 0:15;
xa2 = sin(2*pi*n2/k);
figure(2);
subplot(1,2,1);
stem(n2,xa2);
```

```
xlabel('t/T');
ylabel('x[n]');
title('16 个采样点信号');
xk2 = abs(fft(xa2));
subplot(1,2,2);
stem(n2,xk2);
xlabel('k');
ylabel('X(k)');
title('16 个点采样的傅里叶幅值');
```
运行结果如图 8-20 所示。

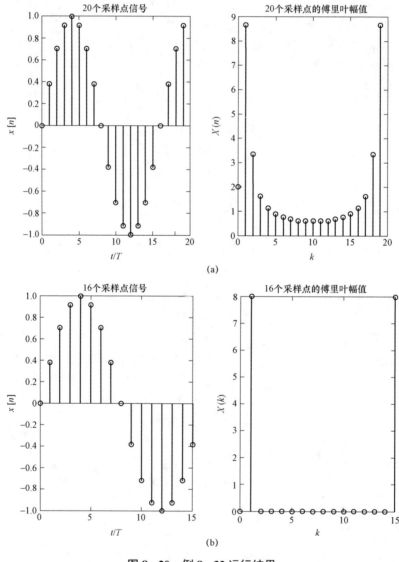

图 8-20 例 8-32 运行结果

(a) 截取长度 $N=20$ 的运算结果；(b) 截取长度 $N=16$ 的运算结果

8.7　离散时间系统 z 域分析的 MATLAB 实现

8.7.1　z 变换和反变换

MATLAB 提供了对离散时间序列进行 z 变换的 ztrans 函数，它的一种调用形式为 F = ztrans(x)，其中输入参数 x 为已知离散时间序列的符号表示，返回参数 F 为序列 x 的 z 变换。同时 MATLAB 也提供了反变换函数 iztrans，它的一种调用格式为 f = iztrans(F)，F 为 z 变换的符号表示，返回参数为反变换后的时间序列。

例 8-33　试用 MATLAB 求下列序列的 z 变换：

（1）$x_1[n] = 2^n u[n]$；　　　　（2）$x_2[n] = \dfrac{n(n-1)}{2}$。

解　在 MATLAB 命令窗口输入命令
syms n;
f1 = 2^n;
f2 = 1/2*n*(n-1);
F1 = ztrans(f1);
F2 = ztrans(f2);
运行结果为
F1 =
　　z/(z-2)
F2 =
　　(z*(z+1))/(2*(z-1)^3) - z/(2*(z-1)^2)
即

$$F_1(z) = \frac{z}{z-2}$$

$$F_2(z) = \frac{\frac{1}{2}z(z+1)}{(z-1)^3} - \frac{\frac{1}{2}z}{(z-1)^2} = \frac{z}{(z-1)^3}$$

例 8-34　试用 MATLAB 求下列序列的 z 反变换：

（1）$F_1(z) = \dfrac{z}{z-3}$；　　　　（2）$F_2(z) = \dfrac{z}{(z-1)^3}$。

解　在 MATLAB 命令窗口输入命令
syms n z;
F1 = z/(z-3);
F2 = z/(z-1)^3;
x1 = iztrans(F1);
x2 = iztrans(F2);

运行结果为
x1 =
      3^n
x2 =
n+nchoosek(n−1, 2)−1   %nchoosek 为排列组合函数
即
$$x_1(n) = 3^n, x_2(n) = n-1+C_{n-1}^2 = (n-1) + \frac{(n-1)(n-2)}{2} = \frac{n(n-1)}{2}$$

MATLAB 提供了 residuez 函数可直接求出有理分式部分分式展开的系数 r_i、极点 p_i 和多项式系数 k_i。调用格式为:$[r,p,k]$ = residuez(b,a)，其中输入参数 b、a 为 $F(z)$ 的分子和分母多项式系数构成的行向量。

例 8−35 试用 MATLAB 求 $F(z)$ 的部分分式展开式。

$$F(z) = \frac{1}{1-1.5z^{-1}+0.5z^{-2}}$$

解 在 MATLAB 命令窗口输入命令
b=[1 0 0];
a=[1 −1.5 0.5];
[r p k]=residuez(b,a);
运行结果为
r =
      2
      −1
p =
      1.000 0
      0.500 0
k =
0
即部分分式展开式为

$$F(z) = \frac{2}{1-z^{-1}} - \frac{1}{1-0.5z^{-1}} = \frac{2z}{z-1} - \frac{z}{z-0.5}$$

易知其反变换为

$$x(n) = 2u(n) - (0.5)^n u(n)$$

根据 z 变换的时域卷积定理，可知利用 z 变换可以求离散序列的卷积和。

例 8−36 已知 $x_1[n] = 2^n u[n], x_n[n] = 3^n u[n]$，试用 MATLAB 求卷积和 $y[n] = x_1[n] \times x_2[n]$。

解 在 MATLAB 命令窗口输入命令
syms n z;
x1=2^n;

```
X1 = ztrans(x1);
x2 = 3^n;
X2 = ztrans(x2);
Y = X1*X2;
y = iztrans(Y);
```
运行结果为
```
y =
    3*3^n − 2*2^n
```
即
$$y[n] = \left(-2^{n+1} + 3^{n+1}\right)u[n]$$

8.7.2 系统响应求解

1. 单位抽样响应

例 8-37 已知描述离散时间系统的系统函数 $H(z) = \dfrac{z}{z^2 + 4z + 4}$，试用 MATLAB 求该系统的单位抽样响应 $h[n]$。

解 在 MATLAB 命令窗口输入命令
```
syms z;
Hz = (z/(z^2 + 4*z + 4));
hn = iztrans(Hz);
```
运行结果为
```
hn =
    −(−2)^n/2 − ((−2)^n*(n−1))/2
```
即单位抽样响应为
$$h[n] = -\frac{(-2)^n}{2} - \frac{n-1}{2}(-2)^n = -\frac{n}{2}(-2)^n u[n] = n(-2)^{n-1} u[n]$$

2. 零状态响应

例 8-38 已知描述离散时间系统的差分方程为
$$y[n] + 3y[n-1] + 2y[n-2] = x[n-1]$$
系统激励 $x[n] = 2^n u[n]$，试用 MATLAB 求出系统的零状态响应 $y[n]$。

解 系统函数为 $H(z) = \dfrac{z}{z^2 + 3z + 2}$，在 MATLAB 命令窗口输入命令
```
syms z n;
xn = 2.^n;
Xz = ztrans(xn);
Hz = z/(z^2 + 3*z + 2);
Yz = Xz*Hz;
```

yn = iztrans(Yz);
运行结果为
yn =
(−1)^n/3 − (−2)^n/2 + 2^n/6
即系统的零状态响应为

$$y[n] = \left[\frac{1}{3}(-1)^n + \frac{1}{6}2^n - \frac{1}{2}(-2)^n\right]u[n]$$

参 考 文 献

[1] 曾禹村,张宝俊,沈庭芝,等. 信号与系统 [M]. 3版. 北京:北京理工大学出版社,2010.
[2] Alan V. Oppenheim,Alan V. Willsky,S. Hamid Nawab. Signals and Systems[M]. Second Edition. 北京:电子工业出版社,2015.
[3] 赵光宙. 信号分析与处理 [M]. 3版. 北京:机械工业出版社,2016.
[4] 胡光锐,徐昌庆. 信号与系统 [M]. 上海:上海交通大学出版社,2013.
[5] 王丽娟,贾永兴,王友军,等. 信号与系统 [M]. 北京:机械工业出版社,2015.
[6] 范世贵,令前华,郭婷. 信号与系统 [M]. 西安:西北工业大学出版社,2010.
[7] 刘泉,宋琪. 信号与系统习题全解 [M]. 2版. 武汉:华中科技大学出版社,2006.
[8] 宋守时. 信号与系统 [M]. 2版. 北京:清华大学出版社,2016.
[9] 张晔. 信号与系统 [M]. 哈尔滨:哈尔滨工业大学出版社,2011.
[10] 王玲花. 信号与系统 [M]. 北京:机械工业出版社,2009.
[11] 周洁玲,张白林,吴勇. 信号分析与处理 [M]. 北京:科学出版社,2018.
[12] 钱冬宁. 信号分析与处理 [M]. 北京:北京理工大学出版社,2017.
[13] 崔翔,张卫东,卢铁兵. 信号分析与处理 [M]. 3版. 北京:中国电力出版社,2016.
[14] 管涛. 信号分析与处理 [M]. 北京:清华大学出版社,2016.
[15] 王云专,王润秋. 信号分析与处理 [M]. 2版. 北京:石油工业出版社,2015.
[16] 吉培荣. 信号分析与处理 [M]. 北京:机械工业出版社,2015.
[17] 杨述斌. 信号分析与处理 [M]. 北京:电子工业出版社,2014.
[18] 李会容,缪志农. 信号分析与处理 [M]. 北京:北京大学出版社,2013.